XINXI JINCUN RUHU SHIDIAN GUANGDONG SHIJIAN

信 息 进 村 入 户 试 点 广 东 实 践

信息进村入户试点
广东实践

广东省农业厅
广东省南方名牌农产品推进中心　编著

程　萍　主编

中国农业出版社

内 容 简 介

　　自2015年广东省被农业部列为信息进村入户试点省以来，在广东省委省政府的大力支持下，广东农业主管部门攻坚克难、真抓实干，全面开展信息进村入户建设。先后在全省21个地级市认定1 640个省级惠农信息社，构建广东省信息进村入户服务平台，广泛对接惠农服务运营商，推动各类惠农信息服务向农村基层延伸。《信息进村入户试点广东实践》全面介绍了广东大力推进信息进村入户建设所取得的显著成就。全书共7章，分别从顶层设计、平台运营、企业经营服务、青年创业服务、公共便民服务、"互联网＋"助力、地级市建设成效等方面，详尽描述了广东在信息进村入户探索与实践过程中的具体做法和取得的成效，总结了一批优秀的应用实例，展现了信息化提升农业现代化水平、提高农民生活水平、助力美丽乡村建设的壮丽景象。《信息进村入户试点广东实践》的出版，旨在更好地总结过去，引领未来，为信息进村入户建设的路径优化和政策设计提供参考。

主编简介
程萍

　　女，汉族，博士研究生学历，博士学位，研究员。现任广东省农业厅巡视员，广东省妇联副主席，民革中央常委，民革中央"三农"委员会副主任，民革广东省委会主委，中山大学兼职教授、研究生导师，华中农业大学兼职教授、博士生导师，全国人大代表，广东省政协常委。

　　在国内发表70多篇学术论文，培育硕士、博士、博士后共20多人。先后获得"广东省十大杰出留学回国人员创业之星""广东省'三八'红旗手""广东省巾帼科技创新带头人""全国留学回国人员创业成就奖""全国留学回国人员创业先进个人""广东省巾帼建功立业先进个人""科技部'全国引进国外智力先进个人'""珠海百年最具影响力的十大女性"等荣誉称号。

　　在现代农业园区建设领域，组织实施了粤台农业园区建设，其中翁源粤台农业园区建设成为全省示范点。1998年到广东珠海农科中心工作，率领中心技术人员从零起步，将该中心打造成为国家农业科技园区、国家4A级农业示范区，并成为珠海名片，"珠海台湾农业创业园"也成为全省的园区亮点。

　　在农业农村信息化领域，于2013年起组织实施了"广东农业信息化工程"，统筹制定"广东省'互联网+'现代农业行动计划"，组织构建省级农业"一图、一网、一库和一平台"，并组织建立了农业应用与资源综合管理平台、农业生产调度与应急指挥平台、农业物联网应用平台、农业信息监测体系、农业经营管理系统等，拓展了农业大数据、农业电子政务、农技远程推广等一批农业信息化服务，被农业部领导誉为全国农业信息化的典范。2014年推动"互联网＋品牌"行动，推动淘宝、京东开展广东农产品网上销售，建立广东特产馆，扶持各类电商企业，并在全省建立一批电商体验店、农业生产物联网示范点，培育名牌生产企业上网触电，推动广东省农产品电商加快发展。2015年，组织启动并全面开展广东省信息进村入户工作，统筹构建广东省信息进村入户服务平台，认定了1 640个省级惠农信息社，与广东移动、广东电信、广东联通、广州银联、深圳诺普信、阿里巴巴、苏宁云商等服务商签约，共同推进惠农信息服务在农村落地，实现年服务农民超196万人次。通过科学高效的部署推进，使信息进村入户成为全省的一项民心工程，成为农民和政府的"连心线"，成为农民和市场的"连接桥"，成为乡村振兴战略的重要抓手。

在现代农业科技领域，于2009年起逐步围绕广东水稻、生猪、特色蔬菜、岭南水果、茶叶、花卉、禽类、饲料、玉米等特色优势产业，组织建立了20个广东现代农业产业技术体系创新团队，统筹构建广东农业科技人才创新平台，遴选出首席科学家和岗位科学家、试验站站长，培育了一批稳定的农业科技创新队伍，组织建立了广东农业科技创新联盟，邀请多家大学、科研院所、科技型企业参与，共同研究制约广东农业产业发展的瓶颈、难点、关键技术，形成企业核心技术需求→科研机构解决问题→企业应用的产学研用模式。牵头组织全国知名农业专家对接广东现代农业，组织实施与邓秀新院士合作的"广东柑橘黄龙病综合防控科技示范工程"，与袁隆平院士合作的"广东超级杂交稻高产示范工程"，推动袁隆平院士工作站落户广东。组织广东省农业科学院、华南农业大学、华大基因等单位合作，创建国家（广东）种业科技创新中心，打造中国的"种业硅谷"。启动一批省级农业产业技术研发中心，建立了广东省农业科技成果公共转化平台和科研项目库、省级现代农业新型研发机构、农业孵化器以及现代农业科技成果转化基地等。通过实施一系列重大举措，2017年广东农业科技进步贡献率超67%，处于全国领先水平。

在农业对外交流合作领域，2015年牵头组织制定了《广东省农业对外合作"十三五"规划》，使广东省成为全国首个制定规划的省份。近些年来，积极组织农业科研院校、企业引进国外先进技术、人才、品种、管理模式。

编　委　会

序 言

　　"农，天下之大业也。"解决好"三农"问题，始终是全党工作的重中之重。党的十九大作出了实施乡村振兴战略的重要部署，这是党中央着眼于推进"四化同步"、城乡一体化发展和全面建成小康社会作出的重大战略决策，为新时代乡村发展明确了思路，指明了方向。信息进村入户的建设，加快了农业农村经济发展质量变革、效率变革、动力变革，改变了农民的生产、生活方式，为乡村发展注入了巨大活力，给乡村振兴插上了腾飞的翅膀。

　　党中央、国务院对信息进村入户建设高度重视。近年来，《国务院关于积极推进"互联网＋"行动的指导意见》《促进大数据发展行动纲要》《全国农业现代化规划(2016—2020年)》等重要文件都对信息进村入户作出具体部署。广东省作为全国信息进村入户试点省，按照国务院、农业部的部署和要求，自2015年起实施信息进村入户工程建设，并将信息进村入户作为现代农业"十大工程五大体系"的重要举措。为了实施好这项惠农工程，广东省农业厅制定印发了《广东省信息进村入户试点工作方案》，在全省范围内建设了1 640个惠农信息社，并重点打造了广东省信息进村入户服务平台（www.gd12316.org），通过平台对接了包括通信、金融、农资、电商、科研、传媒等行业的各类服务运营商，将优质的惠农服务资源通过信息社向农村基层延伸，形成了"政府引导、市场驱动、运营服务、农民得益"的广东模式，信息进村入户建设由此走上了快车道。

　　习近平总书记在谈及信息化建设时指出，"要适应人民期待和需求，加快信息化服务普及，降低应用成本，为老百姓提供用得上、用得起、用得好的信息服务，让亿万人民在共享互联网发展成果上有更多获得感。"广东省信息进村入户的建设，将满足农民生产生活的信息需求作为出发点和落脚点，正是以人民为中心思想的具体体现。通过统筹整合公益服务和社会化服务两类资源，提升村级综合信息服务能力，既为农民提供涉农政务、农技推广、动植物疫病防治、农业气象、农机作业等公益性服务，又为农民改善生活提供网络通信、充值缴费、金融保险、网上购物、电商销售等惠农服务，探索出一条城乡之间互联互通、互动互助、互惠互利的发展之路。广东省各地级市利用信息进村入户这个平台，大胆探索创新农业农村信息化建设，涌现了一批优秀的农业农村信息化应用实例。以1 000多个惠农信息社及广东省信息进村入户服务平台构成的惠农信息服务网，成为农民和市场的"连接桥"、农民和政府的"连心线"，信息进村入户已经成为全省的一项民心工程。

"十三五"期间，农业农村信息化迎来宝贵的快速发展机遇期，农业信息化跟农业现代化"两化"融合不断提速，越来越多的信息技术在农业生产中发挥着不可替代的作用，这也为广东在信息进村入户建设方面提出了新的要求。《信息进村入户试点广东实践》既从理论的高度全面概括了广东全面贯彻党中央关于农业农村信息化建设的方针政策，又从一个个真实的农村基层服务实例中，总结出广东模式与经验。从书中我们看到，在广东省委省政府的正确指导下，广东农业部门全面贯彻党的十九大精神，按照国家和省政府的部署，坚持以人民为中心的发展思想，坚持创新、协调、绿色、开放、共享的发展理念，以开展信息进村入户建设为契机，大力推进"互联网＋"现代农业和新农民创业创新，为缩小城乡信息服务差距、提升农村信息服务水平而奋斗，并取得了重要的阶段性成果。

通过《信息进村入户试点广东实践》，我们欣喜地发现，得益于信息进村入户的推动，各类涵盖农业生产经营、农民日常生活的信息化应用如雨后春笋般在农村落地服务，展现了"互联网＋乡村振兴"的壮丽风景。"互联网＋现代农业"向纵深发展，互联网、物联网、云计算、大数据等信息技术的应用，让农业更快地走上高质、高效的发展道路，助力农民增收，助力农产品电商本地社群逐渐兴起，助力农产品上线销售的品类日益丰富，助力农业生产资料、休闲农业及民宿旅游电子商务平台和模式不断涌现。信息系统覆盖了农业统计监测、质量安全、预警防控、"三资"管理、行政办公、政务信息等重要业务，让农业农村管理更科学高效，让公共服务更精准便民。信息技术促进着农村大众创业、万众创新，催生了农村经济的新模式、新业态，成为加快转变农业发展方式的新途径、推动农业农村发展的新引擎、促进农民创业增收的新亮点。

党的十九大对乡村建设提出了产业兴旺、生态宜居、乡风文明、治理有效、生活富裕的更高要求。在迈向现代化的进程中，农村不能掉队，在筑中国梦的进程中，不能没有数亿农民的梦想构筑。我们要始终牢记使命，服务"三农"，不忘初心，在下一步的建设中，努力把信息进村入户打造成为带领乡村振兴腾飞的矫健翅膀，为全面建成小康社会做出更大贡献！

目　录 _____

第1章

广东省信息进村入户工程

信息进村入户是推动城乡融合发展的重要途径，是小农户与现代农业发展有机衔接的重要桥梁，是促进农村"双创"的重要平台。为全面贯彻党的十九大精神，以及为实施乡村振兴战略、加快推进农业农村现代化提供有力信息化支撑，广东省按照"五位一体"总体布局和"四个全面"战略布局，紧紧围绕广东省"三个定位、两个率先"的总目标，根据《国务院关于大力推进信息化发展和切实保障信息安全的若干意见》《国务院关于积极推进"互联网+"行动的指导意见》，以及《农业部关于开展信息进村入户试点工作的通知》《农业部办公厅关于印发〈信息进村入户试点工作指南〉的通知》《农业部关于全面推进信息进村入户工程的实施意见》等工作部署，广东省积极开展信息进村入户服务建设，以"互联网+"创新农业农村服务理念、服务体系、服务模式、服务内容，有效推动信息服务向农业农村各领域渗透，试点工作取得了重要阶段性成果。

1.1 加强组织领导、落实工作措施，整省推进信息进村入户工作

自开展信息进村入户试点省工作以来，广东省委省政府高度重视信息进村入户建设工作，把信息进村入户作为广东省农业农村工作的重点工作。《广东省人民政府办公厅关于印发〈广东省"互联网+"行动计划（2015—2020年）〉的通知》（粤府办〔2015〕53号）对全省信息进村入户作出战略部署。广东省农业厅先后发布《关于印发〈广东省信息进村入户试点工作方案（2015年）〉的通知》（粤农函〔2015〕854号）、《关于加快推进信息进村入户工作的通知》（粤农办〔2016〕90号）等文件，具体部署全省信息进村入户工作（图1-1）。同时按照农业部的要求，建立健全"省统筹资源、县运营维护、村为服务主体"的工作机制，成立了由广东省农业厅厅长

图1-1　广东省信息进村入户工作视频会议

郑伟仪、巡视员程萍为负责人的信息化工作领导小组，22个试点市、县也按要求成立工作领导小组，形成统筹规划、分工明确、相互配合的工作机制。

1.2　试点先行、以点带面，稳步推进信息进村入户建设

按照农业部要求，深入推进信息进村入户试点建设，广东在全省开展信息进村入户示范试点工作，发布《广东省信息进村入户试点工作方案（2015年）》，将广州、珠海、汕头、梅州、惠州、汕尾、东莞、江门、湛江、茂名、肇庆、清远、潮州、云浮等14个地级市列为农业信息化示范市，将高州市、乳源瑶族自治县、源城区、阳东区、揭东区、灯塔盆地国家现代农业示范区等6个县（市、区）列为农业信息化试点县。同时高州市、梅县区、揭东区、灯塔盆地国家现代农业示范区被农业部列入国家信息进村入户试点县。通过国家试点县、省级示范市和试点县的建设，先行示范、以点带面，有效提升了当地信息进村入户总体水平，推动了信息服务向农村基层覆盖（图1-2）。

图1-2　梅州市举行信息进村入户"4·3"模式启动仪式

1.3　建设广东省信息进村入户服务平台，开展线上线下惠农活动

通过建设广东省信息进村入户服务平台（www.gd12316.org），发挥平台"双桥梁"的作用，让平台成为惠农信息社对接服务商惠农业务的桥梁，也让平台成为农户联系惠农信息社的桥梁。平台联合惠农服务商，开展各类线上惠农活动，推动农业技术、通信优惠、农资优惠、移动支付、农产品电商、金融服务、便民缴费等各类业务在信息社落地。联合服务商、科研院校、社会公益组织等举行信息进村入户培训交流、专家大讲堂等活动，在农村地区推广各类农民用得起、用得了、用得好的信息化应用，推动各类信息服务向农村基层延伸。通过开通省、市、县、服务商各级账号，面向全省"三农"开展信息服务，为每个惠农信息社建设宣传主页，展示信息社服务内容及服务成效，让农户通过平台方便了解和获取信息社服务。开通《每日一社》走基层栏目，实地走访惠农信息社，持续跟进信息社开展服务的情况和动态。广东省信息进村入户服务平台已成为农户与惠农信息社的"连心线"，信息服务让农民在生产生活上更便捷、更高效（图1-3）。

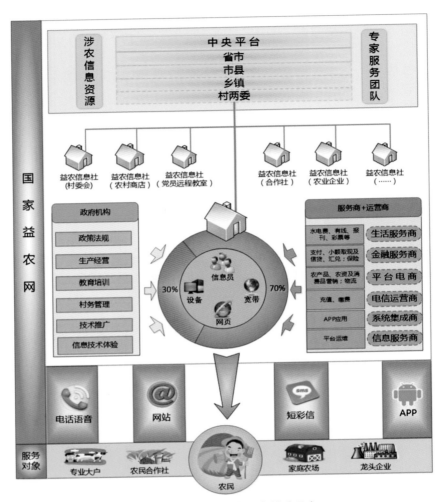

图1-3 信息进村入户服务模式示意

1.4 统一标准、各级联动，在全省范围内建设1 640个省级惠农信息社

坚持按照有场所、有专员、有设备、有宽带、有网页、有制度、有标识、有内容的"八有"标准，在全省认定省级惠农信息社1 640个（图1-4）。惠农信息社县级站、镇级站、村级站占比分别为13.4%、41.8%、44.8%，其中生产服务类信息社共计624个，占信息社总数的38%，该类信息社为当地农民提供了农技培训、良种良苗、市场资讯、质监防疫、商贸对接等信息服务；公共服务类信息社共计482个，占信息社总数的29.4%，该类信息社为当地农民提供了政务办理、信息发布、咨询服务、抗灾防疫等信息服务；经营服务类共计534个，占信息社总数的32.6%，

该类信息社为当地农民提供了农业金融、电商购物、放心农资、充值缴费等信息服务，全省惠农信息社年服务覆盖765万人次。同时，向省级惠农信息社投入专项资金，用于完善惠农信息社建设，依托信息社将惠农服务落地农村、服务农民，让信息社成为服务"三农"的第一窗。

图1-4　肇庆瑞丰现代农业惠农信息社

1.5　政府引导、企业协作，推动惠农服务向农村基层延伸

积极发动社会力量合力推进信息进村入户，探索在互联网环境下的社会共建、市场运作可持续发展新模式。由广东省农业厅与广东移动、广东电信、广东联通、广州银联、深圳诺普信、阿里巴巴、苏宁云商等七大服务运营商签署信息进村入户合作框架协议（图1-5），以"一条专线全网通、一批应用下乡去、一批田头联上网、一个体系共决策、一批青年成创客、一批产品触电商、一批农资全程管、一批技术广应用、一批金融惠'三农'、一本手册享服务"为指导，梳理整合23项惠农服务直达田间地头，整合服务商服务站点670个，丰富了移动通信、网络宽带、邮政快递、农业金融、电子商务、放心农资等信息服务内容，实现农村服务网络化、便捷化、高效化办理。

图1-5　广东省农业厅与惠农服务运营商签订信息进村入户合作框架协议

1.6 选优培优、打造典型，拓展信息社自助服务及网络服务内容

通过在全省打造700个惠农信息社示范社，为600个示范社信息员配置移动服务终端，实现将电商代购、网络销售、充值缴费、市场资讯等多种服务业务的线上办理。为100个示范社配置触摸屏服务终端，拓展了信息社涉农资讯查询、电商购物、放心农资购买、专家在线问答、惠农服务获取、充值业务办理等6项自助办理功能，为周边农户提供了政策、市场、科技等生产生活信息服务，在提升信息社服务水平的同时，自助办理功能有效节省信息社运营成本。同时依托触摸屏服务终端实现信息社无线宽带网络覆盖，当地农民可以到信息社获取免费的Wi-Fi信号，体验互联网服务带来的便捷（图1-6）。

图1-6　梅县区白渡镇金丰惠农信息社启动仪式

第2章

广东省信息进村入户
服务平台介绍

2.1　概述

　　为推动信息进村入户建设，加快惠农资源聚合，实现服务落地农村，广东省建设了信息进村入户服务平台（www.gd12316.org）（图2-1），平台实现线上线下惠农资源整合，发挥了"双桥梁"对接作用。一方面通过对接服务运营商，实现惠农服务的聚合与实时发布，同时依托平台与省级惠农信息社对接，将惠农服务以活动的形式向惠农信息社落地，起到了对接服务商与农户的作用；另一方面通过将全省1 640个惠农信息社对接平台，建设信息社主页，查询分布地图等，让平台成为农户与惠农信息社对接服务的"双桥梁"。农户通过平台可查询了解惠农信息社，并前往信息社获取服务，让惠农信息社真正成为惠及农民的终端。同时，通过在全省培育700个省级惠农信息社示范社，为信息社配置移动服务终端、触摸屏服务终端等设备，通过设备与广东省信息进村入户服务平台的对接，丰富了信息社服务内容，拓展了信息社服务范围，让农户享受到更加高效、便捷、优质的信息进村入户惠农服务。

图2-1　广东省信息进村入户服务平台网页

　　此外，广东省信息进村入户服务平台联合服务运营商、涉农科研院校等，在全省21个地级市举办信息进村入户培训交流活动、专家大讲坛下乡活动、惠农服务下乡体验活动、信息社现场交流对接活动等多场次多种类的线下活动，丰富多样、精彩实用的惠农服务直抵农户，受益生产。广东省信息进村入户服务平台还结合社交网络应用、传统媒体线上线下宣传平台等媒介，面向农户推出网络电话咨询、视频电话咨询、报刊宣传报道、网络社群交流、二维码信息社认证等全媒体服务模式，不断拓展信息服务范围，提升信息服务水平。

　　广东省信息进村入户服务平台将再接再厉、继往开来、革故鼎新，在丰富惠农服务内容、提升服务水平、创新服务模式的建设道路上不断前行，为推动农业供给侧改革、加快"互联网＋现代农业"建设注入新的动力。

2.2 惠农信息社管理及展示

2.2.1 惠农信息社分级管理功能

广东省信息进村入户服务平台作为各级业务主管部门对所辖惠农信息社的线上管理平台（图2-2），通过在平台对省、市、县、服务商四级分设管理账号，各级管理账号实现对所辖信息社资料的分类、查询，同时实现惠农信息社资料一键汇总导出。导出资料包括所辖信息社名称、地址、类型、负责人、负责人电话号码、联系人、联系人手机号码等。通过建设惠农信息社线上评价功能，可由农业主管部门对所辖信息社服务情况、建设情况、人员情况等进行网上综合评价，并按评分进行区域信息社排序。在跟进惠农信息社服务方面，建立信息社线上积分功能，信息社通过参与平台惠农活动、发布惠农资讯等自动获取积分，并以积分作为考核信息社服务开展情况的参考指标之一。业务主管部门可对所辖的信息社根据积分进行排序，直观地掌握每个信息社开展服务的情况。

图2-2 广东省信息进村入户服务平台惠农信息社管理界面

2.2.2 惠农信息社工作规范的建立

广东省信息进村入户服务平台惠农信息社线上管理功能的建设，实现了业务主管部门及服务运营商对所辖惠农信息社情况的动态掌控，有效跟进信息社服务开展情况，极大地方便了农业主管部门及服务运营商对所辖信息社的指导和管理。在此基础上，结合平台管理功能，农业主管部门建立了惠农信息社工作规范。

（1）明确信息社建设及开展服务的基本要求。要求惠农信息社在开展有关信息服务活动时，必须遵守法律法规，不得借用信息社进行危害国家安全、泄露国家秘密的行为，不得从事违法犯罪活动。

（2）明确信息社设立的要求。每一个惠农信息社都有单独编号，由地级市农业主管部门和签约单位负责分配编号，并在广东省信息进村入户服务平台录入登记。惠农信息社室外标牌及标牌标识须规范统一，标识要注明惠农信息社编号、服务网址、服务热线。室外标牌需挂在信息社显眼位置。惠农信息社要求具备现场服务能力，拥有固定室内工作场所，在室内将信息社提供的服务内容和相关惠农活动宣传资料公开展示；须配备电脑、电子屏、智能终端等信息设备，满足开展信息服务的硬件条件；须配备至少1名信息员，负责日常对外服务与联系，维护平台惠农信息社的服务网页，将信息社的服务成效通过平台进行宣传；须开通有线或无线宽带网络服务，利用Wi-Fi（无线网）、4G（第四代移动通信技术）等网络为当地农民提供互联网服务，提高农村互联网普及率。惠农信息社要积极参与平台组织的各类信息进村入户活动，将实惠服务带给当地农民。

（3）建立信息社的工作职责和工作机制。农业主管部门和运营服务商对各自管理的惠农信息社进行指导和管理。惠农信息社结合12316专线为统一服务号，帮助农民解答生产经营及购销问题。惠农信息社共享广东省信息进村入户服务平台信息化建设成果，配合推动政务服务、生产管理、技术指导等信息化应用向基层推广，有效推动信息化与现代农业的融合发展。通过采集农情、灾情、疫情、行情、社情等信息，为当地生产者、经营者提供信息发布与精准推送。开展电子商务及物流配送服务，利用电商平台与地方特色产品经营主体对接，形成农产品进城、生活消费品和农业生产资料下乡双向互动流通。推广互联网农资服务，支持农资镇村服务点建设，利用互联网为农民提供农资供应、配方施肥、农机作业、统防统治、培训体验等服务。利用专家资源，将科技成果分享到广大的田间地头，通过智能终端应用软件实现个性化定制，加快农业科技成果进村入户。以惠农信息社作为农业金融服务办理及推广中心，探索供应链、产业链等P2P金融服务，实现财政资金与金融支农政策双轮驱动。信息员应认真履行岗位职责，主动、耐心为农民提供信息服务，并做好登记工作，按要求将服务统计情况上报。惠农信息社在宣传、报道及相关活动的推广中，必须用省信息进村入户统一标识进行宣传推广。

（4）建立信息社考核与管理机制。省级惠农信息社采用综合积分评价制，信息进村入户平台公开服务分值，定期开展惠农信息社评价考核，考核结果将作为省级部门和地级市农业主管部门对惠农信息社扶持的依据。经认定的惠农信息社应加强自身建设和管理，严格执行有关标准和规定。另外，对惠农信息社撤销名号做了规范。惠农信息社不得开展信息社主体所核准登记的经营范围以外的服务和内容。惠农信息社要根据要求及时提供相关运营服务数据和情况，并定期向所在地级市农业行政主管部门及广东省农业厅提交建设与发展情况总结。

2.2.3　惠农信息社宣传主页建设

按照《广东省信息进村入户试点工作方案（2015年）》中惠农信息社的"八有"要求，广东省信息进村入户服务平台对1 640个省级惠农信息社基本信息进行线上登记录入，包括惠农信息社场所信息、设备信息、信息员信息、联系方式、门牌标识、服务内容等主要信息，实现对惠农信息社信息的线上录入及管理。在此基础上，为更好地展示信息社风采，为全省1 640个省级惠农信息社建设了信息社展示主页。主页包含信息社全景图展示，可了解信息社门面及其周边情况，方便农户查找信息社。主页同时展示信息社图片、荣誉状况、服务及产品等图片及信息社基本信息，让农户可直观地查询、了解信息社服务情况（图2-3）。

图2-3　惠农信息社主页

瑞丰现代农业惠农信息社位于肇庆市广宁县，按照高起点、高标准、高规格的标准将信息社建设为村级信息服务站。信息社安装了100兆位/秒（100Mb/s）光纤，并实现无线Wi-Fi全覆盖，信息社配备了电脑、投影仪和视频培训系统等设备，为农户提供农资产品信息、农业技术信息、免费上网和培训服务等。配置了测土配方施肥专家咨询系统终端设备，可针对农户具体地块提供最佳的配方施肥指导方案。信息社的田间学校兼会议室可容纳近百人进行培训。同时，信息社接入了物流快递、电子商务等各类便民服务。信息社将各类信息服务图片上传到广东省信息进村入户服务平台的瑞丰现代农业惠农信息社主页上，作为信息社的线上宣传平台进行网络宣传。通过当地线上媒体的宣传报道，直接通过链接点击到信息社主页，农户可清晰地了解到该信息社的服务内容、服务条件及所在位置。惠农信息社也无需再建立专门的团队进行网站运营，平台为更好地展现信息社服务内容及风采，对信息社主页进行改版完善，将信息社具体的信息化设备数量、对接平台惠农业务的情况等进行全面展示，让农户通过平台更方便、更详细地了解信息社服务内容并获取服务。

2.2.4　地图分布查询功能

为方便农户查询惠农信息社，了解并获取信息社服务，广东省信息进村入户服务平台构建了惠农信息社分布地图，对全省惠农信息社进行地图坐标定位和查询。信息社地理分布地图精确到镇、村，对信息社具体的地理位置在地图上进行标记，并清晰展示各地级市惠农信息社数量。通过地图查询功能，只要输入所要查询的地区名称，即可查看到当地所有信息社在地图上的分布标记，点击地图标记可进入信息社主页，具体了解信息社的基本情况及服务内容，查询最近的信息社并获得服务。

龙胜惠农信息社位于珠海市金湾区红旗镇大林红西五围，作为当地水产养殖技术研发、传播的领军之一，通过对接马来西亚，以及我国台湾、厦门等海水养殖专家，为当地农户提供了白花鱼、黑鲷、金钱鱼、黄尾鲚等20多种高价值鱼类的养殖技术，带动了当地一批农户致富。信息社还常常邀请专家进行培训讲课，指导农户养殖不同种类的鱼。龙胜惠农信息社将培训活动照片上传到广东省信息进村入户服务平台的信息社主页上，经广东省信息进村入户服务平台宣传，信息社吸引了周边中山、江门养殖户的关注。虽然信息社地处当地较偏僻位置，但农户通过信息社地图定位，很便捷地查询到信息社所在位置，通过信息社主页了解培训内容，并上门咨询，实地考察学习高价值鱼的养殖效果。

2.2.5　一社一码"电子身份证"

为了更好地传播惠农信息社的服务信息，广东省信息进村入户服务平台为信息社建立了一社一码"电子身份证"。所有省级认定的惠农信息社，都生成了专属的二维码，通过手机扫描二维码，就能登录广东省信息进村入户服务平台惠农信息社的主页，查看了解信息社的服务内容、服务条件、联系方式和具体位置等信息。"电子身份证"除了可以用在线上宣传，还能印制于线下活动宣传材料上。同时二维码也起到"电子身份证"的作用，证明惠农信息社的资质。只有被认定的省级惠农信息社，才能生成二维码，通过手机扫描二维码链接到平台，并以平台上的基本信息与信息社进行比对，从而能辨别惠农信息社的身份，避免了虚假信息的存在（图2-4）。

图2-4　惠农信息社"电子身份证"二维码及手机端主页

2.3　服务商惠农业务对接

与惠农服务运营商对接惠农服务，是广东省信息进村入户服务平台的一项重要工作。通过对接聚合惠农服务商的惠农资源，整合服务商农业技术、放心农资、农业金融、网络支付、电商服务、物流配送、生活缴费、通信网络、土地流转、媒体宣传10项便农业务及26项惠农业务，对接服务商各类业务系统，并将惠农业务通过平台对接省级惠农信息社，在信息社落地服务，并由信息社服务周边农户，使各惠农服务最终有效开展。通过与服务商惠农业务的对接，拓展了广东省惠农信息社农村电商、专家问答、充值缴费、市场资讯、土地流转、农资购买等多类信息服务内容，有效提升了省级惠农信息社的服务能力。

为积极发动社会力量合力推进信息进村入户，探索社会共建、市场运作的可持续发展新模式，广东省信息进村入户服务平台在省农业厅的指导下，分别对接了广东移动、广东电信、广东联通、广州银联、深圳诺普信、阿里巴巴、苏宁云商、南方农村报、农财网、点筹网、地合网、京东商城等十二大服务商，为服务商建设了展示主页，用于实时更新宣传惠农服务。对接服务商业务平台，使农户可通过平台办理相关业务。

2.3.1 中国移动通信集团广东有限公司

中国移动通信集团广东有限公司（以下简称广东移动）是中国移动（香港）有限公司在广东设立的全资子公司。作为我国信息通信行业中规模最大的省级公司，其网络覆盖了广东所有的行政区，网络人口覆盖率99.24%，城区达到99.71%，国道覆盖率99.80%，城区主要道路覆盖率99.71%，高速公路实现100%无缝覆盖，全省三星级以上酒店实现100%覆盖，在全国率先进行电梯和地下车库覆盖，重要场所实现100%覆盖。

作为广东省信息进村服务运营商，广东移动根据各地情况，为农村地区在光纤接入、短信发布、语音通话等方面提供解决方案和优惠政策。同时通过建设广东农业物联网应用云平台，提供惠农信息社示范点视频监控接入服务，实现信息社对基地的远程视频监控和农业主管部门在线监管等功能。

为更好地为农户提供服务，广东移动将村级服务点与广东省信息进村入户服务平台对接，通过在平台服务商主页地图标注其镇村合作营业点，方便农户通过地图定位前往移动镇村级服务点获取服务。移动镇村级服务点为农户提供包括手机充值、缴费业务、手机卡开办业务、通信话费清单打印业务，并提供优惠的宽带办理业务等（图2-5）。

图2-5 广东移动开展惠农通信服务下乡活动

2.3.2 中国电信股份有限公司广东分公司

中国电信股份有限公司广东分公司（以下简称广东电信）隶属中国电信股份有限公司，被评为"中国农村信息化杰出贡献单位""广东省通信业发展突出贡献单位"等荣誉称号。广东电信下辖21个市分公司、135个县（区）分公司、1 000多个营销服务中心，服务网点覆盖广东城市和乡村。作为国家主体电信运营企业，广东电信长期肩负着党政专网通信、应急通信和战备通信重任，在广东信息化建设中发挥着骨干作用。

作为广东省信息进村服务运营商，广东电信面向全省惠农信息社，提供资费优惠的宽带接入、Wi-Fi覆盖、固定电话、IPTV（交互式网络电视）以及移动业务等电信业务综合服务。免费为惠农信息社安装电话固话，并在其拨打12316、市话及长途电话方面提供优惠资费。将村惠农信息社优先发展为电信村级代办点，免费为乡镇农技员和村级信息员提供信息化培训，推广"农技宝"线上农技咨询、"翼支付"线上便捷支付等便农惠农应用。

为更好地为农户提供服务，广东电信将其镇村合作点与广东省信息进村入户服务平台对接，通过在平台服务商主页地图标注其镇村合作营业点，方便农户通过地图定位前往移动镇村级服务点获取服务。广东电信村镇合作站点可为农户提供宽带业务办理、宽带咨询、维修等，同时提供宽带办理优惠、家庭电视网络优惠套装惠农活动（图2-6）。

图2-6　时任广东省农业厅副厅长程萍到广东电信调研信息进村入户建设情况

2.3.3　中国联合网络通信有限公司广东省分公司

中国联合网络通信有限公司广东省分公司（以下简称广东联通）是中国联合网络通信集团有限公司在广东省的分支机构。联通全球移动通信系统（GSM）移动业务经过11年持续不断的投入和完善，已经形成了较成熟的网络，取得了广泛的社会认知和认同。联通运营的第二张网络CDMA（码分多址），具有话音清晰、抑制背景噪声、保密性强、话音稳定等优势，其CDMA1X数据业务具有无线高速数据传输优势和容量大、安全性高等特点，为各类移动用户提供前所未有的资讯、娱乐、商务、生活等信息服务。经过多年的建设，联通CDMA在广东省陆地覆盖率达到99.9%。

作为广东省信息进村服务运营商，广东联通借助物联网、宽带互联网、无线通信网以及互联网技术（IT）支撑等基础设施，以优惠的资费标准，为农户提供通信服务，充分发挥信息通信技术（ICT）的集成能力以及IT集成业务，实现省各行政村、各惠农信息社的基础办公和移动办公的协同办公。免费提供掌上农业信息化平台，面向农业、农村、农民提供专业的"三农"移动信息服务，主要为广东的农业技术员、农户提供信息服务，充分发挥科技强农、信息惠农的作用，创新农业科技推广信息化服务模式。为惠农信息社提供农产品质量安全监管与质量追溯信息化建设的技术支持（图2-7）。

图2-7　广东联通开展惠农通信服务下乡活动

2.3.4　广州银联网络支付有限公司

广州银联网络支付有限公司（以下简称广州银联网络）是中国银联旗下、银联商务全资控股的高新技术企业，专业从事银行卡收单及专业化服务、互联网支付、预付卡受理等主营业务。广州银联网络将先进的支付科技与专业的金融服务紧密结合，搭建了行业领先、功能强大的支付平台，成功开发出网络销售终端（POS）、网上支付、基金网上直销支付、易航宝、收付易、全民付、自助终端、商盈通预付卡等丰富的产品线，为广大持卡人和各类企业、事业单位及行政机关提供安全、方便、快捷的支付服务。

作为广东省信息进村服务运营商，以全省惠农信息社为据点，广州银联网络充分利用自己的产品及资源，拓展惠农信息社农村电子支付能力，加快县乡服务网络的延伸。一是推进"互联网＋支付方式"升级，利用综合支付产品和大数据平台优势，逐步引导农民使用电子支付功能购买农资产品和收购农作物，让农民和农村商户充分享受电子支付带来的便利，推进农村支付方式升级。二是提升"互联网＋农业电商"服务能力。双方共同推进在农村电子商务交易平台接入广州银联网络的网络支付端口，利用中国银联跨行信息交换系统的资源优势，缩减支付环节，提高支付效率，服务农产品贸易。三是推进"互联网＋农村金融"应用。广州银联网络基于自身的支付受理平台与大数据平台，通过与银行合作开展金融IC卡（集成电路卡）多应用项目，为广大农户提供农业补贴、助农取款等多样化、个性化、精准化的服务。四是广州银联网络为广大农户提供无抵押POS流水小额贷款服务，为农业生产解决贷款难的问题，同时为农户个人或商户的闲散资金提供金融理财产品，增加投资渠道，扩大经济效益（图2-8）。

图2-8　银联移动POS机田间刷卡支付

2.3.5　深圳诺普信农化股份有限公司

深圳诺普信农化股份有限公司是经营植物保护与植物营养相关产品的专业化科技公司，是国家高新技术企业，国内农药制剂企业中第一家上市公司。20年来诺普信通过优质的农资产品和面对面的植保技术服务，与农户建立了频率最高、黏性最强的互动关系。

作为广东省信息进村服务运营商，诺普信在广东开展田田圈惠农信息社建设。

田田圈惠农信息社以农资分销和农技服务为切入点，通过建设农集网、田田圈APP（应用程序）等系统，集合了信息服务、农村金融、农村物流、电子商务、便民服务、技术服务、专家咨询、放心农资电商等惠农业务。同时在农村种植能手中招募并培训1万多名"田哥""田姐"为农户进行线下农技指导等多方面服务（图2-9）。

图2-9　诺普信田田圈惠农信息社开业典礼

2.3.6　阿里巴巴（中国）软件有限公司

阿里巴巴（中国）软件有限公司（以下简称阿里巴巴）致力于为中国4 000多万中小企业提供买得起、用得上、用得爽的在线软件服务。阿里巴巴充分整合利用互联网、通信和软件的聚合优势，站在软件行业的技术尖端，将电子商务与在线软件服务融为一体，彻底颠覆中国传统软件靠卖产品为中心的模式，为中小企业提供方便、灵活、简洁和便宜的一站式在线软件工具，涵盖中小企业电子商务工具、企业管理工具、企业通信工具和办公自动化工具。阿里巴巴基于国际最新的SaaS（software as a service）模式，充分利用互联网，让中小企业用户对软件做到先尝试后购买，用多少付多少，无须安装即插即用，低成本使用在线软件。同时，还可根据行业、区域，为用户提供大规模需求定制，降低中小企业管理软件使用门槛，让中小企业轻松拥有和大中型企业同台竞争的武器。

作为广东省信息进村服务运营商，阿里巴巴积极参与到省级惠农信息社建设中，面向惠农信息社，推广淘宝村级服务站和"农村淘宝"农村电子商务服务模式，广泛发动和招募村级"农村淘宝"合伙人，并强化"农村淘宝"合伙人的培训，制订培训计划，协调相关讲师资源。发展"农村淘宝"农村电子商务服务网络生态链，重点支持涉及电商包装、仓储、物流等创业型企业发展，并联合各类企业提供创业指导、创业培训等相关服务（图2-10）。

图2-10　惠农业务入驻广东农村淘宝惠农信息社

2.3.7　苏宁云商集团股份有限公司

苏宁云商集团股份有限公司（以下简称苏宁云商）是中国商业企业的领先者之一，其经营涵盖传统家电、消费电子、百货、日用品、图书、虚拟产品等综合品类，线上苏宁易购位居国内B2C（商对客电子商务模式）前三，线上线下的融合发展引领零售发展新趋势。苏宁云商带来正品行货、品质服务、便捷购物、舒适体验。苏宁云商O2O（线上到线下）战略的发展，发挥着实体门店和电商平台双线优势，深耕物流、售后服务，带动工业品下乡和农产品进城，促进农村电商的大发展。

作为广东省信息进村服务运营商，苏宁云商积极参与到惠农信息社建设中，将部分苏宁易购直营店纳入省级惠农信息社，为农村普通老百姓提供购物服务。开展广东特色农产品电商销售，将广东的名特优新农产品对接苏宁实体门店和易购直营店上架销售，同时利用苏宁易购超市频道"广东特色馆"的建设和运营，联合广东各地级市农业主管部门，建立当地的地方特色馆，将广东名特优新农产品通过"地级市特色馆"进行网上销售，带动农产品电子商务发展，提升农民销售收入。开展电子商务培训，苏宁云商针对农产品电子商务知识培训、传统微企业触网等内容，为惠农信息社信息员提供培训，为农村电子商务的发展提供人才支持。通过在惠农信息社落地苏宁金融服务，为农户提供包括供应链金融、众筹等多种金融服务，帮助农户快速、低成本融资，服务农业生产（图2-11）。

图2-11　苏宁云商为惠农信息社提供入驻电商优惠活动

2.3.8　广东南方农村报经营有限公司

广东南方农村报经营有限公司（以下简称南农）旗下的《南方农村报》，是华南地区的一份农村综合类报纸，以"新农村推动力"为办报理念，坚持"为农民说话，为农民服务"，南农以媒体业务为核心，成为功能多样的"三农"综合服务商，涵盖新闻媒介、报刊出版、会展服务、市场调研、品牌设计、活动策划、产品营销、咨询培训、舆情服务等，是融合不同介质媒体整合资源的平台，是农民致富的好帮手。

作为广东省信息进村服务运营商，南农充分利用《南方农村报》、农财宝典、农财网的专业涉农媒体优势，整合南方报业传媒集团丰富的媒体资源，通过报纸、杂志、网络、微信、海报、活动等形式，开展针对性、连续性的报道宣传，重点宣传信息进村入户建设情况、惠农政策、惠农信息社服务开展情况等。同时，南农还结合其线下推广团队，建立100家新闻媒体基层合作站点，并召集100位新闻媒体工作者进入广东省信息进村入户服务平台，为广大农户提供技术咨询与服务。

为更好地为农户提供服务，南农将基层记者站与广东省信息进村入户服务平台对接。农户可通过平台查找记者站定位，联系记者站进行咨询及报料。南农镇村记者站点为当地农民提供农业资讯查询、放心农资购买、优惠报刊订阅业务（图2-12）。

图2-12　《南方农村报》报刊优惠订阅服务入驻惠农信息社

2.3.9　深圳前海点筹互联网金融服务有限公司

深圳前海点筹互联网金融服务有限公司（以下简称点筹网）旗下拥有"点筹农场"、"点筹严选"及"点筹农服"三大生态板块，主营业务涵盖农业电商、农业众筹、科技农业、农技培训、新媒体传播等，是一家专注于农业生态供应链综合服务的互联网平台。点筹网秉持"服务'三农'，务实创新"的发展宗旨，汇聚了来自互联网、农业、金融等领域百余精英，致力于成为"中国农民的天使投资人"。

作为广东省信息进村服务运营商，点筹网依托惠农信息社，向农户提供线上金融众筹、农产品电商、品牌建设、电商培训等服务。通过农产品线上金融众筹，一方面为农户短期解决资金周转问题，另一方面以众筹形式实现订单农业，规避市场风险。为提升省级惠农信息社电商服务水平，点筹网面向信息社信息员，开展电商培训活动，提升信息员线上品牌打造、网店运营、客服售后等服务水平（图2-13）。

图2-13　点筹网向惠农信息社信息员介绍线上众筹服务

2.3.10 广东地合网科技有限公司

广东地合网科技有限公司（以下简称地合网）是全国"互联网＋土地"流转交易领域的领头羊。专注土地流转交易及土地开发利用，打造了全国首个线上土地流转交易的互联网平台，旗下包括地合网和土地资源网两个互联网土地流转交易服务平台。地合网秉承"专业服务、行业引领"的服务宗旨，经过多年的研究和实践，结合专业的互联网线上交易平台，在土地交易流转、开发利用等领域积累了大量的成功实例和丰富的项目经验。

作为广东省信息进村服务运营商，地合网通过省级惠农信息社，为农户和农业投资人牵线搭桥，采用"互联网＋土地推介"模式，在线上进行大范围宣传推广，实现农业项目精准招商。运用地合网可视化农地价格评估系统，精确评估农用地价格，出具专业评估报告，助力农村承包土地的经营权和农民住房财产权抵押贷款服务（图2-14）。

图2-14　地合网邀请惠农信息社信息员开展惠农看地团活动

2.3.11 广州农财大数据科技股份有限公司

广州农财大数据科技股份有限公司（以下简称农财网）由南方报业及《南方农村报》充分整合媒体资源、用户数据和农产业资源，与中国复合肥行业第一家上市公司芭田股份共同发起成立。农财网以农业大数据为基础，为种植户提供农资、农技、品牌化销售等全程服务，"智造品牌农业"。

作为广东省信息进村服务运营商，农财网为省级惠农信息社信息员提供线上涉农信息服务。惠农信息社信息员通过农财网APP，可为当地农户提供种植全程解决方案、国内外一流的农资投入品和线上专家指导、线下农技上门体验。平台为广大农户提供农药、肥料等生产资料优惠，实现一键下单包配送，让用户省钱又省心（图2-15）。

图2-15　农财网与信息员分享驮娘柚品牌打造过程

2.3.12　北京京东世纪贸易有限公司

北京京东世纪贸易有限公司（以下简称京东）是中国的综合网络零售商，是中国电子商务领域受消费者欢迎和具有影响力的电子商务网站之一，在线销售家电、数码通信、电脑、家居百货、服装服饰、母婴、图书、食品、在线旅游等十二大类数万个品牌百万种优质商品。

作为广东省信息进村服务运营商，京东在广东开展"一村一品一店"的农村电商建设，致力于扶持地方品牌特色产品，力促当地特产"品牌化"，并以"互联网＋农业"为主线，建设农村电子商务综合服务平台。平台覆盖生产、种植源头到加工、生产的标准化管理与品质控制，同时通过京东物流进行标准化配送，加速农产品进城。在助力惠农信息社建设方面，京东面向惠农信息社信息员，招募京东乡村推广员，并向信息员提供电商培训。京东乡村推广员拓展了代客下单、电商服务推广等业务，并可得到相应的提成（图2-16）。

图2-16　京东梅州农特产品线下推广活动

2.4　线上线下惠农活动开展

通过聚合服务运营商惠农业务资源，结合广东省信息进村入户服务平台，在全省21个地级市开展各类线上线下活动。活动为惠农信息社带来了包括电子商务、农产品品牌建设、农业技术、放心农资、土地流转等的惠农业务，有效推动各类惠农服务在惠农信息社的落地，并服务当地农民。惠农活动逐步形成了"线上平台办理—日常微信咨询—线下活动对接"的常态化服务模式，将进村入户公共服务平台作为政府—服务商—信息社—农民的信息桥梁，打破了信息壁垒，畅通了信息服务。

2.4.1　联合惠农服务商开展线上惠农活动

开展线上惠农活动是广东省信息进村入户服务平台的一项重要服务内容。平台联合惠农服务商，通过在线上发起惠农活动、惠农信息社报名参加活动的形式，将服务商惠农业务在信息社落地，并通过信息社服务周边农户。信息社只需通过平台电脑端、APP端或微信端查询相关活动内容，并选择符合当地需求的活动进行报名。线上活动的开展，实现将电子商务、网络通信、农业金融、农业技术、放心农资等各类惠农业务向农村基层延伸，并通过惠农信息社在当地开展推广与服务，实现线上线下服务结合，有效提高了服务效率。得益于平台开展的线上活动，让千万中小农户在生产、生活上可以与大型服务商对接，得到与城镇一样便捷的信息服务。

（1）宽带及手机流量优惠入住惠农信息社活动。为推动农村宽带及通信服务发展，提升惠农信息社信息服务水平，广东省信息进村入户服务平台联合广东移动，共同开展宽带及手机流量优惠活动（图2-17）。活动为惠农信息社提供移动宽带报装优惠及手机流量充值优惠。其中开通10兆位/秒（10Mb/s）互联网宽带1年最高优惠500元，4兆位/秒（4Mb/s）互联网专线（带1个固定IP）月费用为650元，30兆位/秒（30Mb/s）全网通流量优惠套餐最低为5元/月，MAS（移动代理服务器）短信优惠套餐1.3万条短信优惠价格为1 000元，部分地区还可为当地农户提供手机充值优惠和免费送手机卡等优惠内容。

图2-17　广东移动入驻惠农信息社活动

活动吸引了一批又一批惠农信息社报名参与，并通过惠农信息社将服务提供给当地农民。广东移动在信息传输技术和通信方面，为广东省信息进村入户工作提供全面保障，率先实现4G在全省乡镇地区的全覆盖，并将持续降低4G费用门槛，让4G更好地助力农村信息化水平提升。

（2）移动支付设备免费入驻惠农信息社活动。为向农村地区提供安全、可靠的网上支付等服务，提升农村金融服务水平，广东省信息进村入户服务平台联合广州银联网络，面向全省惠农信息社开展移动支付设备免费入驻活动。广州银联网络针对惠农信息社业务类型，为信息社提供了移动POS机、便捷POS机和多功能POS机3种选型，信息社可通过在平台报名参加活动的方式，免费获得其中一款POS机设备。POS机的配设，不仅实现了信息社移动收支等功能，还拓展了信息社生活缴费、小额提款等便民服务内容。

广州银联网络作为广东信息进村入户服务商之一，依托惠农信息社为据点，充分利用广州银联网络的支付平台和大数据平台优势，在综合支付产品方面积极配合广东信息进村入户工作，支持惠农信息社建设，不断提升农村信息化建设和服务能力。在此推动之下，目前，移动支付设备在广东各地惠农信息社中得到广泛应用（图2-18）。

图2-18 广州银联网络入住惠农信息社活动

（3）荔枝保果壮果优惠套装活动。荔枝是广东省的名优特色水果，为保障广东荔枝生产，提升荔枝品质，根据广东荔枝花期遭遇雨水多的情况，广东省信息进村入户服务平台携手深圳诺普信，面向全省生产类惠农信息社，开展荔枝保果壮果优惠活动，为惠农信息社提供优惠价格的农资套装（2-19）。

图2-19 广东省信息进村入户服务平台携手深圳诺普信开展荔枝保果壮果优惠活动

活动吸引了一批生产类惠农信息社参与。信息社通过参与广东省信息进村入户服务平台活动的方式，为当地农户订购放心农资套装，同时订购的农户还能享受到诺普信"田哥""田姐"基层农技员的上门农技服务。活动不仅为农户及时带来优惠的放心农资，也为农户带来技术服务，得到各地荔枝种植户的好评。此类活动长期以来受到广大荔农的欢迎。

（4）京东农村电商推广员招募活动。为推动农村电商发展，提升农村电商服务水平，广东省信息进村入户服务平台与京东电商平台合作，面向全省惠农信息社信息员开展京东农村电商推广员招募活动（图2-20）。信息员能通过平台报名，经审核成为京东推广员后，可将京东商城数万件产品以更优惠的价格在当地推广，为当地村民提供品牌好、价格优的电商购物服务。此外，京东根据推广员下单销售的情况，为信息员提供一定比例的佣金，拓展了信息员的收入渠道。

图2-20 京东农村电商推广员招募活动

活动的开展吸引了一批省级惠农信息社信息员的参与。信息员通过活动将电商购物服务推送至农村千家万户。活动培育了一批农村电商服务能手，很好地带动了农村电商事业的发展，极大地丰富和便利了农村地区的生产生活。

（5）特色农产品入驻岭南优品商城活动。为使广东特色农产品走出去，以电商的形式建立更多特色农产品品牌，拓展特色产品销售渠道。由广东省信息进村入户服务平台联合广东移动，开展特色农产品入驻岭南优品商城活动。惠农信息社通过邀请当地特色农产品入驻平台，以参加报名活动的形式提交资料审核，经服务商审核通过的特色产品将入驻岭南优品电商平台开展电商销售（图2-21）。

图 2-21　特色农产品入驻岭南优品商城

岭南优品作为服务广东特色商品直销的移动社交电商平台，注册用户超230万户，入驻商家超600家。为推广广东特色产品，广东移动在岭南优品平台投入补贴超5 000万元，开展购物送话费等促销活动，大大推广了广东特色产品。通过活动入驻的特色产品也享受移动提供的惠农政策支持。

（6）点筹网电商人才免费培训活动。为助力信息社开展电商商务服务，培育一批会经营、懂技术、能服务的电商人才，广东省信息进村入户服务平台联合深圳点筹网，面向全省惠农信息社提供免费的电商培训课程和电商实操岗位。每期活动报名参加的信息员前往点筹网总部接受为期两天的免费电商培训惠农服务，培训内容包括点筹严选、第三方电商平台搭建、电商运营人员、客服人员日常工作要点，以及产品详情页、产品描述、卖点挖掘技巧等。此外，点筹网还为信息员提供电商实操岗位，通过实操平台电商销售、线上客服，真正让信息员掌握电商技术（图2-22）。

图 2-22　点筹网电商人才免费培训活动

活动得到了一批惠农信息社的响应。通过活动，为各地农户培育了电商人才，并助力各地特色农产品电商发展。

(7) 地合网阳山看地团活动。为拓展惠农信息社农用土地信息服务水平，让农业生产者通过惠农信息社可了解全省农用地租赁资讯。广东省信息进村入户服务平台联合地合网，开展了地合网阳山看地团活动。活动针对清远市阳山县七拱镇潭村、和平村2 000亩①连片耕地。信息社通过线上活动，获取该地块具体位置、设施、权属、出租年限、航拍、规划等详尽的土地信息，并向有需求租赁土地的农户进行宣传。

农户可通过惠农信息社报名，免费参与地合网看地团活动，并由地合网组织前往阳山实地考察地块，洽谈租赁事宜。同时惠农信息社信息员可作为地合网土地推介员，在当地发布土地租赁资讯，也可将当地需要出租的土地信息上线到地合网进行线上租赁。如成功介绍第三方租赁土地，还将得到地合网服务提成。活动有效拓展了信息社土地信息服务（图2-23）。

图2-23 地合网阳山看地团活动

(8) 汕头移动镇村代办点招募活动。为加快提升农村网络通信服务水平，广东省信息进村入户服务平台联合广东移动，开展移动镇村代办点招募活动。活动首批面向粤东地区惠农信息社，信息社通过平台报名提交资料，经服务商审核后，可成为移动镇村代办点，入驻移动选号开户、优惠充值、购机优惠等服务内容。同时信息社根据不同业务类型，将获得不同比例的提成，提升了信息社运营能力，因此得到了一批信息社的积极响应。通过活动有效拓展信息社通信服务内容，而当地村民也将足不出村享受到部分城市通信营业厅的服务（图2-24）。

图2-24 汕头移动镇村代办点招募活动

(9) 农产品线上金融众筹活动。为提升农业金融服务，缓解农业生产前期资金投入短缺问题，广东省信息进村入户服务平台联合深圳点筹网，开展农产品线上金融众

---

① 亩为非法定计量单位，1亩≈667米²，下同。——编者注

筹活动。惠农信息社通过平台报名，经服务商审核通过后，即可在点筹网开展产品线上众筹，提前获得资金用于生产。根据产品生长周期，以"权益+实物"的方式回报投资人，并实现了以订单农业方式保障产品销路。同时，点筹网免费提供产品包装设计、实地拍摄、文案宣传策划等服务，助力产品打出品牌，提升销路（图2-25）。

图2-25　农产品线上金融众筹活动

活动受到惠农信息社信息员的广泛认可。通过活动为当地农业企业、种养大户解决了资金问题，又打造了一批品牌农产品，受到农户一致好评。

（10）农技上门及农资免费试用活动。为提升惠农信息社农技服务水平，服务各地农户购买放心农资，广东省信息进村入户服务平台联合广州农财网，开展农技上门及农资免费试用活动。农民可经当地惠农信息社，通过在平台报名参加活动的方式，获得农财网农技员上门服务。服务内容有为农民提供病虫害诊断、用肥用药调研及后续技术管理方案等；同时还能为农民提供农资免费试用，让农民在得到服务、看到效果、掌握技术后，在农财网上订购优惠的农资（图2-26）。

图2-26　农技上门及农资免费试用活动

活动有效帮助各地惠农信息社和农户解决了病虫害防治难题，同时对农户用肥用药进行指导，提升了肥药效率。

（11）田田圈农技农资上门体验活动。为提升惠农信息社农技服务水平，服务各地农户购买放心农资，广东省信息进村入户服务平台联合深圳诺普信，开展田田圈农技农资上门体验活动。惠农信息社通过在平台报名的方式，将诺普信田田圈农技服务业务落地到信息社，农户可通过信息社得到诺普信田田圈农技专家上门服务。服务项目有实地指导农户开展农作物病虫害防治、农产品品质提升等；同时可在农户基地开展示范田示范，让农民亲身感受到农技应用及农资试用的效果。通过信息社参与活动的农户，还能对接当地田田圈门店，享受VIP的农资购买优惠（图2-27）。活动得到了一批惠农信息社的响应，为当地农户带来了最新的农业技术和放心价优的农资产品。

图2-27　田田圈农技农资上门体验活动

（12）顶顶卡优惠套餐活动。为提升农村网络通信服务水平，推动更多实用优惠的通信服务产品在农村应用，广东省信息进村入户服务平台联合广东联通，开展顶顶卡优惠套餐活动。联通钉钉APP是联通公司与阿里巴巴联合打造的企业级通信应用，可实现图文、语音、多人视频的通信功能，还支持签到、报告、审批等智能办公功能。通过开办联通顶顶卡，在钉钉卡上使用钉钉APP进行语音通话、视频通话等免上网流量，极大地方便了信息员开展线上语音、视频通话服务和日常办公。惠农信息社通过平台报名参与活动，开办联通顶顶卡，首月将免月租费，且有首充送话费活动（图2-28）。

图2-28　顶顶卡惠农活动

（13）放心农资钜惠活动。为向各地农户提供放心优惠的农资产品，保障农户开展农业生产，广东省信息进村入户服务平台联合广州农财网，开展放心农资钜惠活动。活动面向全省惠农信息社，各地农户可通过惠农信息社，以线上报名的形式，获得农财网提供的芭田高钾水溶肥、芭田高氮水溶肥等七大类常用农资产品的优惠价格（最高优惠幅度为八折）。所有农资产品从厂家直接供应，保证正品（图2-29）。

图2-29　放心农资钜惠活动

活动受到了广大农户的青睐和认可。通过活动，缩短了农资流通环节，减少了产品差价，保证了农资质量，"一站式"为农民采购到了优惠放心的农资产品，让农民体验到了信息进村入户带来的实实在在的便利。

2.4.2　在全省开展信息进村入户培训交流活动

广东省信息进村入户服务平台联合各大服务运营商，在全省各地级市开展信息进村入户培训交流活动。通过活动的开展，培训信息社信息员使用广东省信息进村入户服务平台，获取服务商惠农资源。同时，活动邀请服务商的讲师、嘉宾，现场为信息员介绍、解读惠农活动，推动惠农服务业务的落地。活动的开展让信息社之间建立了沟通交流的渠道，让信息社之间实现业务对接和互帮互助。

（1）广州市信息进村入户培训交流活动开展情况。2016年7月26日，广州市信息进村入户培训交流活动（第一期）召开。广州市惠农信息社信息员代表参加了本次培训交流活动。活动上信息社代表踊跃发言，就各自信息社在电子商务、农村商贸、农产品生产经营、公益服务等方面的成效做了分享，对下一步信息社建设做了展望。

广东省信息进村入户服务平台的代表向参会的信息员介绍了平台惠农服务商对接情况，并对如何使用平台对接服务商惠农业务、如何使用"电子身份证"二维码及平台日常咨询等功能做了演示。本次活动同步在省信息进村入户工作群上做网络图文直播，全省信息员通过直播都能了解到平台的服务，得到了广大信息社的响应。信息社通过交流活动，取长补短，为全省信息社建设及发展注入活力。

2017年7月27日，广东省信息进村入户培训交流活动（第二期）在广州市农业科学院举行。广州市农业局交流合作处处长吴惠龙出席了会议，广州市农业局交流合作处主任科员廖志主持了会议。

会上，广东省信息进村入户服务平台向信息员介绍了平台服务情况及各项惠农业务。同时具体演示了信息社"电子身份证"、平台惠农业务线上获取等服务方式。惠农服务商点筹网、地合网及农财网分享了多项惠农服务。点筹网为农户、农企解决资金的问题，开展线上资金众筹，帮助农户在生产初期提前获得资金，并以"权益+实物"的回报方式，保证农户产品的销售。地合网介绍了如何通过搭建"互联网+土地流转"平台，让农民足不出户，完成土地租赁。通过土地交易服务、地区地价走势、建设美丽乡村的规划设计服务，让农户足不出户，掌握土地信息。农财网代表介绍了公司智造品牌农业模式以及微信公众号"农财购"线上农资直销平台。该平台可为种植户提供种植全程解决方案和国内外一流的农资投入品，还有一线专家在线指导。同时平台上提供优惠的农药、肥料等生产资料（图2-30）。

图2-30　广州市信息进村入户培训交流活动

（2）珠海市信息进村入户培训交流活动开展情况。2017年7月20日，广东省信息进村入户培训交流活动在珠海市斗门区农机学校举行。珠海市海洋农业和水务局农经科陈越红科长、农业专家谭新红副研究员参加了活动。汤清亮等几位珠海地区的优秀信息社代表与广东省惠农信息服务商一起分享了惠农信息服务如何智慧落地。

广东省信息进村入户服务平台代表为信息员介绍了平台对接惠农服务运营商的情况、惠农信息社主页建设及惠农业务获取方式等。同时就如何用服务终端开展惠农服务进行具体的操作演示。

"有了农技宝，农民可以实现躺在被窝里找专家问农技，洞悉天下农事。"中国电信负责人王凯在活动中介绍了由中国电信推出的惠农服务APP"农技宝"。王凯介绍："通过农技宝APP可以快速找到农业技术服务人员，广东湛江、韶关等地农技人员的工作情况如何，在农技宝上面都能查到，农民躺在被窝里，就能通过手机APP快速找到专家，咨询农技问题。"此外，中国电信推出，只要是农户拨打12316惠农服务电话，电话费全免。

珠海培训活动中，地合网工作人员介绍了地合网如何搭建"互联网＋土地流转"平台。地合网就是一个土地资源整合网，有人找地，有人租地，惠农信息社和地合网就是这其中的中间人。有农户流转土地，却不知道如何制作一份完整的合同，对此，可以从地合网上下载电子版合同。地合网工作人员还介绍了土地交易服务、地区地价走势、合适的土地资源、建设美丽乡村的规划设计服务等。

培训活动中，农财网代表也介绍了公司智造品牌农业模式以及微信公众号"农财购"线上农资直销平台。该平台可为种植户提供种植全程解决方案和国内外一流的农资投入品，还有一线专家在线指导。平台上提供的农药、肥料等生产资料的价格比市面至少优惠20%以上，一键下单包配送，让用户省钱又省心。为农户提供农产品产前农资服务，产中农田农技管理服务，产后包装品牌打造服务，是具有传媒基因的惠农服务商农财网的惠农布局（图2-31）。

图2-31　珠海市信息进村入户培训交流活动

（3）汕头市信息进村入户培训交流活动开展情况。2017年8月10日，广东省信息进村入户培训交流活动在汕头市东联种植惠农信息社举行。汕头市农业局市场与经济信息科科长陈森胜出席会议。广东省信息进村入户服务平台携手点筹网、农财网、广州银联网络、汕头移动等惠农服务商，为信息员带来最新的惠农资讯。

活动现场，广东省信息进村入户服务平台工作人员为每位前来开会的信息社信息员发放了一张胸卡，每张卡片上面都有一个"电子身份证"二维码。好奇的信息员拿起手机扫一扫，发现二维码扫出来的是自家信息社的图文简介，上面全面展示了信息社的服务场所、服务内容、门面门牌、惠农活动等情况。信息社"电子身份证"二维码一方面以扫码形式，展现信息社服务内容及风采，方便农户了解信息社并上门获取相应的服务；另一方面，只有省级认定的信息社才能在平台上拥有二维码展示主页，起到辨别惠农信息社的作用。

会上，来自点筹网的中国农民天使投资人张金华介绍了农产品金融众筹及电商等方面的惠农讯息。平台以农户信用、产品为依托，以订单农业的形式向符合条件的农户提供众筹资金，农户以"权益＋实物"的方式回报投资方，既解决了农户生产的资金问题，又解决了农产品的销售问题。对于农户希望农产品上行，却苦于没有电商技能的诉求，点筹网面向惠农信息社开展农产品电商培训活动，免费为信息员提供网店运营、客服售后、品牌打造等方面的技能培训。农财网平台可为种植户提供种植全程解决方案和国内外一流的农资投入品，还有一线专家在线指导。同时农财网联合广东省信息进村入户服务平台，面向信息社提供7个农资产品的现金返利活动。汕头移动为惠农信息社带来移动代办点招募活动，信息社可通过平台申请成为移动代办点，实现移动业务的入驻，同时部分业务还有提成奖励。广州银联网络汕头分公司则为惠农信息社推出"全民惠农"APP，该APP有望成为银联商务服务农村金融体系，以及为农村地区生产经营搭建连接上行、下行的互联网化整合通路（图2-32）。

图2-32　汕头市信息进村入户培训交流活动

（4）佛山市信息进村入户培训交流活动开展情况。2017年9月1日，广东省信息进村入户培训交流活动在三水市大塘镇金瑞康惠农信息社举行。佛山市农业局科教与经济信息科副科长李典，各镇（区）农业信息化负责人及惠农信息社代表参加会议。

　　会上，李典副科长介绍了佛山市目前拥有12个惠农信息社，从蔬菜种植到水产养殖，惠农信息社收集行业动态、市场信息、种养技术，通过多种渠道共享到农户手中。同时要求信息社充分结合惠农信息社设备，拓展信息服务能力，提高信息服务水平，更好地为佛山"三农"提供信息服务。广东省信息进村入户服务平台代表向参会信息员介绍了平台惠农服务报名获取、信息社"电子身份证"二维码等功能，同时邀请了惠农服务商点筹网开展农产品电商建设内容培训。目前，点筹网在广东省信息进村入户服务平台上已经上线了两个活动，一个是免费线上售卖推广，由项目方提供部分产品作为试吃活动或在供货价的基础上进行折扣，由点筹网利用微信公众号、用户群进行推广，集齐平台消费者的购买欲望，培养第一批种子用户；一个是免费电商人才培训，邀请信息社社员到深圳点筹网总部进行电商线上培训（图2-33）。

图2-33　佛山市信息进村入户培训交流活动

　　（5）韶关市信息进村入户培训交流活动开展情况。2017年7月6日，广东省信息进村入户培训交流活动在韶关市九峰镇隆重举行。近百个惠农信息社代表参加了此次活动。活动为韶关市优秀信息社派发设备，助力惠农服务。九峰镇作为韶关市开展惠农信息服务、助农增收的活样板而成为聚焦点。

　　为期两天的培训交流活动内容丰富，兼顾基础理论与建设实践。既有广东省信息进村入户服务平台为信息员带来的服务技能培训，又有惠农服务商为信息社带来的最新惠农服务资讯、农业生产服务知识讲授、农业农村金融服务专题宣讲、农产品电商平台推介和农村电商模式实践等具体指导。此外，活动还组织参观了国家级农民专业合作示范社乐昌市九峰镇绿峰果菜专业合作社的惠农信息社，实地了解信息社惠农服务内容及服务开展情况。通过两天的培训交流活动，广大惠农信息社信息员们理清了建设思路，明确了建设标准，激发了工作热情，坚定了为民服务的决心（图2-34）。

　　2017年7月19日，广东省信息进村入户培训交流活动在韶关乳源瑶族自治县乳财服务中心举行，100多位信息社社员参加了活动。在本次培训活动上，广东省信息进村入户服务平台为信息员带来涉农信息服务技能培训，结合平台业务指导信息员

图 2-34　韶关九峰镇信息进村入户培训交流活动

获取服务商惠农业务。韶关移动公司带来了优惠活动，包括惠农电话卡办理送大流量、部分话费套餐送 12 兆位/秒（12Mb/s）家庭宽带等。平台服务商诺普信田田圈韶关地区运营负责人郑森在培训活动上介绍，田田圈的网点一般以各地的农资店为主，设置区域代理人，服务"三农"。公司技术团队可为农户提供农作物全程管理方案，为农户提供技术培训，并到基地进行指导。通过测土专业技术，精准配方施肥。网点为农户提供优质的农资，并在价格上优惠，让农户用得放心，用得便宜。同时，因为种植业、养殖业的收益回报期比较长，田田圈服务网点可为农户提供贷款。郑森还介绍了"田田云"公众号，可提供技术动态更新、专家在线问答、种田直播、金融保险等服务（图 2-35）。

图 2-35　韶关乳源瑶族自治县信息进村入户培训交流活动

（6）河源市信息进村入户培训交流活动开展情况。2017 年 8 月 30 日，广东省信息进村入户培训交流活动在河源市东源县义合镇顺景惠农信息社举行。河源市农业局副局长张法周出席会议。河源市获得省级认定挂牌的惠农信息社有 80 个，信息社作为信息进村入户的载体，有效推动了 10 项信息服务进村入户，打造了"互联网 + 现代农业"的农业格局，让河源市的农民在网上享受信息化时代的便利。河源市升级了农业信息网，并将惠农信息同步到"河源农业"官方微信公众号发布。河源市电子商务产业园与惠农服务商苏宁易购建立合作，并签约入驻京东商城，全市有过百种优质农产品在线上销售，多项惠农服务助农增收。

　　会上，广东省信息进村入户服务平台的代表向信息员发放了信息社二维码"电子身份证"，信息员通过扫描二维码即可用手机查看信息社主页。同时就如何通过登录平台，实现对惠农业务报名获取、信息社服务情况修改完善等内容对信息员进行了培训。惠农服务商点筹网介绍了以订单农业的形式，结合农户、农企的信用，开展线上金融众筹，以"权益＋实物"的回报方式帮助农户在生产初期提前获得资金，扩大销路。另外，点筹网还提供农业电商搭建运维方案，以及电商平台的规划、搭建、代运营、人才培训等服务。惠农服务商农财网代表介绍了公司智造品牌农业模式以及微信公众号"农财购"线上农资直销平台。该平台可为种植户提供种植全程解决方案和国内外一流的农资投入品，还有一线专家在线指导，另外平台还提供线上放心农药、肥料的优惠购买，一键下单包配送（图2-36）。

图2-36　河源市信息进村入户培训交流活动

　　（7）梅州市信息进村入户培训交流活动开展情况。2017年7月26日，广东省信息进村入户培训交流活动在梅州市梅县区木子金柚专业合作社举行。梅州市梅县区农业局副局长陈玲玲出席会议，梅县区农业局市场与经济信息股股长余雪萍主持会议。梅州市梅县区农业局从各镇农业服务中心选聘了56名专业技术人员成立12316农技服务人员专家团队，并将名单上墙公布，方便农民随时咨询。

　　梅南镇农业服务惠农信息社负责人钟崇建介绍，信息社目前与广东省农业科学院蔬菜研究所合作推广番茄、菜心等10个新品种，还有茶叶和中药材，节肥减害，推广水肥一体化，为农户谋求新的出路。惠农信息社内的技术人员会到基地田头指导农户，或请专家到镇上集中授课，还通过视频会议系统，从镇覆盖到村、从村覆盖到个人开展农技培训会议，共覆盖到16个村13 000多人。

　　城东镇农业服务惠农信息社负责人黄璇玑介绍，惠农信息社为村民提供买、卖、取等6项便民服务，2016年一年为村民提供公益便民查询约1 200人次，发布信息500余条，进行电商就业创业培训约800人次，发布公共信息1 000余条等。惠农信息社还支持成立了城东镇电商平台，帮助农户种植的金柚打开网上销路。

　　梅县绿林水果惠农信息社负责人罗建福分享了其电商建设经验。通过微店、淘宝等电商渠道，2016年帮助农户销售金柚近10万千克，比2015年的销量翻了2倍。罗建福表示，信息社通过与广东省信息进村入户服务平台的对接，获得前沿的科技指导和惠农信息，再传达给农户，真正让农户受益。

会上，广东省信息进村入户服务平台代表为各信息员介绍了平台服务情况，并现场演示了如何通过平台对接获取服务商的惠农业务。点筹网、地合网及农财网分享了多项惠农服务。点筹网为农户、农企解决资金的问题，以订单农业的形式向他们订购农产品，并以"权益+实物"的回报方式帮助农户在生产初期提前获得资金，解决生产资金投入问题。地合网则邀请惠农信息社信息员作为网络中间人，协助当地农户将闲置的农用地上线出租，同时与当地农户分享全省优质农用地的招商资讯。农财网代表介绍了智造品牌农业模式，可为种植户提供种植全程解决方案和国内外一流的农资投入品，为农户从生产、品控到品牌打造、电商上线等全程提供服务。同时农财网联合广东省信息进村入户服务平台，开展农资优惠活动，提供7个农资产品的现金返利，信息员可结合当地农户需求，在平台获取优惠（图2-37）。

图2-37　梅州市信息进村入户培训交流活动

（8）惠州市信息进村入户培训交流活动开展情况。2017年8月29日，广东省信息进村入户培训交流活动在博罗县麻陂村艾埔镇举行。惠州市农业局副局长邱兰英，博罗县政协副主席、博罗县农林局副局长何金华出席会议。

会上，广东省信息进村入户服务平台的代表向信息员介绍了平台服务内容，以及如何通过平台对接服务商惠农业务。目前，点筹网限时免费线上售卖推广、免费电商人才培训，农财网农资钜惠、农技上门及农资免费试用，中国联通顶顶卡，地合网看地团等惠农活动已陆续上线。服务商代表点筹网、农财网带来了最新的惠农资讯。点筹网为农户、农企解决资金的问题，以订单农业的形式向他们订购农产品，并结合农户、农企的信用，进行反向授信，以"权益+实物"的回报方式帮助农户在生产初期提前获得资金，扩大销路。其次，针对农产品销售，点筹网提供了线上点筹严选平台、试吃团购等方式，线下各类展会、商超、高铁站入驻推广等，让农产品卖出好价钱。农财网代表介绍了公司农资服务、农技管理、农产品包装品牌打造，一站式解决农户的农产品生产问题（图2-38）。

图2-38　惠州市信息进村入户培训交流活动

（9）汕尾市信息进村入户培训交流活动开展情况。2017年8月17日，广东省信息进村入户培训交流活动在汕尾市农业局举行。汕尾市农业局政策法规信息科科长罗善杰、副科长王子杰出席会议。会上，罗善杰科长介绍了过去一年惠农信息社建设的成果。目前汕尾市经认定的惠农信息社达40个，信息社的网络服务、电商服务、金融服务等为农户带来了极大的便利，农产品可通过电商平台销售，同时也培养了一批懂技术的乡土人才。

会上，广东省信息进村入户服务平台的代表为各信息员介绍了平台的服务情况，并就如何结合服务终端设备，通过平台对接惠农服务商获取惠农业务、进行信息社宣传推广等内容做了具体培训。此外，惠农服务商为信息员带来了丰富的惠农资讯，点筹网介绍了与广东省信息进村入户服务平台联合开展的限时免费线上售卖推广活动，农财网介绍了其农资钜惠及农技上门服务活动，汕尾联通介绍了顶顶卡优惠套餐，地合网介绍了惠农看地团等活动（图2-39）。

图2-39　汕尾市信息进村入户培训交流活动

（10）东莞市信息进村入户培训交流活动开展情况。2017年7月28日，广东省信息进村入户培训交流活动在东莞茶山镇泽景大厦举行。东莞市农业局市场与经济信息科科长朱瑞芬出席会议。广东省信息进村入户服务平台、点筹网、广州银联网络、东莞联通、农财网等惠农服务商带来了最新的惠农资讯。

　　会上，广东省信息进村入户服务平台代表为各惠农信息社信息员介绍了平台服务内容，并就如何通过平台宣传惠农信息社服务、对接服务商获取惠农业务、结合服务终端拓展服务内容及范围等进行了针对性的培训。点筹网针对农产品销售，提供了线上线下两种解决方案，线上有点筹严选平台、试吃团购等方式，线下有各类展会、商超、高铁站销售推广等，让农产品卖出好价钱。另外，点筹网提供农业电商搭建运维方案，向信息员免费提供电商平台规划、搭建、运营等方面的培训。中国联通代表则带来了钉钉沟通平台工具，该平台集合企业通信录、客户管理、电话或视频会议、智能报表等功能于一身，可方便企业内部交流，信息员与农户沟通，足不出户就能随时了解基地情况。农财网代表介绍了公司智造品牌农业模式以及微信公众号"农财购"线上农资直销平台。该平台可为种植户提供种植全程解决方案和国内外一流的农资投入品，还有一线专家在线指导。广州银联网络提供的"全民惠农"移动工具，可以记录收购详情并通过手机实时付款给农民等供货商（银行卡），支持库存管理、供货商管理，提高了信息社资金收支的安全性和效率（图2-40）。

图2-40　东莞市信息进村入户培训交流活动

　　（11）中山市信息进村入户培训交流活动开展情况。2017年8月21日，广东省信息进村入户培训交流活动在中山市龙业农业惠农信息社举行。中山市农业局市场与经济信息科科长黄跃伟、副科长彭颖杰出席会议（图2-41）。

　　黄跃伟科长在会上介绍了中山市开展信息进村入户建设的情况。中山市重点建立了农业物联网管理平台，基于市内现代农业科技推广示范基地的基础上，建立中山市农业物联网应用示范点，实现农业生产基地现代化、智能化管理，以达到农产品优质、高产，生产高效的目标。该物联网管理平台的内容包括水肥一体化自动控制、智能化温室培育控制、全数字高清视频监控、土地监测、水产养殖水质在线监测等智能化系统，使基地条件变化以数字化的形式展现，农业生产更加智能，信息服务真正让农户受益。

图 2-41　中山市信息进村入户培训交流活动

　　会上，中山火炬开发区农业服务惠农信息社负责人简国新介绍了信息社信息发布、农技培训、规范农资、农业保险等方面的信息服务，为农户生产提供一条龙的服务保障。龙业农业惠农信息社代表分享了信息社在电商领域的建设经验，将当地农户的特色农产品通过电商拓展销路，带动农户致富。

　　广东省信息进村入户服务平台的代表为参会信息员发放了"电子身份证"二维码。通过扫码能登录信息社主页，查看信息社的建设情况及服务条件。"电子身份证"既可作为信息社的认证，又可协助信息社宣传推广服务内容。同时就如何通过平台对接服务商惠农业务、获取涉农资讯等功能向信息员做了具体介绍及展示。惠农服务商代表点筹网、农财网、地合网也带来了最新的惠农资讯。点筹网限时免费线上售卖推广活动、农财网农资钜惠及农技上门活动、联通顶顶卡优惠套餐、地合网看地团等惠农活动已陆续上线，信息社可登录平台报名获取服务。

　　（12）江门市信息进村入户培训交流活动开展情况。2017年7月13日，广东省信息进村入户培训交流活动在江门市万丰园种植惠农信息社举行。江门市农业局总农艺师黄家河、科教与信息科副科长区合莲出席活动。活动为江门市的优秀信息社派发了服务设备，为信息社开展信息化服务提供支持。会上，广东省信息进村入户服务平台代表为信息员介绍了平台服务内容、服务商惠农业务获取方式等，同时指导信息员结合服务终端开展信息服务。江门移动、广州银联网络及农财网则作为服务运营商，分享了各项惠农服务。广州银联网络支付有限公司江门分公司介绍了江门市农业投入品追溯平台，该平台可实现江门市本地生产农资产品和外地流入农资产品从生产到使用全部环节的溯源跟踪记录，建立农资产品可追溯机制；帮助生产农资的惠农信息社录入农业投入品备案、赋码、印刷、入库、出库等环节，以及可帮助销售农资的惠农信息社记录台账。广东移动江门分公司介绍了物联网设备云平台 OneNET，该平台提供采集数据的传输、存储、检索、场地检控、设备控制等服务，以实现农业种植、生产环境资源信息化。参会的惠农信息社现场提出需求，并与服务商对接洽谈，以提高信息服务能力（图2-42）。

图2-42 江门市信息进村入户培训交流活动

（13）阳江市信息进村入户培训交流活动开展情况。2017年8月3日，广东省信息进村入户培训交流活动在阳江市阳东区农业局举行。阳江市农业局科技交流与市场信息科负责人陈认广出席会议。广东省信息进村入户服务平台，惠农服务商点筹网、阳江移动、阳江联通等为信息员带来了惠农资讯。

培训会上，优秀惠农信息社代表分享了信息服务经验。广东丰多采惠农信息社通过与惠农服务商对接，在基地内覆盖免费的Wi-Fi网络，以方便农户上网获取农业资讯。广东阳江八果圣惠农信息社负责人卢昌阜表示，信息员通过广东省信息进村入户服务平台和智能终端信息设备，发布农情、市场行情、农技资讯等信息。阳西县西荔王惠农信息社信息员李贵赛表示，通过广东省信息进村入户服务平台，为他们对接了华南农业大学的专家，并到基地为他们提供详尽的指导，让农户种出好收成。

广东省信息进村入户服务平台代表为信息员介绍了平台对接惠农服务商的情况，并介绍了通过平台线上活动获取惠农业务、通过信息社"电子身份证"推广信息社惠农业务等。阳江联通介绍了钉钉沟通应用，应用集合企业通信录、客户管理、电话或视频会议、智能报表等功能于一身，方便信息社与其社员联系开展服务。顶顶优惠卡可以实现全国范围内顶顶卡互拨免费、钉钉客户端专项流量免费等优惠。点筹网针对农产品销售，提供其线上线下的服务资源，线上可对接点筹严选平台、线上试吃团购等，线下可开展各类展会推广，让农产品卖出好价钱。诺普信田田圈的种植能手与"田哥""田姐"为农户提供线上和线下田间技术指导，其农资电商平台可购买放心、优惠的农资产品。同时田田圈联合广东省信息进村入户服务平台，举办1元农业技术服务推广活动，为农户提供农作物病虫害上门诊断、作物解决方案、试验示范田建设等内容。阳江移动带来集团Wi-Fi、云视讯和对讲等三大惠农业务，为信息社开展线上服务，并为农户提供上网、通信方面的便捷（图2-43）。

图2-43 阳江市信息进村入户培训交流活动

（14）湛江市信息进村入户培训交流活动开展情况。2017年8月14日，湛江市信息进村入户培训交流活动在湛江市农业局召开。湛江市农业局副局长梁孟明出席会议，湛江市近80个省级惠农信息社代表出席本次会议。梁孟明首先介绍了湛江市信息进村入户的建设成果，湛江市通过建立一批优秀的信息社，培养了一批优秀的信息员，形成了信息社之间比学赶超的氛围，为湛江"三农"服务。

会上，广东省信息进村入户服务平台代表向信息员介绍了平台服务开展情况，并就平台惠农业务报名获取、"电子身份证"二维码应用、惠农资讯发布等功能做了详细演示。点筹网、湛江移动等惠农信息社服务商带来了最新的惠农资讯。点筹网介绍了农业金融服务，无需担保抵押，只需要提供法人身份证复印件、法人征信、银行流水、企业营业执照和土地承包合同、厂房租赁合同等资料即可向点筹网平台申请贷款，资料审核通过后最快3天资金到账，解决了农企贷款难的问题。湛江移动介绍了岭南优品平台产品上线等业务，同时通过开展平台购物送话费等活动，宣传推广上线的特色产品（图2-44）。

图2-44 湛江市信息进村入户培训交流活动

（15）茂名市信息进村入户培训交流活动开展情况。2017年8月4日，广东省信息进村入户培训交流活动在茂名高州市燊马生态农业惠农信息社举行。高州市农业局副局长覃子华、茂名市农业局市场信息科科长袁云林等出席活动。广东省信息进村入户服务平台携手惠农服务商农财网、诺普信田田圈、点筹网、茂名联通、茂名移动等，为信息员带来最新的惠农资讯。

活动为所有信息员发放了信息社"电子身份证"，并着重介绍了其在认证惠农信息社、宣传信息社服务等方面的功能。并就如何通过广东省信息进村入户服务平台查找、获取服务商惠农业务开展了针对性的培训。

农财网代表介绍了公司智造品牌农业模式及微信公众号"农财购"线上农资直销平台。信息社通过与该平台对接，能为当地农户提供线上农技专家问答等内容。同时平台面向惠农信息社，提供7个农资产品的优惠活动。诺普信田田圈介绍了其在茂名地区镇村服务点的建设情况，并将服务点的业务与惠农信息社进行共享，拓展惠农信息农资购买、农技咨询等服务内容。会上，田田圈还为信息员发放作物栽培等技术手册。点筹网开展线上金融众筹活动，让农户在生产初期提前获得资金用于生产，并以"权益+实物"的方式回报投资方，保证了产品的销路。茂名联通介绍了其钉钉通信应用及优惠政策，方便了信息社与社员间的通信沟通，培训活动现场办卡还享有充100元送100元的优惠。茂名移动商则带来"农业+ICT"的方案与岭南优品电商平台，"农业+ICT"方案可根据视频监控，反馈农田环境基础数据，有定制数据分析和预警功能；岭南优品可为茂名特色商品提供电商直销平台，利用广东移动强大的渠道和客户资源，提供多元服务（图2-45）。

图2-45　茂名市信息进村入户培训交流活动

（16）肇庆市信息进村入户培训交流活动开展情况。2017年8月23日，广东省信息进村入户培训交流活动在肇庆市广宁县瑞丰惠农信息社举行。肇庆市农业局市场与经济信息科科长刘洁芝出席会议，并介绍了肇庆市信息进村入户的建设成果。肇庆市多地区山多地少，山区特色农产品丰富，如沙糖橘、竹芯茶、龙须菜等。但偏远山村信息闭塞，好产品难以顺利走向市场。对此，刘洁芝表示，山区更需要积极开拓惠农信息服务，以29个省级惠农信息社作为信息进村入户的切入点，以信息服务打通山区壁垒，帮助山区农民致富。接下来，肇庆市将进一步整合惠农服务信息资源，完善基础服务设施建设，提高信息服务水平，让农民切身感受到惠农信息服务给农业生产和农村生活带来的便利（图2-46）。

图2-46　肇庆市信息进村入户培训交流活动

会上，广东省信息进村入户服务平台代表为信息员介绍了平台惠农服务商的服务内容，并就如何结合服务终端登录该平台且获取惠农业务等功能进行了针对性的培训。点筹网、农财网等惠农信息社服务商带来了最新的惠农资讯。点筹网限时免费上线售卖推广农产品、农财网农技服务免费上门及农资实用返利等惠农服务活动在该平台火热上线，惠农信息社可报名参加体验。

（17）清远市信息进村入户培训交流活动开展情况。2017年8月31日，广东省信息进村入户培训交流活动在清远市阳山县蒲芦洲沙田惠农信息社举行。清远市农业局市场与经济信息科副科长廖卓坚，阳山县科技和农业局副局长杨永芳出席会议。各县（区）农业信息化负责人及惠农信息社代表参与会议。地合网、农财网、点筹网、中国移动等惠农服务商带来了最新的惠农资讯。

培训交流活动上，广东省信息进村入户服务平台代表为每位信息员发放了信息社"电子身份证"二维码，并介绍如何通过"电子身份证"开展信息社宣传，同时就如何通过平台开展信息服务，对接获取服务商惠农业务等内容对信息员进行了培训。惠农服务商地合网介绍了土地交易服务、地区地价走势、建设美丽乡村的规划设计服务。地合网不定期组织"看地活动"，为需要出租土地的农户与租地方搭建平台，让农户足不出户，掌握土地信息。农财网可为种植户提供种植解决方案、农资投入品，还有一线专家在线指导。点筹网为农户、农企解决资金的问题，以订单农业的形式向农户订购农产品，结合农户、农企的信用进行反向授信，以"权益+实物"的回报方式帮助农户在生产初期提前获得资金，并提供电商运维方案，扩大销路。中国移动服务商介绍了物联网平台，并提供采集数据的传输、存储、检索、场地检控、设备控制等服务，以实现农业种植、生产环境资源信息化；另外，岭南优品可提供电商直销平台，利用广东移动强大的渠道和客户资源，提供多元服务（图2-47）。

图2-47 清远市信息进村入户培训交流活动

（18）潮州市信息进村入户培训交流活动开展情况。**2017年8月8日，广东省**信息进村入户培训交流活动在潮州市农村电子商务服务中心举行。潮州市农业局副局长杜治国出席会议，潮州市市场与经济信息科科长黄小鹏主持会议。广东省信息进村入户服务平台携手农财网、点筹网等惠农服务商，为信息员带来了丰富的惠农资讯。

会上，广东省信息进村入户服务平台代表向信息员介绍了平台各项服务内容，并就如何获取惠农业务、如何结合服务终端开展惠农做了具体的培训。农财网代表介绍了公司智造品牌农业模式以及"农财购"线上农资直销平台。该平台可为种植户提供种植全程解决方案和国内外一流的农资投入品，还有一线专家在线指导。平台以优惠的价格为农户提供农药、肥料等生产资料，一键下单包配送，让农户省钱又省心。点筹网介绍了其金融众筹服务，以农户信用和产品为依托，以订单农业的形式为符合条件的农户预支订单资金，以"权益+实物"的回报方式帮助农企扩大产品销路，实现城市消费资金下行，农产品上行（图2-48）。

图2-48 潮州市信息进村入户培训交流活动

（19）揭阳市信息进村入户培训交流活动开展情况。**2017年8月18日，广东省信**息进村入户培训交流活动在揭阳市田田绿新农业惠农信息社举行。揭阳市农业局政策法规与市场信息科科长潘贤坤出席会议并介绍过去一年揭阳市惠农信息社建设成果。揭阳市全市已建设惠农信息社70个，并按照"八有"标准完成门牌统一标识和服务设施配套。村民可在信息社获得农技培训、农产品市场行情、电商消费等信息服务（图2-49）。

图2-49　揭阳市信息进村入户培训交流活动

会上，广东省信息进村入户服务平台代表为信息员详细介绍了平台信息服务内容，以及线上惠农业务对接、涉农资讯获取、宣传推广发布等具体功能操作。惠农信息社服务商点筹网、农财网、中国联通、中国移动等各代表带来了最新的惠农服务资讯，分别介绍了在广东省信息进村入户服务平台上线的限时免费线上售卖推广、农资钜惠及农技上门、中国联通顶顶卡优惠、地合网看地团等惠农活动，同时，惠农信息社可现场报名体验移动及联通的优惠充值、优惠宽带办理业务。

（20）云浮市信息进村入户培训交流活动开展情况。2017年9月5日，广东省信息进村入户培训交流活动在广东大唐农林惠农信息社举行。云浮市农业局市场与经济信息科科长彭洪源出席会议，各县（区）农业信息化负责人及惠农信息社代表参与会议。彭洪源介绍，云浮市的特色农产品数量虽然不多，但个个都是精品，依靠信息化建设，邀请专家指导、开展技术培训、发展电商销售等，使农产品生产从种植到销售各个环节都严格把关，经得起考验。

在培训交流活动现场，代表向信息员简要介绍了平台十二大服务商惠农业务内容，并就如何通过平台获取惠农业务，对接媒体宣传推广信息社服务事项，通过"电子身份证"进行认证及信息社资料完善等内容做了详细的解说演示。惠农服务商点筹网介绍了其线上金融众筹的服务内容，通过线上金融众筹为农户、农企解决资金问题，以订单农业的形式向他们订购农产品，并结合农户、农企的信用，以"权益+实物"的回报方式帮助农户在生产初期提前获得资金，扩大销路。针对农产品销售，点筹网提供了线上线下两种解决方案，线上有点筹严选平台、试吃团购等方式，线下有各类展会、商超、高铁站销售推广等，让农产品卖出好价钱。另外，点筹网还提供农业电商搭建运维方案，以及电商平台的规划、搭建、代运营、人才培训等服务（图2-50）。

图2-50 云浮市信息进村入户培训交流活动

2.4.3 在全省开展专家大讲堂活动

为更好地契合农户生产经营需求，广东省开展了农技下乡服务，为农户解决亟须解决的问题。广东省信息进村入户服务平台利用线上网络优势，结合线上线下服务，联合惠农服务商，开展专家大讲坛活动。活动围绕各地农民需求，开展精准培训。由农户向省级惠农信息社提出培训内容需求，信息社通过平台以线上报名参加活动的形式，联系平台对接专家。平台根据具体的培训内容要求，针对性地在广东省农业科学院、华南农业大学、农村电子商务协会等科研院校及社会组织中，邀请省内外的科研院校专家、学者、知名农产品电商企业代表、农业媒体人、知名农技员等作为讲师，到农村基层为当地农户进行实地培训和讲解，同步开展线上直播。全省的农户可通过当地的惠农信息社获取培训资料，还可向专家提问并现场获得解答。专家大讲坛活动的召开，真正为各地农户解决了农业生产、经营方面遇到的难题，受到了各地农户的热烈欢迎（图2-51）。

图2-51 专家大讲坛开展模式

（1）专家大讲坛走进梅州梅县，带动柚类产业发展。专家大讲坛走进梅州梅县活动以"为柚类'种难'献计，为'卖难'出方"为主题，分别邀请了今日头条"三农"总监张楠、《南方农村报》记者李金玺、京东华南农业电商负责人王翠、广东省生态环境技术研究所陈能场研究员、高级农艺师赖跃先等省内外知名媒体人、电商运营专家、柚类栽培专家等前来为惠农信息社社员授课。来自今日头条的张楠展示了有关柚子产品在网络媒体的相关数据，通过大数据的分析手段，为农户在柚子产品销售、线上宣传策划、产品包装等方面提供支持。李金玺为果农介绍了《南方农村报》全媒体运营的柑橘通、香蕉通等工具以及农财宝APP，农户可通过手机上网了解农资行业新闻、购买优质的放心农资。相关专家、学者分享了最新的柚子种植及管理技术。

　　培训活动受到梅州地区惠农信息社的热烈欢迎，共有50多位社员参加，同步通过广东省信息进村入户微信官方服务号向全省惠农信息社图文直播。以本次活动为入口，梅县柚农同华南地区资深农艺师、电商运营行家等建立了长期的联系，通过对接专家，不断获取种植新技术，有效地提高了金柚栽培技能，创新了生产思路（图2-52）。

图2-52　专家大讲坛走进梅州梅县

　　（2）专家大讲坛走进梅州蕉岭县，农民足不出户可学蜜柚种植技术。广东省信息进村入户服务平台联手《南方农村报》，在梅州市蕉岭县举行专家大讲坛活动。此次活动邀请了知名柚子种植能手陈子龙作为主讲嘉宾，讲解蜜柚优质高产种植管理技术。通过省级惠农信息社报名参加的50多名当地柚农前来学习（图2-53）。

　　会上，陈子龙为增强培训效果，亲自示范种植树苗，并通过广东省信息进村入户服务平台线上问答，与全省学员进行互动，回答了信息社社员提出的各种疑难问题。而通过惠农信息社网络图文直播，现场的植株照片上传到交流平台，让农民足不出户即可学习蜜柚种植技术。另外，陈子龙针对性地介绍了南方酸土地如何调酸并规避酸化以提高柚果品质，还对冬剪、夏剪进行了现场操作示范。

图2-53　知名农人陈子龙与农户分享种植技术

（3）专家大讲坛走进茂名茂南，惠农助耕送技术到农户。广东省信息进村入户服务平台携手《南方农村报》开展的专家大讲坛活动走进茂名茂南，在茂南区金塘镇政府会议室举办了蔬菜优质提升技术讲座。本次活动邀请了广东省农业科学院蔬菜研究所研究员曹健作为主讲嘉宾，把蔬菜种植的新品种、新技术和新模式带下乡，让农户不出远门便可获得省级专家的技术指导。

针对当前蔬菜种植中菜农普遍关心的问题，曹健研究员分别从蔬菜种植管理和科学施肥两方面进行系统讲解，并详细分析了蔬菜的选种、播种、育苗和定植等环节。活动同步通过广东省信息进村入户服务平台进行线上直播，让全省菜农通过惠农信息社同步了解最新的蔬菜种植技术。同时曹健现场接受菜农的咨询并提出了专业性的指导意见（图2-54）。

图2-54　广东省农业科学院研究员曹健为农户授课

（4）专家大讲坛走进韶关翁源，带来最新的果蔗种植技术。翁源果蔗是广东省名特优新农产品，优质的产品、良好的效益带领着粤北山区的农户走向致富路。广东省信息进村入户服务平台携手《南方农村报》开展的专家大讲坛活动走进韶关翁源县，为当地蔗农提供前沿的农技咨询服务，在韶关市翁源县翁城镇政府会议室举办了以"信息进村入户，农户尽享时代便利生活"为主题的科技下乡活动。翁城镇农业站、种植户、新型农资经营主体等代表参加了本次活动。

本次活动针对当前果蔗种植中普遍存在的疑难问题，邀请了广州市甘蔗研究所高级农艺师孙东磊前来授课。活动现场，专家还与蔗农互动，接受大家咨询。活动同步在广东省信息进村入户服务平台开展网络直播。全省果蔗种植农户可通过平台、惠农信息社等得到第一手的培训资料。此外，主办方还在活动现场向农民发放农业知识手册及材料等，宣传有关惠农政策和农业种植技术方面的知识。据统计，本次活动共接受各类农业咨询50余人次，发放各类农业生产技术资料等200多份（图2-55）。

图2-55　广州市甘蔗研究所高级农艺师孙东磊为农户授课

（5）专家大讲坛活动走进揭阳普宁麒麟镇，惠农信息社线上解决蔬菜种植难题。揭阳普宁麒麟镇是优质果蔬生产之乡。广东省信息进村入户服务平台携手《南方农村报》开展的专家大讲坛活动走进揭阳普宁市麒麟镇。活动邀请了华南农业大学园艺学院教授雷建军为主讲嘉宾，为大家讲解蔬菜高产种植管理技术。近150名当地的菜农以及线上50多个惠农信息社参与这场蔬菜种植栽培技术活动（图2-56）。

图2-56　华南农业大学园艺学院教授雷建军为农户授课

此次活动最精彩部分，要数专家线上连线为惠农信息社讲授种植知识。专家与惠农信息社信息员线上互动，信息员向专家求解当地农户的疑问，实实在在地解决了不少当地农户的种植问题，受到各惠农信息社及当地农户的热烈欢迎。

（6）专家大讲坛活动走进茂名信宜，以电子商务带动农业发展。由广东省信息进村入户服务平台组织开展的专家大讲坛活动在茂名信宜市举行。此次活动以推广信宜特色农产品电商为主线，邀请了京东集团华南区公共事务部副经理吴建波、广州慕凌商务服务有限公司执行董事刘枝、广东云图电子商务有限公司招商总监谢淼鸿等嘉宾主讲，就农产品电子商务建设、网店运营、品牌打造等内容与参会人员分享成功经验。

信宜市一村一品惠农信息社组织了当地特色农产品种植户、新农人，以及农产品电商、微商运营店长、物流快递企业代表等参加本次活动。活动吸引了350多人参加。通过活动的开展，助力当地培养一批农产品电子商务人才，营造农村电子商务发展良好环境，积极引导和帮助广大农村青年投身电子商务网络创业，拓宽农产品销售渠道。活动同步在广东省信息进村入户服务平台进行网络文图直播，各地农户可通过该平台获取第一手的电商培训资料（图2-57）。

图2-57　京东集团华南区公共事务部副经理吴建波与农户分享电商运营

（7）专家大讲坛活动走进广州增城小楼镇，现场连线新体验。由广东省信息进村入户服务平台联合《南方农村报》组织开展的专家大讲坛活动在增城市小楼镇举行。本次活动邀请了全国知名农资打假专家甘小明先生，前来为当地近100多位农户和300多个线上的惠农信息社进行农资识假辨假技术培训，帮助农户及相关企业增强维权意识，提高其识假辨假能力。

图2-58　农资打假专家甘小明为农户分享农资真假辨别技术

有机种植、农资打假、农技培训咨询、现场问答等吸引了过百名农户到来，参会的专家、行业人士纷纷为农民今春农业种植出谋划策。活动现场由广东省信息进村入户服务平台为全省惠农信息社社员进行现场图文直播，并连线专家现场解答农技问题，通过线上直播、连线的方式，让超过300个惠农信息社，几千名农户同步获得最新的农资真假辨别技术（图2-58）。

（8）专家大讲坛活动走进阳江阳东，为农民带来甘薯优质品牌打造技术。由广东省信息进村入户服务平台联合《南方农村报》组织开展的专家大讲坛活动在阳江市阳东区举行。活动邀请了知名农人茹嘉励先生作为主讲嘉宾，主讲锦栗薯种植、深加工技术，共吸引了超过50个惠农信息社在服务交流平台参与交流。

会上，农户通过惠农信息社与活动对接，并对锦栗薯种植栽培表达了浓厚的兴趣。连平县三角镇卓利惠农信息社通过交流平台咨询："当地农户目前也在大面积种植甘薯，但在春种应用机械化方面仍处于探索阶段，机械化生产会否成为主流。"对此，茹嘉励表示，在机械化耕作方面目前运用程度不高，主要用机械起垄整地，收割时还是用人力为主，但机械化生产将会是趋势。在加工方面，常规化的手段包括

图2-59　知名农人茹嘉励先生与农户分享种植技术

将甘薯加工成薯条、薯粉，而加工成甘薯酱会有更大的经济效益（图2-59）。

（9）专家大讲坛活动走进阳江阳西，培训+信息化管理助农增收。广东省信息进村入户服务平台举办的专家大讲坛在阳江市阳西县西荔王惠农信息社举行。本次活动以荔枝病虫害防治技术培训为主题，邀请了国家荔枝龙眼产业技术体系岗位科学家、华南农业大学植物病理学系教授姜子德，华南农业大学农学院昆虫学系副教授冼继东主讲荔枝病害综合防治技术和荔枝蛀蒂虫的发生及其绿色防控，活动吸引当地周边地区果农超100人参加，同时全省惠农信息社通过平台线上直播参与活动交流（图2-60）。

培训会上，服务商深圳诺普信为惠农信息社的果农提供了优惠的放心农资，还向果农介绍了田田圈商城APP，农户可通过手机上网购买农资；服务商广东移动阳江分公司在现场为果农办理手机和宽带流量优惠充值业务。

图2-60　华南农业大学教授姜子德（左）、副教授冼继东（右）为农户授课

（10）专家大讲坛活动走进中山火炬区，为农民种菜出谋划策。广东省信息进村入户服务平台举办的专家大讲坛在中山市火炬区农业服务中心惠农信息社举行。本次活动邀请了广东省农业科学院蔬菜研究所栽培室主任陈琼贤为大家讲解蔬菜种植技术。活动吸引了火炬区蔬菜种植户、农业经营主体代表、有意愿参加的社区、小区农业干部约80人参加。

陈琼贤主任为大家详细讲解了蔬菜反季节栽培技术、集约化育苗及嫁接技术、水肥一体化施肥技术、蔬菜病虫害科学防治等前沿蔬菜种植技术，指导农户生产价值更高的反季节蔬菜，通过科学施肥降低肥料损耗，降低生产成本，受到农户的积极响应。活动在广东省信息进村入户服务平台同步图文直播，全省惠农信息社参与并通过平台连线陈琼贤问答蔬菜种植问题（图2-61）。

图2-61　广东省农业科学院蔬菜研究所栽培室主任陈琼贤为农户授课

（11）专家大讲坛活动走进河源紫金县，助力古竹荔枝产业升级发展。广东省信息进村入户服务平台举办的专家大讲坛活动来到粤东山区河源紫金县。本次活动在河源紫金县古竹满山红惠农信息社举行，以"荔枝种植及病虫害防治新技术"为主题，邀请了华南农业大学副教授习平根进行授课，紫金古竹当地近100名果农参与了本次培训。

习平根为大家讲解了最新的病虫害防治实用技术，其中重点讲解了蟥、蛀蒂虫、尺蠖的灭虫方式，以及常见的霜霉病、毛毡病等疾病的预防实用技术，让果农们受益匪浅。培训会后，习平根亲自到古竹满山红荔枝种植基地实地指导农户种植荔枝，经过指导，荔农领悟和掌握了最新的荔枝病虫害防治方法。近年来，古竹满山红荔枝惠农信息社积极奔波于荔枝改良工作，重塑古竹荔枝美誉。信息社社长叶先生表示："加大对荔枝园区的规范化管理和标准化生产，提高古竹荔枝产品质量，是古竹荔枝的唯一出路。此次得到广东省信息进村入户服务平台的支持，他们带来了丰富实用的专家技术，将为古竹荔枝产业的发展注入新的力量"（图2-62）。

图2-62　华南农业大学副教授习平根为农户授课

（12）专家大讲坛活动走进河源和平，让新型职业农民"触电上网"。广东省信息进村入户服务平台联合深圳点筹网，在和平县为当地新型职业农民开展专家大讲堂活动。本次活动邀请了点筹网品牌策划部主管顾晋光、电商部主管赵亚威、客服部主管朱燕作为讲师，分别以"农企品牌建设与农产品新零售解决方案"、"农产品网店运营"和"电商客服运营"为主题，进行了详细的实例分析和解说，并分享了电商平台运营实战经验。

活动吸引了和平县当地超过100名新型职业农民、种养大户参与。通过学习，农户们获得了农产品电商运营技能，并立志向懂电商、会经营的新型职业农民看齐，更好地服务和平县农产品电商发展。

2.5　结合服务设备开展惠农服务

根据广东省农业厅信息进村入户建设部署，由广东省信息进村入户服务平台组织向全省600个惠农信息社配置移动服务终端，100个惠农信息社配置触摸屏智能终端。通过为信息社信息员配置服务设备，拓展了惠农信息社的服务水平和服务范围，实现了信息社惠农业务自助办理及宽带无线网络共享（图2-63）。通过构建信息进村入户触摸屏页面，实现了触摸屏智能终端与平台的直接对接，在触摸屏智能终端上开设农业技术、市场行情、行业动态信息栏目，农户可到信息社直接点击获取平台服务信息，查阅相关农业技术资讯。

2.5.1　移动服务终端的派设及惠农业务移动办理

通过广东省信息进村入户服务平台，在粤东、粤北、粤西、珠江三角洲地区培育信息员服务标兵，为600个经常开展惠农服务活动、发布惠农服务消息的优秀信息社信息员配置移动服务终端，鼓励带动更多的信息员提升信息服务水平。通过移动服务终端可实现涉农资讯查询、网上购买农资、专家在线问答、网络通信、基地生产数据实时监控等功能。

（1）惠农活动报名。利用移动服务终端登录广东省信息进村入户服务平台（www.gd12316.org），点击活动资讯，可看到服务商的惠农服务活动，选择点击有需求的惠农活动，通过网页了解该惠农活动的活动时间、报名方式等详细信息。信息员只需要登录账号点击"我要报名"便可参加活动获取相应的服务内容。

（2）涉农资讯查询。需要获取涉农资讯、市场行情、政策法规等信息，可通过移动服务终端打开广东省信息进村入户服务平台首页新闻资讯专栏，点击新闻资讯的"更多"链接，便可获取相关的惠农信息、市场行情等。

（3）网上购物。通过移动服务终端预装的淘宝、京东、天猫、苏宁等线上购物APP实现网上购买日用品，进入APP后在产品分类处选择想要购买的产品或在搜索栏输入想要购买的产品的名字，搜索产品后登录平台，购买产品，并用网上银行支付。

图2-63　惠农信息社结合服务设备开展惠农服务

（4）放心农资购买。可通过服务商农财网的农财购APP或诺普信的田田圈APP实现放心农资线上线下多渠道购买。利用移动服务终端在服务商APP点击农资套餐，自动跳转到产品购买界面，选择想要购买的产品类别，点击购买即可在线上购买到放心农资，通过查询线下门店分布，即可到附近实体店购买放心农资。

（5）充值业务及金融服务。在移动服务终端内置了中国移动、中国电信、中国联通等APP，可在APP上实现手机充值、套餐办理等业务。登录账号后，点击充值交费，跳转到充值页面后选择想要充值的金额，选择支付方式便可充值。内置服务商银联钱包等网络金融APP，在终端上实现绑定银行卡、扫码便捷支付、云闪付、手机充值、转账、信用卡还款等金融服务。登录银联钱包绑定个人银行账号，输入想要转账的账号，填写转账的金额，输入密码并选择支付方式即可。

（6）线上移动业务办理。通过微信扫一扫、QQ扫一扫实现农户、信息社与总平台之间的网络电话咨询功能。信息社或农户只要扫描广东省信息进村入户服务平台微信二维码，即可与平台服务人员微信或QQ视频通话咨询。信息社开通了网络QQ视频通话功能，通过信息社主页，点击网络电话，即可实现与信息社的QQ视频通话。

（7）移动服务终端对生产基地实时监控。通过在移动服务终端部署物联网云平台，可实现与基地摄像设备对接，对基地实时监控。信息员能第一时间了解农场的生产情况，并可同时多点监控基地生产情况。通过对基地温度、湿度、二氧化碳浓度、氮气浓度的实时监控，同时在数据超过正常数值的时候对数据进行报警，提醒信息员对基地生产情况进行跟踪，确保农业生产按规范程序开展，也极大地提升了信息员的服务能力（图2-64）。

图2-64　移动终端对生产基地远程视频单屏详细监控界面

（8）移动服务终端数据分析及自动预警。通过对基地生产数据的监控采集，汇总数据后对数据进行自动分析，信息员利用移动服务终端，在物联网平台上就可以查看空气湿度、光照、土壤、二氧化碳、氮气趋势、峰值、平均趋势等数据分析情况。物联网平台在生产环境产生较大波动或超过正常数值时，会在移动服务终端进行震动报警。信息员可通过报警信息直接查看了解具体数值的变化情况及预警内容。同时在预警信息中，还根据数值波动及超出正常数值的程度，对报警信息进行紧急、重要、一般三类程度的报警。信息员可选择针对哪种报警信息进行提示。同时可以通过报警记录，查询某一时段预警的所有信息，回顾预警信息，避免遗漏。预警功能大大方便了信息员，使其无需实时紧盯平台数据，大大提升了信息员的工作效率。

2.5.2　触摸屏智能终端的派设及惠农业务自助办理

通过在惠农信息社部署触摸屏智能终端，开展惠农业务自助办理。触摸屏智能终端系统依托信息社，可实现多项惠农服务。农户可以通过触摸屏智能终端，在天猫、

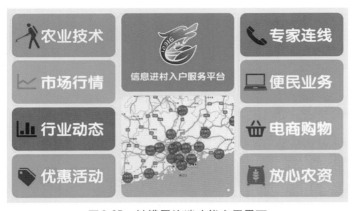

图2-65　触摸屏终端功能应用界面

京东等电商平台上购买日用品、家电等，通过广东省农资公共服务平台购买放心农资，办理多种生活缴费服务，享受实惠的移动、电信、联通等宽带业务办理服务，获取省级惠农信息社实时发布的多种涉农信息服务，还可以向农业专家求解当前农业生产中遇到的各种问题。多项便民惠农服务，让农民体验到便利生活（图2-65）。

（1）触摸屏智能终端实现信息社Wi-Fi共享。触摸屏智能终端配置有Wi-Fi发射信号设备，能将终端的网络信号转为Wi-Fi信号共享热点。实现信息社Wi-Fi的覆盖。农户只要到触摸屏终端附近，就可以实现免费的互联网上网对接。信息社通过终端可免费向农户提供互联网服务，使农户通过触摸屏设备对接各种平台惠农服务。

（2）自助电商购物。农户可通过触摸屏智能终端功能界面开通电商购物版块，点击以后可通过触摸屏终端直接与淘宝、京东、苏宁、天猫等四大电商平台对接，并通过触摸屏自助电商购物。通过与农资公共服务平台对接，实现触摸屏终端购买放心农资功能。

（3）拓展信息社业务服务内容。通过为信息社配置触摸屏智能终端，打造一批信息社服务实例示范。其中梅州市木子金柚专业合作社自成为惠农信息社以来，通过广东省信息进村入户服务平台对接及触摸屏智能终端服务，为农户提供了中国移动、广州银联等众多服务商的优质服务（图2-66）。同时通过木子金柚淘宝电商平台在触摸屏上的展示，将产品在电商平台销售，极大地提

图2-66　触摸屏智能终端惠农业务自助办理功能

高了销售额。该示范点还接待了中央电视台《发现中国》栏目组采访，栏目组将信息社对触摸屏的应用作为农村信息化的报道宣传素材。

（4）推广农业物联网远程监控应用。通过在广东省惠农信息社部署触摸屏智能终端，有效推广了农业物联网远程监控应用，提升了信息社农业物联网监控水平。其中广东中源农业惠农信息社通过部署触摸屏智能终端设备，对接了农业物联网系统，农户在其办公室内即可查询到基地相关生产咨询及情况数据。同时信息社通过触摸屏直接与广东省信息进村入户服务平台互联，为当地农户提供最新行业动态。信息社用触摸屏设置了公共Wi-Fi，农户可以到信息社用惠农Wi-Fi信号免费上网，及时掌握涉农资讯。广东省农业厅相关领导对该点进行考察，并肯定了示范点的建设成效，对下一步信息社建设提出了指导，要求物联网设备在使用设计上更加简洁简单，不仅要让农民用得了，还要用得好，真正服务到广大农民（图2-67）。

图2-67 时任广东省农业厅副厅长程萍考察中源农业惠农信息社触摸屏智能终端设备应用

（5）触摸屏智能终端生产基地视频监控。信息员可以通过触摸屏智能终端，实现对生产基地视频实时监控，同时监控多个基地生产现场，让信息社工作人员无需到现场查看生产基地就能同时了解多个生产基地的生产情况和突发状况，提升了信息社的多维综合管理能力，极大减轻了信息员的工作量，提高了信息社的工作效率（图2-68）。

图2-68 触摸屏智能终端生产数据及视频监控

（6）触摸屏终端生产基地数据汇总及分析。通过对接物联网云平台，实现对生产基地生产数据的采集，在终端分析并展示分析结果。信息社可通过触摸屏智能终端了解包括温度、湿度、二氧化碳、氮气、光照等生产环境的数据，并就生产环境数据的变化情况进行跟踪。通过触摸屏智能终端，信息社可集中会商，对生产环境的数据进行研究，无需进行数据采集和分析过程，极大地减轻了信息社工作量（图2-69）。

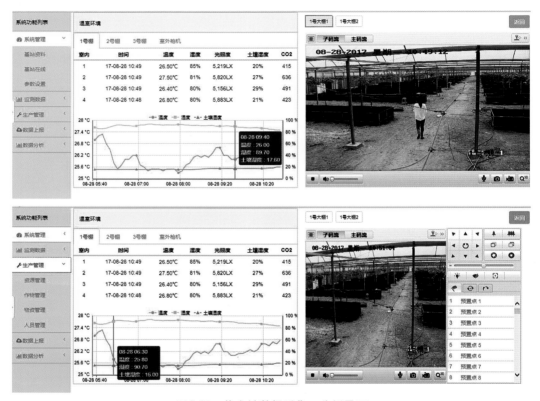

图2-69　信息社数据采集、分析界面

（7）构建农业远程监控云平台。农业远程监控云平台采用多媒体联网信息发布系统，是通过先进的数字编解码和传输技术，将图片、音视频文件和滚动字幕等多媒体信息通过网络平台传输到触摸屏终端。系统以稳定性、拓展性、实用性为设计思路，采用集中控制、统一管理的方式，通过网络实现触摸屏终端远程监控。管理员只需从网页上登入管理平台，就能对终端设备进行控制。可通过互联网远程控制终端，实时检测终端状况，下发更新资料，将农业生产管理与经营信息分类管理和展示，方便信息社有效利用设备进行管理和服务。

2.6 平台信息发布及基层走访宣传

2.6.1 《每日一社》基层走访及对接媒体宣传

为更好地宣传广东惠农信息社服务，展示惠农信息社风采，广东省信息进村入户服务平台开通《每日一社》栏目，深入基层对惠农信息社服务情况开展跟踪报道，对优秀信息社进行典型宣传。持续跟进信息社开展服务的情况和动态，展示信息社特点及服务成果，深挖信息社服务亮点、服务模式、服务成效，以专题的形式展示信息社服务风采。《每日一社》的开通，既实现对惠农信息社的宣传，也是信息社之间互相学习、提升服务的窗口。《每日一社》成为广东省信息进村入户服务平台最受欢迎的栏目之一。另外，通过与《南方农村报》《南方日报》等主流媒体对接，将《每日一社》的宣传报道内容对接到媒体宣传，以线上媒体平台、线下报刊专版的形式传播，大大提升了宣传面（图2-70）。

图2-70 《每日一社》专题宣传报道

通过线上线下宣传，广东省信息进村入户工程被广泛了解，惠农信息社的品牌在全省全面打响，得到各地农户的认可。信息社的惠农业务不断受到广大农民关注，成为农户解决生产生活难题，提升农业生产效率的新渠道（图2-71）。

2.6.2 多媒体信息服务方式

广东省信息进村入户服务平台结合网站、微信、视频通话等多媒体，开展多元化的信息服务内容。一方面，开展涉农信息服务建设，在平台开设《前沿农讯》《大粤新闻》《惠农活动》《农技百宝箱》等多个栏目，发布农业气象、农业新闻、涉农

图 2-71 各主流媒体宣传广东信息进村入户工程

补贴、服务商动态、市场行情、农业技术、农村电商、农业信息化应用等各类资讯内容，为惠农信息社提供全面的涉农信息资源；另一方面，通过图文信息、网络视频、网络电话的形式，面向全省农户提供线上专家问答服务。广东省信息进村入户服务平台通过与服务运营商的对接，借助大型运营商的专业团队，为农户解答病虫害等生产难题。

农户只需登录平台或下载广东信息进村入户APP，即可获取全面的农业资讯及专家线上问诊服务，十分方便。通过信息服务的深入建设，广东省信息进村入户服务平台成为线上惠农服务的总平台，将面向全省广大农户不断拓展惠农业务，提升服务水平（图2-72）。

图 2-72 广东省信息进村入户服务平台多媒体信息服务模式

第3章

企业经营篇

3.1　概述

　　广东省被列入农业部信息进村入户试点省以来，按照农业部统一部署，扎实推进全省信息进村入户工作，形成了"政府引导、市场驱动、企业主动、服务到位、农民得益"的"广东模式"。信息入户工作扎根农村，在全省范围内开展省级惠农信息社建设。2015年年底，广东省按照有场所、有专员、有设备、有宽带、有网页、有制度、有标识、有内容的"八有"要求，在全省范围内认定省级信息社1 640个，其中企业经营型惠农信息社共计534个，占全省惠农信息社的32.5%。

　　（1）企业经营型主体是推进广东农业现代化的核心力量。广东在全国来看更是典型的人多地少，农作物品种资源虽极为丰富，但农业经营规模较小，很难与现代生产要素和需求进行有效对接，通过"互联网＋农业"，可以实现农业现代化。"互联网＋现代农业"不仅能够有效对接农业生产和需求，让分散的市场需求突破时空的限制，实现直接见面、基本对接，使需要什么就种什么、需要多少就种多少成为可能，而且能够对信息技术服务等现代生产要素进行有效整合（图3-1）。

图3-1　广东阳江丰多采现代化农业生产基地

　　改革开放以来，广东坚持把不断调整优化农业结构贯穿于农业农村改革发展的全过程，从20世纪80年代调整粮经结构，发展多种经营；90年代发展"三高农业"，建设农产品基地；20世纪末21世纪初扶持龙头企业，发展"公司＋农户"的产业化经营；到近年来培育新型农业经营主体，发展优质名牌产品。长期以来，农业生产经营主体是推进广东省农业现代化发展的核心力量。抓好企业经营型惠农信息社的信息进村入户服务工作，是广东发展"互联网＋现代农业"的一项基础性工程，对促进农业现代化，缩小城乡差距意义重大。

　　（2）企业经营主体能使信息进村入户的盆景变为风景。广东省信息进村入户工作通过在企业经营型惠农信息社层面的推进，可以使分散的市场也能直接应用现代生产要素实现规模效应，是解决广东省农业供给侧结构性改革，实现广东省农业现代化发展的重要举措。近年来，互联网化已经把不同地方的生产者服务起来，既促进了技术、资金、人才等要素向农业农村汇集，又推动了农产品跨区域的规模化、标准化、品牌化生产，进而实现农产品电商化、精准化、品质化销售，使生产出的农产品更加具有针对性，助力农业供给侧结构性改革。

"互联网＋现代农业"的主体是企业和农民。企业直接面向市场，覆盖创建底线，覆盖适应需求底线，市场感觉敏锐，创新需求敏感，创新意愿强烈，最能找到互联网与现代农业的最佳结合点。广东省信息进村入户工作旨在通过以农业企业经营主体为重要的杠杆力量，推进信息进村入户工作全面覆盖到各地区主导产业，同时以主导产业的发展自觉带动农民接受信息化知识、运用技术化手段，将惠农政策、惠农信息、惠农服务对接企业、对接生产，精准入户。通过信息进村入户工程，推进"互联网＋现代农业"，让企业和农民运用信息化有效服务生产和销售。通过企业经营主体，以市场化方式运作，方可使信息进村入户变为实际，让广东省"互联网＋农业现代化"这株盆景变为风景，落地生根，惠农为农。

（3）企业经营型惠农信息社推动广东省优势产业升级。广东省534个企业经营型惠农信息社90%以上分布在镇村一级。534个企业经营型惠农信息社如同534个信息枢纽站，分布在全省21个地级市，从山区到盆地，从粤东、粤西、粤北到珠江三角洲地区全面覆盖，从广东省农业主导产业热带亚热带特色水果、蔬菜、畜禽、茶叶、水稻、水产品，到广东省农业特色小众产业，如南药、花卉、蜂产品等全面覆盖，将不同产业所需信息辐射到户。农业产业与信息技术的融合，有效提升了农业质量效益的竞争力，通过信息进村入户工作的展开，实现农业生产智能化，农业信息精准化，农产品电商化，一、二、三产业融合现代化，让广东省的小农业成为有奔头的优势特色高能产业。

广东省通过设立企业经营型惠农信息社，并以其为主要载体，将各类惠农信息服务聚合对接进而惠及农户，服务生产、带动产业，连通生产端和消费端，加快了全省"互联网＋现代农业"建设的步伐。最终，助推岭南特色农业产业发展，如高州荔枝、梅州金柚、清远英德红茶等产业链得以快速延伸，一方面化解了农产品供需矛盾，农产品价值得以提升，农民的社会地位得以转变；另一方面实现了一、二、三产业融合发展，缩小了城乡差距。

3.2 工作实践

3.2.1 生产智能化

农业智能化是农业现代化发展水平的标志，是设施农业发展的方向。智能化程度越高，设施农业和农业科技发展水平越高。广东省面临人多地少的农业生产局面，在有效的资源面前，企业经营型惠农信息社积极探索尝试先进的生产服务手段，在地形地貌多样复杂的自然环境面前，运用生产智能化服务"三农"，摒弃发展的不利因素，带农户探索高效、精准的生产道路，引领农户实行标准化生产，提升农产品安全质量，使农产品生产安全从源头上得到保障，实现农业生产节本增效（图3-2）。

图3-2　移动终端设备实现智能化生产

善于"精耕细作"的广东农人，在胡萝卜、马铃薯、绿叶菜、柑橘橙、荔枝、家禽等种养业方面，对智能化、信息化、科学化、技术化等新型种植技术的应用得力，成为全国领先。服务香港、澳门，运用智能化生产，成为供应香港、澳门两地名副其实的"菜篮子""果盘子""肉铺子"，同时是全国"北运菜"的重要生产基地，兼顾广东上亿人口时令果蔬肉蛋畜禽等农产品安全稳定供应。

3.2.1.1　生产可视化　种养得力

农产品质量安全一直是消费者最重视的问题，也是农业生产企业承担的重大使命。互联网时代的发展为生产智能化提供了无限可能，其中，生产可视化是极其重要的一环。生产可视化集合了物联网、移动互联网等现代信息技术，生产基地中的温度、湿度、土壤含水量等数据经过传感器，转变成看得见的信息，方便生产者实时把控基地情况，还可以将现有数据进行整合、分析，为下一步生产提供指导思路，提高生产效率，也为精准农业服务。建立"用数据说话、用数据管理、用数据决策"的管理机制，充分发挥国家平台决策分析功能，整合主体管理、产品流向、监管检测、共享数据等各类数据，挖掘大数据资源价值，推进农产品质量安全监管精准化和可视化。

①生产者远程掌控基地。对生产者而言，生产基地内的可视化设备可用于判断产品生长情况，了解在种养过程中工作人员是否按照科学技术规章操作，亦可快速查看多个基地方位的实时情况。在台风、暴雨等气象灾害来临前，可视化有助于了解基地的风险防控能力，让生产者及时做好防御措施，降低损失。可视化运营设备中产生的生产数据，也是完善产品可追溯体系的重要准备之一，方便生产者把控产品质量安全。

②消费者消费信心提振。在消费升级的时代，农产品的质量安全问题关系到每一个人的生活，实施生产可视化，消费者可通过网站或者手机端软件直接看到农产品的生长过程，让消费者对农产品的生长环境有更多的了解，让好产品有更多的好销路，从而卖出好价钱。生产可视化的发展，甚至可以促进消费者认种、认养的农产品种植模式发展。消费者可以通过网上订购、线下供养、家中收获的方式获得农产品。

③人力向物力转变提效率。除了保证质量安全，生产可视化是企业实现标准化生产、扩大生产规模的必经之路。基于数据与信息的平台建设，生产可视化系统地承载了生产者在调整过程中的每一步，成为企业实施标准化生产的有力保证，并可作为指导下一步生产的借鉴。

推动互联网与农业生产深度融合，加快转变农业生产方式，与生产可视化紧密相关。在广东省现代农业建设中，不论是种植业、畜禽水产养殖业、精深加工业还是现代化智能园区，遥感监测、远程监控等可视化技术都处于发展规划中的重要位置。

（1）田间气象可视，预警提前心不慌。传统的农业生产看天吃饭，突发的极端恶劣天气灾害常常让生产者遭遇措手不及的打击。在基地安装可视化设备之后，智能化监测网络能够根据设备收集到的温度、湿度、风力等基地气象数据，提供气象监测预警服务（图3-3）。

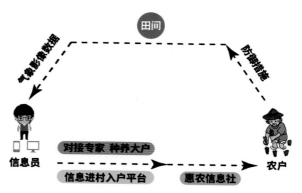

图3-3　信息社田间气象预警系统流程

惠农信息社信息员可通过电脑、手机接收田间气象影像或数据，还可通过广东省信息进村入户服务平台、手机短信、微信等信息化渠道，发布重要气象预警报告，指导农户及时采取防御措施。还可提前与广东信息进村入户服务平台联系，对接专家交流防御技术与方式，联结其他设施农业大户的惠农信息社信息员共同防御、降低风险，有针对性地提出预防建议和生产调整。

> **实例：手机里装了"诸葛亮"，菜地风力几级一键知**

东莞市石碣镇是全国有名的供应香港蔬菜基地，位于石碣镇的东莞市全农蔬果种植惠农信息社是一家覆盖蔬菜生产和流通全产业链的信息化服务社。全农蔬果种植惠农信息社在生产基地全部安装了视频监控系统，及时指导农户生产，让农户享受到信息化时代的生产便利。智能化的视频监控系统上可以即时获取种植基地的土壤酸碱度、含水量、风力等数据。不管何时何地，基地里的土壤酸碱是否适度，田里含水量是否充足，基地风力等级是否在安全生产范围内……农户在手机上一键便可知晓，并及时做好防御风雨的准备，再也不怕突发的暴风暴雨导致损失惨重。同时，信息社安排专人负责生产档案，记录各个环节的农资投入和操作过程，为产品溯源提供基础资料（图3-4）。

图3-4　信息员通过移动终端了解基地情况

除了让合作农户即时掌控基地情况外，全农蔬果种植惠农信息社还惠及沙腰全农蔬菜基地的种植户以及周边的农户，覆盖范围达300多户，为农户提供蔬菜的市场价格信息，指导农户根据市场需求安排生产，同时提供病虫害防治、生产管理等技术指导。全农蔬果种植惠农信息社实现了信息流通效率化、普及化，让周边农户及时做好应对措施，提高种植技术水平，确保农产品生产质量安全。

（2）种植过程可视，产品溯源有保障。产品溯源体系已成为保障农产品质量安全的核心衡量因素之一，种植过程中的生产可视化，使得生产过程直观细致地被一一记录，生产者可实时掌控农产品的生长情况。农产品在作物生长周期中产生的所有土壤环境数据及视频影像，在可视化设备中详细记录以后，将会形成相应的"身份信息"。当可视化设备产生的生产数据与种植过程中播种、施肥、用药、收割等全过程的数据结合之后，可实时传输呈现，并且对接生产溯源平台体系，实现农产品生产源头可溯。消费者进行溯源查询的时候，可以知道所购买农产品的产地、生产日期，甚至是其生长环境的历史数据等，产品溯源有据可查。

实例：精确高效的"千里眼"保障质量安全

红蜜南瓜、小丑南瓜、紫苏、多彩蛇瓜……揭阳市揭东区云路镇新桃村的一个蔬菜基地内，各色奇珍异果大放异彩。基地内，南瓜馆、番茄馆、彩茄馆、草莓馆等9座种植展馆，热带优稀水果试验区和蔬菜自摘区，蔬菜新品种展示区等蔬果种植展区，这些生机盎然的作物展区成为揭阳市揭东区一道亮丽的风景。

揭东区新桃村邻山，周围无工厂，环境清新无污染，水源清冽。揭阳市田田绿新农业惠农信息社建设了示范基地320多亩，大田生产800亩，其他协作面积2 000亩左右。基地实现了特色化、规模化、专业化、产业化管理，对蔬菜产业进行科学规划，以优化基地区域布局（图3-5）。

图3-5　揭阳市田田绿新农业惠农信息社

为实现对示范基地精致高效管理，除建设水肥一体化喷灌系统、温控蔬菜大棚外，揭阳市田田绿新农业惠农信息社还建成信息化监控系统，基地的种植情况可在视频中实时展现出来，让蔬果种植过程实现可视化。信息化监控系统成为了基地中精确高效的"千里眼"。信息化监控系统运行所形成的生产记录档案，可为产品溯源提供参考资料，也可为休闲观光业务提供安全保障。

田田绿新农业惠农信息社的信息化监控系统建设，使基地果蔬的生长情况时刻处在质量管理的关注之中，不论是生产销售还是休闲观光，基地生产的优质果蔬可为农民带来持续的增收效益。未来，信息社还将建成集名优果蔬种植生产、销售及农业观光于一体的大型有机农产品生产基地，实行规模化、专业化、集约化生产。目前，揭阳市田田绿新农业惠农信息社带动周边农户50户，户年均收入提高1 000元以上，通过建设信息化监控系统辐射效益愈加可观。

（3）禽蛋养殖可视，省心省力更安全。在畜禽养殖生产中，可视化可大大减轻饲养、清洁、疫情病害监控防治等方面的负担。可视化设备可对养殖基地内的温度、湿度、气体浓度、光照度等参数进行自动调节与控制，为畜禽提供舒适、健康的生活环境，保证产品品质，从而实现更高的经济生产效益。可视化设备中对养殖基地的实时动态展示，可让信息社信息员便捷掌控畜禽的生长情况、基地运营情况，结合基地中的自动化控制设备，进行饲料投喂、自动清扫等操作，实现畜禽养殖场的智能生产与科学管理。

实例：将一万只乌鸡交给一台电脑管控

汕头市盈发种养惠农信息社是粤东地区大型蛋鸡养殖基地。信息社占地面积近2万米²。养殖基地年产鸡蛋1 385吨，由正大集团提供饲料和技术指导，鸡场引进北京海兰花蛋鸡饲养产蛋，鸡蛋产品除部分由汕头市正大集团收购外，销售面基本覆盖潮南全区各大农贸市场和潮阳城区及和平、谷饶等地，还远销潮州、揭阳、普宁等粤东各市，全年销售收入864万元，实现销售利润112.05万元，取得了良好的经济效益和社会效益，为增加市场农产品供应量，丰富人民群众的"菜篮子"，平稳市场物价发挥了一定的作用。

信息社现有员工73人，其中技术人员15人，同时信息社带动周边约50户农户和400位农民共同发展蛋鸡养殖产业。近年来，禽流感多发，每年冬春季节温度和昼夜温差变化大，使鸡群很容易受到温度变化的影响，发生疫病。汕头市盈发种养惠农信息社不单为养殖户输送先进的蛋鸡养殖技术，也带领大家走上科学养殖之路，实行蛋鸡可视化养殖，在蛋鸡鸡舍内安装了摄像头等禽畜养殖监控设备。此外，盈发种养基地通过安装摄像监控设备，工作人员只需坐在办公室，通过一台电脑，就能实时监控鸡舍内一切情况（图3-6）。

图3-6 盈发种养惠农信息社可视化智能监测系统

汕头市盈发种养惠农信息社负责人郑裕广，想到利用可视化系统向养殖户传授鸡舍监控经验，"每天要认真观察鸡群，如果鸡在棚架上卧着，背毛竖立，表示鸡舍内太冷；鸡舍内进风口一端棚架上、地面上没有鸡或者鸡很少，表示此处冷，要调节进风口或者堵塞漏风处，防止应激，避免鸡群感冒发病。通过摄像监控设备观察，即不会打扰到鸡群，又可以对鸡群了如指掌。"可视化养殖系统，使盈发种养基地成为带领当地养殖户学习蛋鸡养殖的"教科书"。

有时，遇到其他养殖难题，郑裕广会拿出手机，用手机上的广东省信息进村入户APP，将他和农户遇到的养殖难题，用视频、图文的方式发送到平台寻求帮助，远在广州的专家也能帮助5小时车程之外的盈发种养基地解决养殖难题。盈发种养基地尤其以养殖品牌乌鸡蛋闻名一方，基地乌鸡养殖鸡舍约有12 000米^2，均装有视频监控设备，养殖乌鸡数量1万只左右，每天可产出近9 000只乌鸡蛋。盈发乌鸡蛋已发展成为当地一大特色养殖产业，通过养殖可视化，带领周边养殖农户提高养殖技术，保证鸡蛋品质，引领农户致富。

（4）水产养殖可视，产量翻番风险降。随着市场上对水产品需求量的增长，如何保质保量，与现代化养殖方式接轨，是水产养殖不断转型变化中的方向。在水产养殖基地中实现可视化，可全天候地观察和记录基地环境、水下养殖的活动状况，能够及时发现水下的突发事件及异常征兆，便于紧急应对；可以观察养殖水产的摄食与饵料残余情况，更加有效地管理饵料投放量与投放时间，在节约成本的同时做到尽量减少饵料残余产生的污染。基于可视化设备建设的水产养殖，还可实现基地标准化生产，配套工厂设施建设，提高水产养殖的产量。

实例：再见了池塘！可视化助力工厂化养虾，产量增5倍！

我国是世界上最大的对虾生产国和消费国。近年来，由于气候环境恶化、水体污染、养殖面积减少、对虾病害增多，传统靠天吃饭的对虾养殖行业风险逐年上升，对虾产量一路走低。

同时，根据2015年中国家庭金融调查（CHFS）数据测算，中国中产阶级的数量已经达到2.04亿人。其掌握的财富总量已到达28.3万亿元，跃居世界首位。以中产阶级为代表的中高收入人群，在饮食消费上有更高诉求，水产品消费比重不断提高。从城镇居民消费结构来看，猪肉为主的猪牛羊肉等畜肉消费比重已从过去超60%降至50%以下，而水产品消费比重则从过去的23%提升至目前的30%左右。联合国粮农组织预测，全球水产品需求重心移至亚洲，中国对虾消费总量持续提升，将是未来十年最大的水产品消费市场，2023年中国整体水产品消费需求将接近7 000万吨。

湛江国联水产惠农信息社作为国内水产行业标杆企业，首创从种苗、饲料、养殖、加工、研发到销售的360°生态产业链模式（图3-7），在行业内率先实现生态工厂化、可视化养殖模式（图3-8）。

生态工厂化养殖，即运用现代化工业手段，实现养殖过程全程可控。通过模拟对虾天然生长环境，对水体、温度、营养等施以科学干预，通过物联网运用，实现

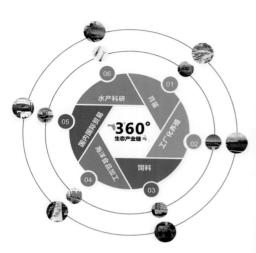

图3-7 信息社360°生态产业链模式

图3-8 湛江国联水产惠农信息社工厂化、可视化养虾

智能化水产养殖。智能水产首要模块当属视频监控，视频监控系统不仅是对养殖基地的安防监视，还可观测水产品的进食情况、饲料剩余及水质环境变化等信息，实现水产养殖全程可视化，且视频数据可通过云储存、传输，方便管理。在工厂化、智能化养殖过程中，通过对接广东省信息进村入户服务平台的物联网商，应用物联网传感器技术，实时监控养殖水质的溶解氧、电导率、酸碱度、盐度、温度等参数，并通过系统自动分析进行环境预警及远程控制，极大地降低了养殖户的劳动难度和强度。同时，国联水产通过对接广东省信息进村入户服务平台，移动光纤将物联网设备安装到基地，进而对接到广东省农业物联网应用云平台，与全省形成互联共享。

信息社负责人介绍，封闭式工厂化循环水对虾养殖具有高产、优质、环保、安全、周年均衡生产的特点，占地面积少，池塘周转利用快，养殖成功率高，产量是传统养殖模式的6倍左右，效益好，可有效避免传统养虾模式带来的虾病和水体交叉感染，降低自然气候变化、天气灾害对养殖的不利影响。在虾病肆虐的当下，全程可控的封闭式工厂化循环水对虾养殖模式是符合食品安全、无公害等标准的必然选择。

3.2.1.2 生产自动化 高效节本

随着信息技术、机械装备等领域的不断发展，自动控制技术已逐渐应用到农业中。应用电子计算机和自动控制等技术实现农业生产及管理的自动化，已成为农业现代化的重要标志之一。通过自动化管理、自动化生产过程，提高农业生产效率，提高农产品品质，是实现绿色农业节约能源、节约资源、精耕细作的重要手段。

①生产自动化是农业生产的深刻变革。不管是在种植业、设施农业或是畜牧业中，生产自动化能够感知信息、定量决策、智能控制，实现精准投入，最高程度地优化生产资料利用效率。广东农业生产建设正朝着智慧农业和设施农业的方向发展，生产自动化作为其中重要的一环，推动着农产品品质和效益提升。

②惠农服务让生产自动化从纸上落到田间。广东省信息进村入户服务平台通过联系农业生产专家、开展参观学习活动，为惠农信息社建设生产自动化提供参考建议与培训指导。在生产自动化建设过程中，惠农信息社联系广东省信息进村入户服务平台可快速获取中国移动、中国联通、中国电信三大运营商的宽带网络服务，作为生产自动化的建设基础。在田间地头，农户可直接通过广东省信息进村入户服务平台下发的智能手机或者触摸屏智能终端，轻松管理田间生产，实现田间远程自动化控制。

广东省在推进信息进村入户建设工作中，利用互联网理念和信息技术，加快以物联网为基础的生产自动化设施，与传统的人工操作相比，经营过程更加高效、精准，能够为农户争取最高程度的精准投入，从而节约生产材料与人力成本。

(1) 田园自动化，动态管理护田间。温室种植自动化技术当今已在世界范围内得到广泛应用，是发展高效农业的重要手段。在灌溉栽培中，采用遥感遥测技术检测土壤墒情和作物生长情况，对灌溉用水进行动态监测预报，实现灌溉用水管理的自动化和动态管理，达到精细化节水灌溉的目的。现代温室大棚利用信息化、自动化技术，在精细化种植、节能、增产、品控等方面同样发挥着重要作用。通过温室环境自动化控制系统，实现对温度、光照、二氧化碳、施肥的自动控制，使农作物在不适宜生长的季节或气候生长。在无土栽培、农田灌溉与施肥方面，通过智能水肥一体化系统，实现对植物营养的监测和生长情况的分析，并根据植物生长特性、土壤环境等，进行定时、定量地自动施肥。

实例1：温室自动控制系统助力生产高品质反季节蔬菜

湛江廉江市是传统农业大县，号称百果之乡，拥有水稻、水果、茶叶、花卉等十大产业，其中外运菜作为十大产业之一，每年10月至第二年5月，大量的水果、蔬菜源源不断地运往大西南和北方市场。此时到廉江，一片片农田硕果累累，一群群收菜运菜的农民神采飞扬，呈现出一番热闹的景象。而作为当地外运菜的领军之一，广东湛绿农业科技惠农信息社的基地内是另一番景象。一排排美丽整齐的厂房，进进出出的运椒车辆井然有序，保鲜库车间包装工人有条不紊地工作，机器轰轰作响。湛绿有今天的光景，还得从其起步发展外运蔬菜说起。

湛绿农业坐落在廉江的横山镇，这里有种植辣甜椒的传统，当地辣甜椒种植面积达5万亩。但是由于保鲜问题，辣椒在运输过程中损失很大，市场销售难以进一步拓展。如何发展当地辣甜椒产业，湛绿农业看准了外运蔬菜的机遇，通过投资冷冻保鲜库，提高果菜保鲜技术，降低了运输损失，使辣甜椒可以高质量地销售到全国各地。外运菜的发展让湛绿尝到了甜头，每年都有来自全国各地的蔬菜购销公司前来订购蔬菜，企业也迅速发展，种植规模达到3 000亩（图3-9）。

图3-9 湛绿农业科技惠农信息社自动化冷冻保鲜库及冷链物流体系

　　虽然取得了瞩目的成绩，但是湛绿并没有停下发展的脚步，如何让生产更加集约化、标准化，让品种更加多样，让品质更加上乘，成为湛江新的发展目标。广东湛绿农业科技惠农信息社牵头引进温室自动控制系统及先进的水肥一体化灌溉系统。温室自动控制系统由"气象站"、室内环境控制、显示屏等组成，实现对温湿度、光照辐射、风速、雨雪量等数据的采集，并根据数据自动进行温室调节。相关数据还同步以三维动画方式在显示屏上显示，并在电脑上一一记录，方便对温室情况进行监控及分析。温室自动控制系统的建设，实现了青瓜、南瓜、玉米、茄子等反季节蔬菜的种植，大大拓展了外运菜品种。利用水肥一体化灌溉系统，实现标准化栽培，减少污染与水肥流失，有效提升了产品质量。

　　如今，广东湛绿农业科技惠农信息社已建成专业的信息服务队伍，通过与广东省信息进村入户服务平台对接，将各类农业资讯、惠农活动推送给当地农户。

实例2：水培种植工厂自动化让农民更高效

　　坐落于中山市坦洲镇裕洲村的中山市华创农业惠农信息社，本着"发展绿色产业，建设绿色农场"的经营理念，在创建初期就将目标放在服务高标准、现代化的水培蔬菜基地，开展水培种植自动化技术应用和水培技术信息服务。

　　走进华创基地的蔬菜大棚，是一排排整齐的水培架子，架子上绿色的蔬菜长势喜人。从种子开始，植物就在这段由椰壳打碎而成的基质中生长。培养槽上每个间隔就有一个圆孔，一个圆孔种植一棵蔬菜，培养槽离地面1米多高。为了让蔬菜能在不受污染的环境中成长，华创基地的大棚采用了可以隔绝酸雨和空气中PM2.5的薄膜以及透光透气的防虫网，种植蔬菜的水源和村民饮用的一样，用自来水作为灌溉水源，从而达到隔绝土壤中重金属污染，隔绝酸雨污染，防止病虫害的效果。基地的水培蔬菜品种也很多，有水培菜心、芥菜、菠菜等二十多个品种（图3-10）。

　　在水培蔬菜种植中，基地部署了自动化循环系统。该系统每隔20分钟就自动向每个培养槽灌溉营养液，这些营养液是由农业专家根据蔬菜自然生长状态下对养分

图3-10　华创农业惠农信息社蔬菜种植营养液自动化循环系统

的需求规律配制的，不同蔬菜所需的营养液有所不同，因此由此产出的蔬菜比普通方式种出的蔬菜营养成分更平衡，更安全健康。而通过该循环灌溉系统，即可保证为蔬菜提供湿润通风的根系生长环境，又可实现对水肥的循环高效利用。同时在大棚中建设物联网监控系统，对大棚的光照、温湿度、二氧化碳等数据实施监测。华创农业惠农信息社通过与广东省信息进村入户服务平台对接，配置了物联网智能终端设备，在终端设备上对所有基地相关数据进行展示汇集，让农户可以全面了解基地的情况。

目前，华创水培基地规模已达到138亩，成为广东省规模较大、品质佳的水培蔬菜种植基地。随着发展，华创农业惠农信息社的信息服务内容也不断壮大，为了更好地服务当地农户，信息社定期召开培训，为周边农户提供水培种植相关技术，雇佣当地农户到水培基地进行生产。水培技术不受季节的影响，让农户可持续性生产，而自动化系统的应用，让农户既轻松又高效地产出优质蔬菜，实实在在地提升了农户的收入。

（2）鸡场自动化，减少疫病保收成。广东省是家禽养殖大省，新鲜、安全是广东人吃鸡最基本的要求。为了满足市场上对肉鸡的大量需求，实现自动化养殖是家禽生产企业转型升级的方向。传统的肉鸡饲养采用人工饲养模式，喂料、清粪、免疫等工作都需要人工来操作，劳动量大的同时生产效率低，人均饲养能力为每批3 000～5 000只鸡。使用自动供料、自动清粪、环境自动控制等一系列自动化系统，或者部分环节使用自动化设备，人均饲养量每批可达1万只以上，生产效率大幅提高，同时还可改善养殖环境，减少疫病发生，保障收成，具有较好的经济效益。

实例：信息化与自动化建设让鸡场空气也清新

位于揭阳蓝城区龙尾镇美联村的揭阳市佳朋种养惠农信息社，四周青山环绕，分外静谧，环境优越，空气清新。如果不是不时传来的几声鸡鸣，很难将这里与大型养鸡场联系起来。走进养殖场，只见宽敞的鸡舍里面有4条养殖生产线，1万多只土鸡在整齐的鸡舍中，而清新的空气里闻不到一点鸡粪的臭味。

原来，面对消费者对品质要求的不断提高、监管部门对环保要求的日益提升，以及疾病风险的压力加大，如果不寻求鸡场自身的转型提升，很难跟上新的市场发展，于是揭阳市佳朋种养惠农信息社瞄准信息化建设，牵头引进自动化养鸡系统和设备，实现了一系列的自动化操作。鸡舍的温度和通风，都是在系统设定好后自动调节的，投喂饲料、清理鸡粪、收集鸡蛋这些以前最费力的活，现在都由机械自动化处理。对比传统的养殖模式，自动化的养殖场占地面积小、管理水平与养殖效率更高，鸡粪经无害化处理，不仅大幅减少环境污染，还能作为有机肥再利用（图3-11）。

图3-11 佳朋种养惠农信息社自动化养鸡系统

为了做好鸡场运营，信息社还面向临近乡村的养殖户进行培训，让农民从会养鸡变成会操控自动化设备的现代鸡场新农民，并吸纳作为鸡场的员工。如今，佳朋种养惠农信息社通过与广东省信息进村入户服务平台对接，配置了物联网智能终端设备，通过终端的触摸屏，实现对鸡场温度、湿度、二氧化碳等数值的汇集监控和分析，员工只要在智能终端前，就能全貌掌握鸡场的情况，并由触摸屏对鸡场进行控制。

（3）猪场自动化，精确操作管生产。自动化生猪养殖系统包含视频监控系统、自动化给料系统、自动化清洗猪圈、通风恒温系统及信息化管理系统等，是针对猪场水、电、料、环境等进行全自动化监视和控制，实时获取设备、环境的状态和信息，并将各种数据存储和处理，实现养猪场自动视频监控、种猪厂房自动温湿度调节、育种厂房自动恒温保温调节及信息化管理功能。通过对接电脑、智能手机终端等设备，养殖户可随时随地24小时全天候掌握猪舍环境参数变化情况，并对应地执行操作应对。通过信息化管理系统，实现集团与各猪场的无缝连接，可对多个猪场进行统一化监控管理。

通过自动化系统的运作，不但能改善猪舍环境，利于猪群健康成长，保障了猪在生长过程中的成活率及营养价值，而且结合现代科技，运用嵌入式计算技术、现代网络技术、无线通信技术以及无线传感器网络技术，实现对猪场的精确监控，提高了生产效率。

实例："互联网＋现代农业"的北欧农场，让农民成为农场工人

广东德兴食品惠农信息社为生猪养殖基地建设、种猪繁育、猪苗培育、规模养殖及技术推广等业务提供信息服务，服务共覆盖13个生产基地，存栏能繁母猪1.7万头，年出栏生猪达35万头。基地一方面面对市场对猪肉品质要求越来越高；另一方面面对国外进口肉的冲击和企业猪肉生产的成本高形成反差，于是德兴惠农信息社瞄准了信息化、自动化发展路程，以信息化技术武装农场，加快农场转型升级步伐（图3-12）。

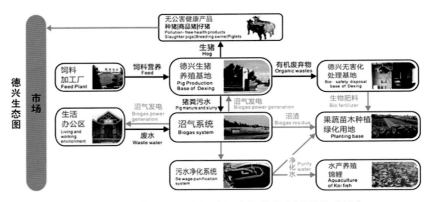

图3-12 德兴食品惠农信息社自动化的生态福利养殖链条

经过多方考察，最终决定引进北欧农场的自动化技术和设备，并加以吸收，建设适合本地的"北欧农场"。农场环控系统、电力系统、下料系统在内的所有数据信息集中在中控室，猪场管理人员可以在中控室操作，或通过移动设备实时监控了解与设置猪舍的环境参数和指标。同时建有空气净化系统和污水处理系统，实现空气达到排放和水资源二次循环利用。信息社还对接广东省信息进村入户服务平台，在信息社配置了物联网智能终端，实现农场各类数据的汇总管理，农场各部门的员工可在智能终端下会商应对农场情况。

农场自动化建设下，德兴食品惠农信息社培养了一批现代化养殖工人，以前投料、通风、清理猪粪等开展大量人力劳作，如今只需要对着电脑屏幕检查相关情况，并进行精细化操作。"北欧农场"自投产以来，头胎母猪平均PSY（每头母猪每年提供的断奶仔猪数）达到24头多。因为猪舍环境温度恒定，并有完善的排污系统，仔猪成活率达97%以上，猪苗外销比原有每头售价也多了近30元。

（4）渔场自动化，健康养殖合标准。发展精准渔业，推进水产标准化健康养殖，普及标准化健康清洁养殖模式和技术，提升养殖自动化水平，定位、定时、定量地实施现代化渔业操作，是广东省渔业发展的重点之一。现代化自动渔场包括了自动化控制系统、推水装置、养鱼槽、污水处理装置等。利用自流水源结合推水装置可实现循环流水，经过污水处理、生物处理、湿地沉淀等过程实现健康养殖。在渔场自动化建设中，广东省惠农信息社联系广东省信息进村入户服务平台获得行业专家指导、中国移动等惠农服务商的基地建设支持，建立自动化系统，确保健康有效养殖。

> **实例：早点用上物联网，第一次创业就不会亏了**

2010年，硕士毕业的刘小龙毅然投身水产行业，开始养殖南美白对虾。起初凭借其专业知识，熟悉对虾喜好在塘底活动的习性，通过在塘底布设增氧设备，使对虾产量大幅提升。看似一切顺利地发展，却在此时发生了事故。由于当时天气闷热，为确保鱼塘供氧充足，6个增氧设备全部开启运作，结果由于超出电路负荷，在半夜鱼塘跳闸了。一夜过后，满池死虾，损失惨重。

　　虽然遭受如此大的打击，但未击退刘小龙的养殖信心。相信现代农业养殖技术的他将目标瞄准到了农业物联网上。海绿水产惠农信息社积极参与当地"护渔宝"养殖物联网系统建设中。"护渔宝"系统能监测鱼塘水温、pH、溶解氧这3个指标，操作简单，通过软件在手机上就能看到水质状态的参考数据，同时养殖户可根据指标及时调整措施，如开关增氧机等。系统还有提醒功能，一旦相关指标超出上限，系统就会发送消息提醒养殖户（图3-13）。在这3个指标中，溶解氧的指标对鱼塘帮助最大，根据指标变

图3-13　信息社"护渔宝"自动警报系统

化针对性地采取措施，增氧设备也无需长时间运作，用电成本节约30%左右，同时报警系统也减轻了半夜跳闸之类的风险。

　　"护渔宝"系统让海绿水产体验到物联网带来的好处，信息社加快了信息化养殖的步伐及养殖基地物联网建设，配备了专业的物联网管理系统，并建立中央控制中心。在中央控制中心显示屏上可以了解基地每个角落的情况。种苗繁殖24小时监控，以前工人虽然实行3班倒，但非常劳累，如今通过中央管理系统，将各养殖池的水质参数、电器设备工作参数等全部记录汇总，方便科学管理，如果某一区域出现问题马上自动警报。

　　如今，海绿水产惠农信息社大力发展信息服务，为周边农户提供养殖技术，带领周边150户农户实现养殖增收。通过对接广东省信息进村入户服务平台，拓展了更多涉农资讯，还获取移动智能终端，便于信息员到渔场开展信息服务。

3.2.1.3　生产可溯化　质量可控

　　在"互联网+现代农业"建设中，广东省明确提出要到2017年年底前，全省重点监管食品品种可追溯率达90%；到2020年年底前，形成较为完善的省、市、县三级农业信息化服务体系，全省重点监管食品品种可追溯率达95%。广东省是全国人口大省，面对常住人口1.08亿人的饭碗，农业生产可溯化，食品质量安全可控成为广东省现代农业建设道路中的重中之重。

　　广东省农业厅在"互联网+现代农业"计划中提出要加强农产品与农资产品监管，推进食用农产品溯源公共信息平台的应用，强化粮食、蔬菜、水果、茶叶、生猪、家禽等大宗食用农产品信息溯源机制，实现生产信息可追溯，建立追溯信息标准，强化信息互通共享。开展农产品生产过程信息化管理试点，实现试点示范县（区）数据联网，实行兽药产品电子追溯码（二维码）标识管理；推广精准施肥与科学用药等智能化设备；结合广东省测土配方施肥专家系统和手机APP系统（或微信），在有条件的地方开展配方肥网上销售试点；构建全省农资监管信息平台，推广

农资网络购销，完善流通配送服务，应用"互联网＋"促进农业投入品社会化服务发展。通过先试点后推广的方式，强化农资监管力度等举措加强农产品生产可溯化及农产品质量可控程度。

①优秀成果示范发挥信息社品控溯源带头作用。为从整体上提升全省农业生产企业对农产品、食品可溯建设的积极性，广东省信息进村入户服务平台将广东省农业信息化建设的优秀成果进行展示（图3-14）。

图3-14　四季绿惠农信息社ERP（企业资源计划）系统产销链

优秀成果展示中，粤东地区的大型蔬菜生产流通企业惠州市四季绿农产品有限公司通过建设蔬菜ERP产销链，建立了蔬菜质量安全可回溯系统。蔬菜ERP产销链质量安全可回溯系统打造"从田头到餐桌"的素材质量可追溯体系，利用计算机和网络技术，把企业的物资流、资金流、人员流和信息流，有机整合在一起，为企业决策层及员工提供决策运行手段的管理平台，从而达到质量完全可控的目的。通过ERP系统，将品种、农场和地块数据进行实时记录、实时查询和实时统计，结合生产记录，实现追溯到物理的生产地和生产过程（图3-15）。

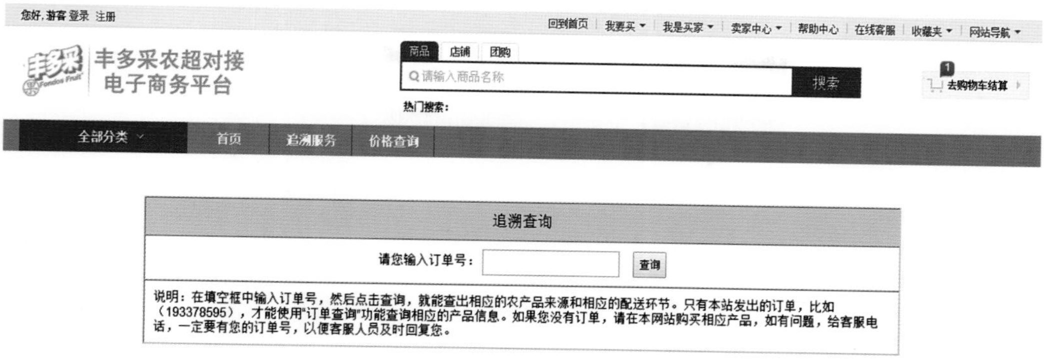

图3-15 丰多采惠农信息社蔬菜溯源流程

粤西的蔬菜种植风向标企业广东丰多采农业惠农信息社掌握了供穗果蔬溯源监控物联网关键技术，受到关注。供穗果蔬溯源监控物联网关键技术基于农产品快速检测的数字化和基于二维码的农产品质量溯源数字化技术，通过以供穗果蔬的采收、加工、储运、销售为主线，解决安全质量溯源、物流监控等领域的重大关键技术问题。进而实现农产品质量溯源系统和物流监控系统覆盖整个农产品食品链，实现从种植、生产、加工、包装、储运、物流和销售所有环节进行信息记录、采集和查询，为食品的安全保障提供有效的监管。

通过广东省信息进村入户服务平台的信息化成果展示和宣传，各行各业的农业生产者有了学习和借鉴同行业生产者对于农产品生产可控、质量可溯源的先进技术的平台，信息化成果展示在全省形成示范带动效应。

②联手惠农服务商打造全省农产品监控一张网。中国移动是广东省信息进村入户服务平台重要的惠农服务商之一。农业生产可溯，农产品质量可控离不开农业大数据平台。物联网的良好运用能有效解决农产品质量安全问题。物联网技术的运用可以突破时间、空间的界限，打破传统农业信息化传播的各种壁垒。广东农业物联网应用平台汇集全省21个地级市重要的种养生产基地。

通过一台电脑、一根网线，全省农产品可溯化瞬间呈现在眼前，农产品可溯可看可查可共享，惠农利民，还有助于农情监控。全省各地有近百家农业生产基地纳入广东农业物联网应用云平台，可基本实现种养基地的环境、温度、湿度、二氧化碳检测、氮气检测等的实时监控。物联网技术的应用和普及，从根本上提升了全省惠农信息社的农产品安全监管能力。

③生产可溯化借省级惠农信息社覆盖全省主要产业。俗语讲"食在广东"，粤菜举世闻名，尤其讲究一个"鲜"字，菜要鲜、肉要鲜、果要鲜，无鲜不欢。落到农业生产上，保证农产品新鲜、安全、可溯，决定了农业生产者的种养收益和农产品附加值。广东省信息进村入户服务平台，通过媒体宣传和平台自身，多方面多角度的向全省惠农信息社传递农产品生产安全监管、溯源的重要性，以品牌故事、专家讲坛、在线咨询等多种方式为惠农信息社提供农产品、食品安全相关讯息，通过举

办特色多样的农产品生产安全培训活动、宣传活动，提高和满足惠农信息社、信息员对农业生产监管和农产品产出安全的自我监控能力，推进广东特色农业产业的附加值。

（1）禽蛋养殖可溯化，满足质量安全诉求。业界称，广东人是全国最爱吃优质鸡和最会养优质鸡的省份。一只普通的鸡，广东人能做出上百种吃法，在广东"无鸡不成宴"，鸡在广东人心目中的地位可见一斑。全国的优质鸡主要产自两广（广东和广西）地区。同时，广东还肩负着供应香港、澳门家禽的重任。

广东是禽流感疫情的高发区，自2013年8月先后出现5波流感疫情，每波疫情的出现都对家禽业造成严重打击，长期以来，推动绿色、协调、可持续供给是广东省家禽产业发展的主基调。对养殖者来讲，一方面要保证有足够的好鸡提供给广东、香港、澳门三地城市消费者，另一方面要时时应对禽流感疫情，保证鸡群的健康。如何运用现代化技术安全养好鸡，尤为关键。广东清远鸡、封开杏花鸡、信宜怀乡鸡这些深受老百姓喜爱的知名地区名鸡已基本实现了农产品可溯化。省级惠农信息社当中的家禽养殖类信息社，无论是在养殖技术上还是鸡在食品流通环节的质量控制上都相当成熟，常见的有二维码查询、脚环溯源等，深受市场和消费者认可，进一步解决了广东人爱吃优质鸡的供需结构矛盾。

实例1：信宜怀乡鸡穿上溯源脚环　质量安全有码可查

信宜怀乡鸡被放养在山清水秀、空气自然清新的生态山林之中，以山中嫩草、蚁虫、本地玉米、稻粟等为食，因皮薄、骨细、味美，在广东名鸡中占有一席之地。广东盈富农业惠农信息社负责人陈运冬和信宜怀乡鸡结缘已有十多个年头。从一个爱吃鸡的化工生意人到推动信宜怀乡鸡产业化发展的主导者之一，陈运冬把一只有溯源脚环的信宜怀乡鸡做成了事业，产品可溯源为信宜怀乡鸡铺就的产业化康庄大道，让信宜怀乡鸡养殖户尝到了致富的甜蜜（图3-16）。

信宜怀乡鸡一年能卖出1 200多万只，除了过硬的品质之外，还与重视生产可溯化不无关系。广东盈富农业惠农信息社采用信宜怀乡鸡生产过程信息追溯管理应用模式，让每一只卖出去的信宜怀乡鸡都穿上了独一无二的二维码溯源脚环，信宜怀乡鸡从基

图3-16　广东盈富农业惠农信息社

地到消费端的每个脚印都清晰可见，还可帮助消费者辨认信宜怀乡鸡的真伪。

信宜怀乡鸡按照"统一品种、统一饲料、统一防疫、统一管理、统一销售"的模式开展养殖，养殖基地占地面积2 000多亩。在信宜怀乡鸡的溯源信息系统中，生产过程产生的档案数据是整个系统的基础，信宜怀乡鸡生产中的基地环境、养殖技术、操作过程、用料用药等情况，在溯源信息系统中有着详细记录。如果在生产过程中遇到问题，可从溯源信息系统中调出相应批次的记录信息，严格把控信宜怀乡鸡的质量。

产品生产过程看得见，质量安全有保障，给消费者吃了一颗定心丸。信宜怀乡鸡不断在电商体验馆、名牌产品推介活动中崭露头角，凭借着脚上的溯源脚环，一步一个脚印，走到广东的大街小巷、销到省外地区。消费者可扫描信宜怀乡鸡脚环上的溯源二维码，查到信宜怀乡鸡养殖、加工销售环节的相关溯源信息。溯源信息系统从生产、加工、销售等环节获取的信息，经过集群、整合、管理，可将产品信息反馈给消费者，从而完成产品质量安全追溯的全过程。广东盈富农业惠农信息社还将广东省信息进村入户服务平台派发的智能终端放到信宜怀乡鸡体验馆中，供消费者在门店中直接查询体验。一个溯源脚环成为了信宜怀乡鸡质量安全的保证，让消费者对信宜怀乡鸡的品质更加放心。

实例2：光纤入基地，打通鸡蛋溯源平台的"任督二脉"

鹏昌鲜鸡蛋在广东的蛋品市场认可度名列前茅，不少消费者都认准了鹏昌的牌子。惠州鹏昌信息技术服务惠农信息社，通过信息化手段，实现了每一颗鹏昌鲜鸡蛋安全可溯源。

惠州鹏昌信息技术服务惠农信息社位于惠东县多祝镇明溪原始生态园区，蛋鸡养殖基地四周丘陵环绕，近临大海，是中国规模最大的蛋鸡饲养基地之一。为了引导良好的食品消费环境，鹏昌信息技术服务惠农信息社与省信息进村入户服务商广东移动对接后，在基地设置了光纤覆盖，为生产信息化提供技术支持，以建立蛋品可溯源体系。基地内"从农场到餐桌"的全过程监控系统，电子喷码系统，为科学、完善的管理体系执行打下基础（图3-17）。

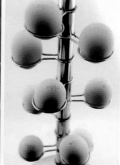

图3-17 鹏昌信息技术惠农信息社实现每只鸡蛋可溯源

图 3-18　鹏昌鸡蛋溯源系统展示信息

除了监控、喷码系统，鹏昌信息技术服务惠农信息社还积极引进并建立一整套从原料采购、生产过程控制、产品储存运输到市场产品销售的科学实用的食品安全管理体系，从源头进行控制，从根本上保证鲜鸡蛋品质的安全、卫生和稳定。在光纤、监控、自动生产、喷码等信息化系统安装完善后，鹏昌鲜鸡蛋成功接入惠州农产品质量安全监管与溯源平台，消费者用手机扫码可查询鹏昌鲜鸡蛋的溯源信息（图3-18）。

信息社的蛋品可溯源体系，充分利用了惠州市的区位优势，扬长避短，有效地发挥了市场对产品的导向作用。形成"从农场到餐桌"的完整溯源链条，由市场有效需求带动农业产业化，提高农业生产区域化、专业化、规模化水平，让消费者放心。

实例3：新技术新模式培训，保障黄鬃鹅溯源可行

阳江黄鬃鹅是广东的知名家禽品种，其中要数羽威黄鬃鹅的品牌最为响亮。广东羽威惠农信息社通过广东省信息进村入户服务平台学习各类新技术，在信息社的示范带动下，5 000多名农户及技术员获得了养殖技术提升支持，完善羽威黄鬃鹅的产品溯源体系（图3-19）。

广东省信息进村入户服务平台联合点筹网等惠农服务商，为羽威黄鬃鹅的现代化生产加工、电商销售提供信息化技术指导，保障黄鬃鹅溯源可行。广东省信息进村入户服务平台组织信息社到广州市江丰实业股份有限公司的家禽生产加工基地学习培训，基地内使用大量自动化的设备，每个环节实行严格的数据信息采集制度，最终将数据信息集合到溯源平台，其运营模式为羽威惠农信息社建立溯源平台体系提供了有价值的参考。在广东省信息进村入户服务平台与点筹网惠

图3-19　信息员通过触摸屏终端学习产品溯源技术

农服务商联系对接后，线上售卖试吃活动为完善产品的溯源包装提供操作建议，并撰写推广文案及黄鬃鹅的产品详细页，为黄鬃鹅提供线上售卖服务。

（2）蔬果种植可溯化，安全产品覆盖全国外。广东省湛江、茂名二地是全国知名的冬运菜生产基地；惠州地区是全国最具特色和生产优势的冬马铃薯生产基

地，产品远销全国；潮汕沿海一带的胡萝卜种植技术居世界前沿，一年不间断地将反季节胡萝卜提供给日本、韩国、东南亚国家。这些远足的广东蔬菜都有一样基本功，就是产品质量可控、安全可溯，让国内外消费者放心消费。如惠州市四季绿惠农信息社向消费者承诺：一菜一码，每一颗蔬菜都是一个承诺；广东佳润泰农业开发惠农信息社向国内外消费者承诺，扫一扫，"码"上知道你吃的胡萝卜是哪里来的。

广东省信息进村入户服务平台组织的各类培训活动中，非常重视对惠农信息社信息员就农产品安全生产知识的普及，以点带面，带动全省农业生产者从源头上，利用信息化手段，提升农产品质量安全，为广东人舌尖上的幸福把关。

实例1：一菜一码，秉承每一个承诺

秉承着"每一棵蔬菜都是一个承诺"的信念，四季绿种植的蔬菜畅销于广东省内外地区。惠州市四季绿惠农信息社，参与广东省信息进村入户服务平台主办的现代化蔬菜种植基地建设及运营模式学习交流会，为基地生产开展信息化建设提供进一步的技术参考借鉴（图3-20）。

图3-20 四季绿惠农信息社"每一棵蔬菜都是一个承诺"

信息社利用信息化的技术手段，建立了全程生产可追溯体系，自然对产品质量安全有着充足的自信。为了完善四季绿产品的质量安全管理体系，四季绿惠农信息社率先引进了二维码技术的运用，研发出可在社区配送的蔬菜产品中实现的"一菜一码"。消费者只要用手机刷一下二维码便能知道该农产品的生长信息。

信息社信息员表示：有了二维码溯源系统，可以让消费者准确地了解产品信息，同时也可以让信息社准确地了解到每一棵蔬菜是由哪个基地、哪个地块、哪位农户种植的，用过什么药，假如真有什么质量问题，可以依此一层层追查原因和责任。

实例2：蔬菜产业配套溯源，纯农村庄变身美丽乡村

日光下，东华村排排"下山虎"式的瓦房在河水的映衬下宏伟而古朴，令人沉醉。"下山虎"是潮汕地区农村较为普遍的一种建筑，这种建筑犹如下山虎又形如爬狮。位于练江下游南岸的东华村，原本是一个地理位置偏僻的纯农村庄。通过信息

进村入户服务等信息化服务的积极建设，现在这个小村是令无数人美慕的全国"美丽乡村"。

为搞好农产品质量安全管理，汕头市潮南区东联种植惠农信息社严格执行无公害农产品地方标准。信息社信息员翁木宏介绍："生产基地已获得农业部无公害农产品证书，并注册了东华特绿的集体商标。基地实现信息化管理，登记省溯源管理系统，注册二维码标识。"有了二维码标识后，"东华特绿"农产品实现可溯源，产品质量更有保证，让消费者更放心（图3-21）。

图3-21 东联种植惠农信息社注册集体商标使品牌产品实现溯源化

东联种植惠农信息社通过产业化经营模式发展生产，结合惠农信息社实现信息化管理、登记溯源平台的方式，促进了农业增效、农民增收。成员农户年人均纯收入7 600元，比当地群众多50%以上，并带动周边农户250户，被带动农户的收入比当地农户高20%以上。

实例3：菜从哪里来，都吃了些啥？"码"上知道！

追求新鲜健康的蔬菜，早已成为消费者的趋势。广东佳润泰农业开发惠农信息社负责人罗松涛高中毕业后，跟随父亲一起从事胡萝卜种植生产、出口生意。已经营20多年胡萝卜生意的罗松涛，是位名副其实的"胡萝卜大王"。

几年前，普宁当地农民种植胡萝卜时更多的是沿用传统粗放式、露地栽培的种植做法。罗松涛认为，根据他对胡萝卜生产经营的经验，这种生产模式并不利于蔬菜产业化发展。结合科技与信息往现代农业的方向发展，才是最重要的事。广东佳润泰农业开发惠农信息社带领农户从种子、肥料到采收、加工等环节收集信息数据，建立可追溯制度，把质量安全放在首位。

近年，在广东省信息进村入户服务平台主办的现代化蔬菜种植基地建设及运营模式学习交流会等培训会中，不断更新的现代化蔬菜种植技术和模式提供了丰富的参考指导。广东佳润泰农业开发惠农信息社成为公司进一步推进信息化建设的载体。

广东佳润泰农业开发惠农信息社建设了安全农产品溯源信息公共服务平台，将安全生产的数据从幕后搬到了台前，消费者可直接在佳润泰的安全农产品溯源信息公共服务平台上，输入产品溯源标签上的溯源码，或扫描产品标签上的二维码，即可查询产品的溯源信息（图3-22）。

图3-22　广东佳润泰农业开发惠农信息社农产品可溯系统

3.2.2　信息精准化

农业信息化是实现农业现代化的重要标志，是现代农业的制高点。农业信息化包含农业生产信息化、农业经营信息化、农业管理信息化、农业服务信息化等。现代农业需要信息化，信息服务需要精准化，精准到位的惠农信息化服务可以从根本上服务农户、服务产业，保障农产品市场有效供给，为实现乡村振兴的目标提供有力支撑。广东在农业信息化方面已走在全国前列，其农业信息精准化服务主要体现在以下两方面。

（1）市场舆情监测，数据采集精准强化预警。加快发展农业大数据，有利于推动实现基于数据的科学决策，推进政府职能转变和治理能力提升；有利于推动农业农村经济在线化、数据化，加快转变农业发展方式。农产品监测预警是对农产品生产、市场运行、消费需求、进出口贸易及供需平衡等情况进行全产业链的数据采集、信息分析、预测预警与信息发布的全过程。广东省围绕种植业、畜牧业生产和流通中的生产意向、生产进度、产量、产能、交易量、投入品、成本、价格等涵盖产业链的各项数据，以省级农业管理信息化软件系统为核心，各市县农业部门、农业生产点、市场流通点、冷链仓储点等为系统节点，运用互联网采集工具，通过电脑、手机等多种终端进行监测分析，对采集数据进行整合利用分析，形成多层次、多频次的图形化分析，结合行业专家会商和行情交流，构建贯穿产业、数据规范、研判科学、发布及时、涵盖采集、分析和发布等功能的农业信息采集预警体系。在引导农产品供需平衡和市场调控决策方面发挥决策支持作用（图3-23）。

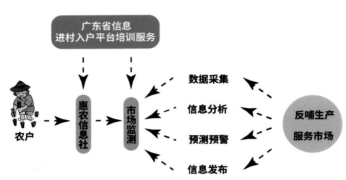

图3-23　广东省信息进村入户服务平台对接惠农信息社培训农户提高舆情监测能力关系图

　　广东省信息进村入户服务平台是连接千万生产经营主体和农户的"中枢"。为促进广东农业信息数据采集精准化，为让广东省农业信息监测体系采集数据更加精准，广东省信息进村入户服务平台通过对接和举办多场针对生产经营主体的培训活动，提高农业生产者对农业数据化的重视度，引导生产者精准、及时上报田间生产数据，并通过为惠农信息社派发手机、触摸屏设备，提高信息社社员对农业大数据时代农业生产信息化的运用能力和办事效率。

　　（2）信息社信息资源汇聚，精准信息反哺生产。在广东1 000多个惠农信息社当中，有一类企业经营型惠农信息社，他们来自农产品流通行业，不论是线上还是线下，通过流通市场的信息聚合优势，服务一方产业、一方市场、一方农户。通过"互联网＋大数据＋流通市场"的运用，实现透明交易，公平交易，成功建立起了买卖双方、市场与消费者之间的互信关系。

　　与农业流通信息不同，农业技术信息的精准对接和传递也为现代农业的发展、惠农服务的落地发挥至关重要的作用。广东盛产各类佳果，越是盛产水果的地方，惠农技术服务越能够精准对接，在广东省信息进村入户服务平台的桥梁作用下，将前沿农业技术专家和先进农业技术通过惠农信息社精准对接到农户。通过惠农信息社，将信息社与农户的生产数据和生产资料汇聚，精准配比精准到户；一些金融类的惠农信息社还能将信息社社员资金汇聚，通过现代的农业金融服务体系，将汇聚而来的资金反用于信息社的农户生产环节之中。由上至下的各类惠农信息的精准服务，提升着广东省农业现代产业的快速发展。

3.2.2.1 区域信息精准覆盖

梅州金柚、高州荔枝、高州桂圆肉、信宜三华李、郁南黄皮、英德红茶、增城迟菜心、杜阮凉瓜、乐平雪梨瓜、封开杏花鸡、电白小耳花猪……广东省地貌类型复杂多样，雨热资源充足丰富，不同地区孕育出的农产品特色大有不同，农业生产具有鲜明的地域特征。从广东省21个地级市推选而来的惠农信息社，网点全面覆盖各个地级市，通过广东省信息进村入户平台的建设，省级惠农信息社成为区域信息精准覆盖的桥梁和纽带。有些专门服务于农业生产行业的以惠农咨询、信息服务为主的信息社，成为一方产业信息的收集者和发布者，带动地方特色产业不断向前发展。

实例1：养猪重镇四会市生猪养殖行业里有位"百事通惠农先生"

四会市是广东的养猪重镇，多次被评为国家生猪调出大县。据四会市统计局数据显示，2016年四会市生猪出栏量118.49万头，四会市本地猪肉市场年消费量约14万头。这意味着，四会每年向外地供应的生猪量高达100多万头，甚至更多。四会市如此大规模的生猪养殖市场，催生了专门服务于生猪养殖市场的信息化服务公司。四会市德盈惠农信息社是当地一个有口皆碑的服务于生猪养殖市场的惠农信息社。

最初，四会市德盈惠农信息社主要为猪场提供周到的猪精配送服务。后业务逐渐拓展，涵盖为养殖户代办农业证照和年审，代办农业养殖预警系统的更新，帮助不懂知识的养殖户办理业务，教养殖户如何科学、环保养猪，为养殖户代办沼气工程建设。

值得一提的是，四会市德盈惠农信息社近两年通过与广东省信息进村入户服务平台对接，进行惠农信息分享，将平台最新的惠农服务信息、政策资讯等，通过微信公众号等新媒体平台，同步传递给养猪户，发布农业类供求信息；通过对接广东省信息进村入户服务平台，联系农业专家、农资公司，为农户提供放心的兽药、渔药、饲料、生物有机肥等农资农药和对应的农业技术服务。慢慢的，四会市德盈惠农信息社发展成为当地生猪养殖行业的"百事通惠农先生"，信息服务遍布当地的养殖企业、个体农户及新型农业经营主体等（图3-24）。

图3-24 四会市德盈惠农信息社提供信息咨询和农资技术服务

四会市德盈惠农信息社运用"互联网＋现代农业"的模式，在上游串联广东省信息进村入户服务平台、当地政府和企业，为农户积极传达政府的最新政策，宣传最新"三农"资讯，筛选优质企业、优质产品；下游直接对接农户，帮其落实政府的各项政策，解决农业生产中的各项所需。

信息社成立至今，提供便民服务及业务办理量达400多次，涉及信息社服务内容所有板块。针对农户所需要的不同服务，信息社对服务做了细分，通过细化、优质、高效的服务，全面提升四会市生猪养殖行业的规范化、科学化发展，为农户真正提供更方便快捷高效的服务。总之，到了四会，养猪行业任何解决不了的难题，找四会市德盈惠农信息社，总能找到问题的突破口。

实例2：东莞这家惠农信息社将供应东莞生猪交易市场搬到了电脑上

东莞市位于珠江三角洲城市圈的核心位置，这里是供应香港、珠江三角洲市场的主要农产品集散地。近年来，东莞市政府针对农产品检验检疫、食品安全把控总结出自己的一套做法。2016年，东莞市就有一个特别的网站"生猪圈"上线了，这是全国首个创新性的生猪B2B网上交易及溯源监管平台和广东省首个生猪在线现货交易平台，致力于用信息公开透明的线上生猪交易，来破解"猪周期"和生猪可溯源等问题。东莞市"菜篮子"电商惠农信息社发展了600多个有规模的生猪养殖场会员单位，组成了"生猪圈"线上交易平台（图3-25）。养殖会员单位辐射广东、福建、湖南、江西、广西等省份，年生猪出栏量超过1 500万头。高峰时期，经由东莞市"菜篮子"电商惠农信息社促成的生猪日均交易额达1 200万元，上线交易的生猪产品都来自经过认证的养殖基地。建立遍布东莞的交收基地，协助政府全面开展溯源监管，保障了供应东莞生猪的质量安全。

图3-25　东莞市"菜篮子"电商惠农信息社线上生猪交易平台

　　将生猪交易信息搬上网后，东莞市"菜篮子"电商惠农信息社积极同广东省信息进村入户服务平台对接，将网站的信息功能在广东省信息进村入户服务平台进行展示，扩大了影响力。同时，携手广东省信息进村入户服务平台对接信息资源，及时将国家、广东省的惠农政策、惠农信息通过"生猪圈"网站发布，为东莞全市253个生猪供应商及592个供应东莞生猪基地，提供信息服务和信息消息反馈服务，同时将生猪交易、市场价格走势信息及时传递给生猪供应商和广大养殖户（图3-26）。

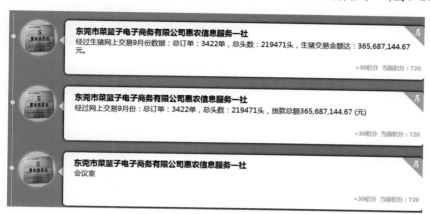

图3-26　惠农信息社主页发布价格数据信息

　　东莞市"菜篮子"电商惠农信息社运用大数据实现生猪交易信息共享，促进高效产销、动态监管、生猪肉品质量安全全程溯源，为保障供应东莞生猪的食品安全可溯、生猪交易公开透明化起到积极的作用。

实例3：供应香港蔬菜的"航母"用信息提升行业透明度打通交易壁垒

　　东莞市润丰果蔬惠农信息社的信息服务覆盖珠江三角洲地区最大的供应香港蔬菜批发基地。其在冷链物流、仓储配送、生产信息化服务方面走在同行业的前列，交易中心每日供应香港蔬菜的实时价格成为行业的风向标，服务着信息社农户和供应香港蔬菜流通环节。

　　每天天不亮，东莞市润丰果蔬惠农信息社供应香港蔬菜冷链运输车队准时出发，为香港市民运送一天所需的新鲜时蔬。冷链技术是反映一个国家或地区物流水平、食品安全水平的体现，为进一步提高供应香港蔬菜的冷链保鲜技术，东莞市润丰果蔬惠农信息社在广东省信息进村入户服务平台筹办的信息社农产品冷链技术交流学习现场会上与广州旺东大菜园冷链有限公司交流学习，探讨如何运用智能终端群，打通冷链全产业链条，给了同行业启发，并将学习心得运用到实践中（图3-27）。

　　每日农产品交易信息公开，抽检信息及时向农户发布，同行之间交流经验技术、学习心得及时向农户传授，多年来东莞市润丰果蔬惠农信息社通过这样的方式服务全国各地的相关生产者、种植户，用信息服务蔬菜流通行业，用先进的技术与同行业之间交流互助，成为广东省供应香港蔬菜行业的一艘"航母"（图3-28）。

图 3-27 信息社冷链技术现场交流活动

蔬果行情 Vegetable Fruit Market				更多+
价格行情仅供参考，实际价格以市场为主				
蔬果品种	蔬果等级	蔬果产地	蔬果价格	价格单位	发布日期
西兰花	一级	云南	¥3.50	公斤	2018-3-29
白花	一级	广东	¥3.00	公斤	2018-3-29
韭菜	一级	广东	¥4.00	公斤	2018-3-29
韭王	一级	广东	¥16.00	公斤	2018-3-29
韭花	一级	广东	¥15.00	公斤	2018-3-29
香芹	一级	广东	¥5.00	公斤	2018-3-29
西芹	一级	云南	¥3.80	公斤	2018-3-29
玉米	一级	广东	¥3.00	条	2018-3-29
白葱	一级	云南	¥2.20	公斤	2018-3-29
红葱	一级	云南	¥3.00	件	2018-3-29
香菜	一级	云南	¥6.00	公斤	2018-3-29

蔬菜上涨TOP	蔬菜下跌TOP
1 白萝卜	¥1.80/公斤
2 江西芋仔	¥8.40/公斤
3 红番薯	¥4.00/公斤
4 山东土豆	¥4.60/公斤
5 黄番薯	¥4.20/公斤
6 云南菠菜	¥5.20/公斤
7 云南菜心	¥9.20/公斤
8 广东粉葛	¥10.6/公斤
9 意大利生菜	¥4.40/公斤
10 荷兰豆	¥8.00/公斤

扫描二维码关注润丰官方微信

图 3-28 润丰果蔬惠农信息社线上发布农产品流通信息

3.2.2.2 专项人才精准培训

实现农业生产信息化，实现乡村振兴战略，必须破解人才瓶颈制约，畅通智力、农业生产技术通道，造就更多乡土人才，聚天下人才而用。产业兴农惠农，人才是乡村振兴之根本。广东省信息进村入户服务平台根据广东各地的农业生产规律、产业特色，定期联系高校专家、行业能人，不同生产时期针对不同产业，适时举办形式多样的农技培训惠农服务活动。信息社遇到种养难题，可以通过惠农信息服务手机APP联系专家，隔空问诊，解决植物病害、种养疑难。

广东省信息进村入户服务平台通过对农业产业专项人才的精准培训，助推信息社实现农业标准化生产，加强广东植物病虫害、动物疫病防控体系建设，深入推进农业绿色化、优质化、特色化、品牌化方向发展，助农增收；提高广东优势特色产业，如荔枝、龙眼、柑橘等产业的标准化生产种植，以质量兴农（图3-29）。

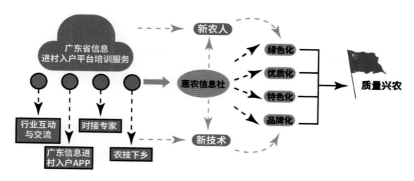

图3-29 农技下乡服务新农人带动产业发展模式

实例1：平台举办专家大讲坛 为粤西荔农答疑

阳西县有着阳江市数一数二的大型水果种植基地，荔枝、龙眼、火龙果等特色水果是当地100多户农户的收入来源。种植过程中如何防治病虫害保证产量？怎样的技术才能确保水果的品质？农户遇到种植技术难题的时候，阳西县西荔王惠农信息社便是农户的"问题收集箱"，当信息社无法解决难题时，就会找到广东省信息进村入户服务平台。

帮助惠农信息社对接农业技术专家进行生产培训与指导是广东省信息进村入户服务平台的重要功能之一。为了解决农户种植果树病虫害、生产管理的难题，阳西县西荔王惠农信息社信息员李贵赛联系服务平台，邀请专家到西荔王惠农信息社开展荔枝、龙眼病虫害防治及梢期管理等知识的专家大讲坛专场培训（图3-30）。

图3-30 惠农信息社通过广东省进村入户服务平台对技术专家进行生产培训

培训会上，专家指出，果农对荔枝、龙眼病虫害不能掉以轻心，防治的目标是应用生物农药，尽可能减少化学农药，化学农药是最后的武器，并详细介绍了几种防治病害的方法，专门讲解了蒂蛀虫等多种害虫的发生及防控实用技术。除了现场专题培训，阳西县西荔王惠农信息社的信息员经常从手机端通过广东省进村入户服务平台获得信息服务并第一时间与果农分享，收集果农日常的疑问与平台联系并获得反馈，在产品销售上也获得了平台服务商的商务支持。

实例2：山城小镇荔枝转型 惠农专家把关高接换种

河源紫金县古竹镇种了满山的淮枝荔枝，但每到丰收时节，由于淮枝荔枝晚熟，且该品种口感稍差，销售情况总是不尽如人意，农户也面临着种难、卖难的局面。紫金县古竹满山红荔枝惠农信息社信息员叶浓青是古竹镇人，越来越多的农户找到叶浓青希望改变这个局面。

叶浓青热衷于学习新的果树种植知识，经常到处参加管理培训、种植技术培训，希望不断创新、完善合作社的种植技术与管理模式。与广东省信息进村入户服务平台联系之后，平台邀请专家与叶浓青沟通，提出进行荔枝高接换种的建议，并到古竹镇当地举行荔枝高接换种培训班，推广引进井岗红糯品种，鼓励农户尝试荔枝品种转型（图3-31）。

图3-31　古竹满山红荔枝惠农信息社高接换种培训活动

试种期间，惠农信息社还经常联系专家开展栽培技术培训班，并从广东省信息进村入户服务平台争取农财网、广州银联等惠农服务商提供的农资、金融等服务，提高荔农的种植效益，让农户不再为荔枝有产无收而发愁。

3.2.2.3　企业数据精准到田

广东省信息进村入户服务平台通过构建信息进村入户平台，在全省范围内认证惠农信息社，并将各类服务商的便农、惠农业务向信息社基层拓展，让农民到当地惠农业信息社即可办理各类优质优惠的业务。

各地的惠农信息社借助广东省信息进村入户服务平台对接到的各项惠农服务、益农资讯、服务商渠道等，创新推进机制，充分发挥市场配置资源的决定性作用和更好发挥信息社作用，推进惠农信息社可持续运营，强化信息社成员的互联网思维，引导信息社农户善于运用互联网技术和信息化手段开展工作。不少惠农信息社在信息社内部形成小范围的惠农信息服务网点，组织周边农民抱团购买农资、农机服务，并在基础上形成适合当地农情的农业生产资料的信息服务平台，以科学先进的农技服务、生产服务，对田间生产和管理施行"套餐式"服务，让农户的产销信息"一键"到位。

实例：信息平台撑起种植数据大网

江门市万丰园蔬菜基地土层深厚、肥沃，周边2 000多户农户在江门市万丰园惠农信息社的带动下开展农业生产，由于分布范围广泛，如何更好地联动起所有农户进行科学有效的种植，是信息社思考最多的问题。

江门市万丰园惠农信息社信息员孙淑葵介绍，广东省信息进村入户服务平台为信息社派发了触摸屏智能终端，还可帮助信息社联系农业专家为农户进行远程培训，及时更新种植技术，让农户受益。在广东省信息进村入户服务平台及服务商的支持下，信息社还搭建了基于生产材料的信息服务平台，将种植品种、生产资料配比、农户种植规模等资料数据收集到信息服务平台中，农户只需告知信息员他的种植需求，信息员就可以在信息服务平台中查到相应种植品种的农资配料及其配比等信息，信息社聚集需求之后帮农户统一购买（图3-32）。当农户生产需要用到农资材料时，农户自行到基地的备料间登记领取即可。

图3-32　信息员通过智能设备查询基地农资配料及配比信息

强大的信息服务平台不仅方便了种植生产，还为信息社与农户新型的合作模式提供数据支持。万丰园惠农信息社为农户解决种植基地、农资、技术、产品销售、基地住宿等种植生产的全程问题，产品销售后按5∶5的比例分成，个别种植情况特别优异的农户还能达到60%的分成。这样一来，农户的收益相比以前有所提高，生产流程也得以简化，对作物的用料投入更加精准，农户一年的收入可达6万～8万元。有效的数据采集精准到田间，不仅提高生产效率，还让农户省心省力。

3.2.2.4　金融服务精准到户

信息进村入户和惠农服务是实施乡村振兴战略的原动力。农业投入大、风险大、回报期长，农民融资难是历史难题。实施乡村振兴战略，必须解决农业资金从哪里来的问题。俗语道：远水解不了近渴。如果能够借助先进的信息化手段和创新的融资服务举措将农户融资难的问题在信息社基层得以解决，对农业、农村的振兴发展将有巨大的撬动作用。通过广东省信息进村入户服务平台的惠农服务商，借助个别有能力提供金融服务的惠农信息社，健全适合农业、农村特点的农村基层金融体系，把更多金融资源配置到农村经济社会发展的重点领域和薄弱环节，让惠及农民的金融服务精准到户，更好地满足乡村振兴多样化的金融需求，这对于推进农村社会的发展起到四两拨千斤的重要意义。

实例：金融互助让资金活起来　有效破解农民贷款难

在这里，社员资金社员用，钱多了可以放贷，需要钱时可以借贷，诚信是社员之间的纽带。增城一衣口田福享惠农信息社一方面对社员的生产经营进行监督，一面帮助社员解决贷款融资难问题，同时为社员提供多种便民惠农服务。自金融互助服务开展以来，增城一衣口田福享惠农信息社多位社员凭借金融互助服务完成了产业的转型升级。

如何用"互助"的方式，打通农村金融服务"最后一公里"？几年下来，增城一衣口田福享惠农信息社总结出一套切实可行的办法。第一，互助社采取两封闭运作，主要是"社员封闭"和"资金封闭"，即只吸收与主发起人有生产协作关系的农户成为社员，资金来源于社员，也只能用于社员；第二，将龙头企业的产业链、福享资金互助社的资金链和社员的信用链，"三链"结合捆绑在一起运作；第三，结合农户情况，对社员贷放的互助金以信用方式发放为主；第四，资金由第三方银行托管，办理所有业务都在第三方银行开发的系统操作，系统直连监管部门金融办，降低了运营风险；第五，不以营利为主要目的，互助社的社员存入互助金的利率比人民银行基准利率高30%以上，贷放互助金的利率在0.6%～1.25%，比商业银行同期同档次利率低。以上合理的规章制度，将信息社金融惠农服务工作落到了实处。

增城一衣口田福享惠农信息社与广东省信息进村入户服务平台对接服务，为信息社配置了触摸屏服务终端，拓展了惠农通信办理、放心农资购买、农业气象查询、农产品金融众筹等服务内容，为当地农民在生产经营上提供"一站式"的信息服务，成为当地农民线上办事、获取惠农资讯的金融便民服务窗口（图3-33）。

图3-33　农民通过触摸屏终端查询惠农资讯

3.2.3　产品电商化

广东省农业正积极由传统农业向现代农业转变，农产品电商化成为进一步拓宽传统农业、促进现代农业发展的客观需要。据广东省第三次全国农业普查主要数据公报，农村电商由无到有，2016年全省24.8%的村有电子商务配送站点，有2 267户规模农业经营户和2 165个农业经营单位通过电子商务销售农产品。随着农业供给侧结构性改革的深入推进，电子商务与农产品企业经营主体、农民合作社、公共服务点等相结合，推动线上线下平台协同发挥作用，产品电商化已成为促进农产品生产流通、融合城乡发展的必经之路。

农业部部长韩长赋强调，要持续关注和高度重视农产品电商企业在农业、农村改革特别是农产品流通体系建设中的创新探索，更好地发挥农产品电商在推动农业结构调整、带动农民增收致富、培养农村实用人才等方面的积极作用，加快提高我国农业发展的质量效益和竞争力。农业部高度重视农业信息化工作，支持和关注农产品电子商务发展，近几年不断完善政策环境，积极组织产销衔接，大力开展电商试点，实施信息进村入户工程和开展农民手机应用技能培训，推动了农产品电子商务的快速发展。广东省信息进村入户工作中，针对发展农村电子商务制定了工作指引：开展电子商务及物流配送服务，利用电商平台与地方特色产品经营主体对接，形成农产品进城、生活消费品和农业生产资料下乡双向互动流通。推广互联网农资服务，支持农资镇村服务点建设，利用互联网为农民提供农资供应、配方施肥、农机作业、统防统治、培训体验等服务。以惠农信息社为依托的农户、村民，正享受着信息化时代下的生活便利，用信息技术打通城乡交流的"最后一公里"。

（1）电商成为乡村农产品及地方文化输出的载体。产品电商化是生鲜农产品上行的重要通道，想要帮助农民把农产品卖出去，需不断优化线上销售平台服务，以此带动农民增收致富。广东省信息进村入户服务平台要求惠农信息社具备有场所、有专员、有设备、有宽带、有网页、有制度、有标识、有内容的"八有"标准，作为农产品电商化的硬件设施，并整合阿里巴巴、京东、苏宁、点筹网等电商平台作为发展农村电商的软件资源，让产品电商化充分落到农村的大街小巷。随着农产品电商上行，具有地方文化特色的农产品能够借此机会有更广阔的展示机会，不再深居山中无人识。

（2）惠农信息社信息员是产品电商化的引路人。产品电商化为农产品拓宽了销路，同时带来了巨大的发展机遇。做好产品电商化，需同时兼顾原始农产品的品质把控、标准包装、运输配送、售后服务等各个环节，由此为地方带来更多的工作岗位及更高技术含量的服务指导。同时，覆盖的消费群体更加广泛，可吸引消费者回流到产品原产地进行旅游观光体验。省级惠农信息社的信息员通过与广东省信息进村入户服务平台对接，获取电商人才运营培训服务，惠农信息社的信息员成为农产品电商的引路人。农产品电商销售不再是农民卖难的高门槛，由一个果子带动一片地方产品销售、休闲旅游并不是遥不可及的事情。

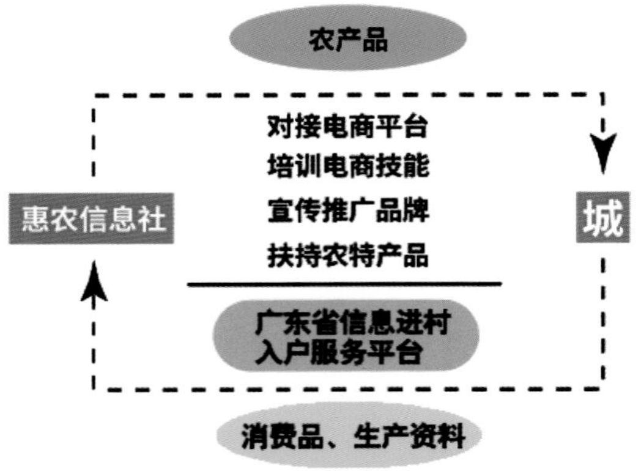

图3-34 惠农信息社成为乡村电商服务的承载平台

（3）广东省惠农信息社是乡村电商服务的承载平台。广东省信息进村入户试点工作方案中明确指出，要扶持一批地方特色农产品，加大品牌宣传推广，培训提升产品介绍、网络营销、包装配送等电商技能，撮合电商平台与经营主体对接，形成农产品进城、生活消费品和农业生产资料下乡双向互动流通格局，通过电商积极促进农业增产增收、降低农村生活成本，共享互联网发展红利（图3-34）。

广东省信息进村入户服务平台联手平台服务商阿里巴巴、京东、苏宁等电子商务平台，为分布在全省21个地级市的1 640个惠农信息社提供产品入驻、电商运营人才培训、电子商务等服务，覆盖粤东、粤西、粤北地区，进一步打破区域之间的沟通障碍。省级惠农信息社对农村电子商务的发展起到了重要作用（图3-35、图3-36）。

图3-35 淘宝广东馆

图3-36 京东广东馆

3.2.3.1 电商助力特色产业升级

广东省有着丰富的、具有岭南特色的家禽、蔬果等农产品，扎根在农村具备地方特色的产业是当地经济发展的优势，惠及广东农民百姓。农产品电商不仅帮助农民解决卖难的问题，还与县域、地级市的特色产业发展相结合。随着信息进村入户工作的推进，看似触不可及的电子商务平台正扎根在广东农村小城里，依托广东省惠农信息社纷纷崛起建立的农村电商服务点，推动着广东省农业农村特色产业的转型升级。

①延伸产业链。农产品电商的发展可以有效延伸农业产业链，对接消费市场，发展农业生产以外的各项事业，如以农旅结合为方针，以生态为主线，以产业为依托，将地方农业特色产业与农创文旅资源等融合发展。一支成熟的电商产业，可有效带动地方的物流业、包装业，解决附近农民就近就业，如身处粤北深山的韶关九峰镇，在九峰镇绿峰果菜惠农信息社农业电商产业的发展带动之下，当地的旅游业和民宿业相继兴旺发展。广东省信息进村入户服务平台通过在平台官网建立惠农信息社主页，信息社信息员可以利用手机等移动终端设备随时更新动态，及时展现电商产品和与电商产品相关的生态旅游服务内容，以信息推介服务等举措惠及信息社，助力农产品电商产业的发展和提升。

②产业业态提升。注重产业培育，提升供给和带动双重效应。产业兴，旅游兴，农村兴。把握人们对于美好旅游生活需要的变化和升级，以"乡村+""农业+"及一、二、三产业融合发展的思路，促进农业转型和乡村旅游产业升级。在开发乡村民俗、乡村美食、乡村特产、农事体验、农家生活等特色产业的基础上，因地制宜积极发展乡村休闲、乡村度假等产业，培育多样化、个性化的乡村旅游业态。在增加乡村旅游有效供给的同时，带动传统农业的转型升级，提升乡村旅游发展的生态效益、经济效益和社会效益，在乡村振兴中多做贡献。广东省信息进村入户服务平

台通过部署企业经营型惠农信息社，围绕各地特色主导产业，通过电商培训、专家指导农技工作、联系第三方农产品电商众筹平台等惠农服务，提升企业经营型信息社带动当地农产品触电的能力。

（1）电商提升岭南名鸡品牌效应。不论何时何地，吃始终是贯通古今、全民参与的饕餮盛宴，是刻进骨子里的文化体现。广东家禽养殖历史悠久，品种丰富，清远鸡、杏花鸡、马冈鹅等承载着岭南历史文化。具有广东特色的传统美味至今仍刺激着人们的味蕾。在现代农业发展中，信息化成为各个农业生产经营环节不可或缺的利器，促进产业发展、优化产业结构、整合资源升级。广东家禽养殖众多，在市场流通环节，生鲜电商作为一种助推农业产业的信息化手段，打破了地域之间的隔阂障碍，让流传千年的粤式家禽飞入广袤大地的寻常百姓家，距离再遥远的消费者也有了品尝体验的机会。

家禽生鲜产品在运输过程中容易变质，消费者一旦收到不新鲜的产品会在电商平台中给出评价，源自消费端的信息直观地公开在大众视野之下，这对缺乏系统管理的企业来说是一种打击，而对擅长用信息化手段进行标准化生产的企业来说，是一种机遇。与家禽养殖相关的惠农信息社可从广东省信息进村入户服务平台获取电商培训与指导，完善销售服务。在电商的引领下，提升岭南名鸡电商销售，促进农民增收。惠农信息社通过对电商所产生的销量分布、产品评价等体现消费者对家禽产品消费习惯的数据信息进行分析，进一步指引家禽产业化的发展，让养殖户尝到电商时代的甜蜜。

实例：乘电商快车，传统名鸡一年猛销百万只！

清远鸡在广东省乃至全国赫赫有名，广东天农食品惠农信息社将传统与信息化相结合，整合电商资源拓宽销路，成就了清远鸡产业的一段神话。

清远鸡采用传统的天然松林山坡绿地放养方式，养殖时间近5个月，选择地势高爽、水源洁净、环境优美、完全没有污染的山地建场。广东天农食品惠农信息社将生产指导、技术服务、生产监控等过程形成电子文档，构建起家禽养殖生产的原始数据，并形成电子化数据，录入信息社自建的"家禽生产管理及财务集成的ERP系统"，包括养殖过程的用料、用药、防疫、管理措施及销售去向等信息都可通过该系统查询。信息社引进了自动屠宰系统和产品溯源系统，加工过程自动化，产品可追溯，生产全过程转化为会说话的数据，每一个生产环节都掌控在养殖户手中，有迹可循。品质极佳的天农清远鸡成为优质清远鸡的代表（图3-37）。

图3-37　广东天农食品惠农信息社清远鸡防伪溯源脚环

生产可控造就清远鸡的品质佳话，而广东天农食品惠农信息社对生鲜电商行业的勇敢尝试，让清远鸡电商产业的发展如虎添翼。信息社整合淘宝天猫、京东等信息进村入户惠农服务商的信息资源，建设"天农优品"电子商务平台，着力打造优质肉鸡、蛋品等优质农产品高端电子商务领军平台。同时线下建立清远鸡文化馆、体验馆，加强消费者深度体验，为线上销售保驾护航，清远鸡与全国的名鸡进行竞争。2017年，广东天农食品惠农信息社电商平台销售额约2 795万元，电商让清远鸡产业迈向更远的发展空间（图3-38）。

图3-38 广东天农食品惠农信息社天猫电商销售平台

生鲜产品在运输过程中容易变质，电商平台的信息化、透明化使消费者体验感更为直观，这对缺乏系统管理的企业来说是一种打击，而对擅长用信息化手段进行标准化生产的企业来说，却是一种机遇。清远鸡这只广东的千年名鸡，通过试水电商，一时间成为线上的网红产品。信息化助推清远鸡线上产业的蓬勃发展，带动了地方养殖、加工、保鲜、物流等多环节的快速发展，创造了更多的就业机会。清远鸡已成功带动当地千万养殖户增收致富。

（2）电商带动区域品牌水果溢价。广东省有着不胜其数的水果特产，岭南佳果闻名遐迩，在全省范围内分布广泛，并且全年皆有供应，对于发展电商化有着得天独厚的优势。茂名市作为全国水果大市，荔枝种植有2 000多年的历史，但每年集中上市销售不及时，造成积压滞销的困境。为了不再果贱伤农，发展电商销售成为茂名市果农保收的信息化利器。在茂名市农业部门、广东省信息进村入户服务平台等的努力下，不少省级惠农信息社的信息员成为高州荔枝电商发展的星星之火，让高州荔枝在电商中的销售愈加火热。2017年，高州荔枝的区域公用品牌价值达19亿元，荔枝收购价由原来的每千克4～6元提高到12～16元。

梅州金柚近年来在珠江三角洲地区乃至全国享有一定名气，电商成为了梅州金柚远走他乡的信息化手段，在信息进村入户建设的惠农助力下，梅州金柚的区域公用品牌价值达249亿元，品牌化打造成熟。而高州荔枝、梅州金柚仅仅是广东区域品牌水果在农产品电商蓝海中的个案。

实例1：一条宽带一个鼠标让这里的荔枝风靡全国

茂名市被誉为"中国最大的水果生产基地"，这里盛产荔枝、龙眼、香蕉等热带亚热带水果。当今，全世界1/5的荔枝产自茂名，茂名是全球最大的荔枝产地。随着生鲜水果电商行业的崛起，茂名荔枝的销售有了全新的突破。荔农只要轻轻一点鼠标，新鲜的茂名荔枝凭借"互联网＋""产地仓＋冷链"等创新举措就可飘香全国，乃至世界。

茂名市电白区益农农产品惠农信息社是茂名荔枝主产区电白地区的荔枝电商销售生力军。信息社在80后新农人邓丰的带领下，成为当地的销售冠军之一。在销售高峰期，电白区益农农产品惠农信息社每天有7 000多箱荔枝通过电商平台销往全国各地（图3-39）。

图3-39　茂名市电白区益农农产品惠农信息社

每当荔枝丰收时，电白区益农农产品惠农信息社社员忙得不可开交，接订单的、打包的、发货的，处处洋溢着丰收的喜悦。其实，信息社带头人邓丰早在荔枝将要成熟前一个月，就开始对外宣传和推广电白荔枝，通过与广东省信息进村入户服务平台对接，并在平台推送产品宣传文章，联系相关媒体扩大宣传力度；通过阿里巴巴等网络平台、直通车等提前预售推广电白荔枝。宣传信息还同步与各大高校、社区网站合作，利用APP等，让更多学生和全职妈妈加入销售团队，形成广泛的影响力。

为了荔枝的顺利触电，增强消费者体验感，电白区益农农产品惠农信息社还加大了对信息社网络工程的建设。广东省信息进村入户服务平台通过连线惠农服务商中国移动公司，为电白区益农农产品惠农信息社带去了家庭宽带优惠安装服务和手机流量优惠套餐，助力信息社社员通过电脑、手机等通信工具，及时、快速地线上接单，洞悉市场行情，发配货品。

目前，电白区益农农产品惠农信息社发展种植荔枝3 000亩、龙眼1 500亩、菠萝蜜100亩。信息社主要利用互联网等途径来拓展销售渠道。近年，信息社通过与淘宝、本来生活网、优菜网、一地一味等企业合作，一年销售荔枝可突破250吨，带动当地果农实现了产销一体化。

实例2：电商平台年销金柚2 000吨 培育梅州金柚线上销售军团

梅州金柚素有"水果之王"之称，是知名的地理标志产品，也是梅州地区的主导农业产业。近年，随着梅州金柚地标品牌的不断打造，梅州金柚不仅线下热销，

线上也成为珠江三角洲地区的网红产品，产品远销海内外。广东木子金柚惠农信息社是梅州金柚的产销大户，2016年，广东木子金柚惠农信息社的"木子"牌金柚电商平台售出2 087吨，电商销售额达1 829万元，占总销售额的

图3-40　广东木子金柚惠农信息社电商直供仓储基地

20%，侧面带动了梅州金柚的品牌溢价（图3-40）。

广东木子金柚惠农信息社通过对接广东省信息进村入户服务平台的服务商，在淘宝、京东等微电商平台做起了终端零售。起初，由于缺少电商人才，只能委托其他公司代运营，但效果不理想，随后，信息社组建了自己的电商团队，不时连线广东省信息进村入户服务平台，邀请专家，组织农户，积极参加相关技能培训、获取市场信息，电商团队日渐走上正轨（图3-41）。

图3-41　广东木子金柚惠农信息社电商平台

梅州近年来旅游业发展兴旺，梅州金柚成为游客的必备手信。为鼓励广东木子金柚惠农信息社更好地提升消费者体验感，服务当地农户及时获取行业资讯，提升信息社信息化水平，广东省信息进村入户服务平台为信息社免费派发触摸屏设备。到店的消费者品尝金柚后，可通过触摸屏在线下单，提升消费者购物体验感。信息社的农户通过触摸屏了解农技知识、行业信息。信息社携手广东省信息进村入户服务平台，不定期举办与金柚种植、管理、加工、销售相关的农民培训班，为合作社近200户社员送去农技知识。据统计，广东木子金柚惠农信息社共举办各种类型培训近50期，培训学员3 800人，辐射周边15个乡镇的柚农。用市场信息、品牌建设、电商培训精准服务当地柚农，对当地柚果品牌价值的提升起到促进作用。

实例3：小县城的水果线上触电实现出口梦

1995年，梅州被国家命名为"中国金柚之乡"。2006年，梅州金柚获得国家地理标志产品保护认证。20多年过去了，梅州金柚不仅成为当地农业的主导产业，还是香飘世界的一颗名品金柚。梅州梅县梅松柚果惠农信息社是当地率先开展电商业务的佼佼者，依托大型的水果生产、流通公司广东十记果业有限公司将梅州金柚销向全国各地（图3-42）。

图3-42　梅松柚果惠农信息社对接广东十记果业有限公司进行电商销售

每当金柚上市的季节，位于梅县松源镇彩山村的仓库都堆满了金柚和快递纸箱，工人们忙碌不停地打包。这个仓库就是梅县梅松柚果惠农信息社的柚果分级分选、打包、仓储基地（图3-43）。据梅县梅松柚果惠农信息社负责人介绍，原来柚子都是直接发到批发市场，自从开展电子商务业务后，很大一部分柚子都直接打包成两个装的礼盒，通过快递直接发向消费者，多的时候每天要打包8 000多件。梅县梅松柚果惠农信息社已发展成为梅州较大的金柚产业化组织。

梅县梅松柚果惠农信息社通过与广东省信息进村入户服务平台对接，通过入驻淘宝、天猫、京东商城等大型电子商务平台，目前，已形成8个生鲜水果电商销售网

图3-43　梅松柚果惠农信息社电商仓储基地

店（图3-44）。梅县梅松柚果惠农信息社尤其重视品牌打造，对"十记金柚"品牌不遗余力地宣传，通过广东省信息进村入户平台及时发布产品信息，展示信息社风貌，增加消费者可信度。2016年，信息社线上B2C月平均销售额超过1 000万元，月平均订单数超过25万个，线上平台一年出售金柚过千吨。信息社建立了金柚质量安全溯源系统，每一颗金柚从产地到消费者手中全程可溯源。

图3-44　梅松柚果惠农信息社入驻大型电商平台

2016年，信息社成功入驻阿里巴巴国际站，开通国际站网上销售店铺，产品上线后很快就与俄罗斯商家进行了价值约20万元的金柚跨境电商业务洽谈，开启了信息社金柚进军国际市场的时代。梅县梅松柚果惠农信息社将小县城的金柚通过国际电商平台连通世界的窗口。信息社线上结合线下的销售模式，带领当地1 000多农户走上致富路。柚农只管种好柚，不用愁销路。

实例4：电商铺路，信息社的金柚身价倍增

在梅州市梅县云电商生态城，挂着一张"梅州电商交易实时监测图"，图中显示，平均每秒就有数单梅州产品通过互联网卖到全国各地。这其中，就有不少订单来自梅县兴缘农业惠农信息社（图3-45）。

每当蜜柚丰收时节，兴缘农业惠农信息社平均每个月线上销售柚子1.5万多千克，多的时候一天交易1吨多，让

图3-45　兴缘农业惠农信息社

果农更为开心的是，线上交易的柚子价格明显比线下高。兴缘农业惠农信息社负责人介绍，"质量最好的蜜柚在线下交易是6～8元/千克，线上则可卖到12～14元/千克。"2017年，与兴缘农业惠农信息社合作的163户农户社员大部分都增产增收，户均增收8 000元（图3-46）。

图3-46　蜜柚丰收带领果农增收致富

梅县区是广东省4个信息进村入户国家级试点县之一，在农业信息化建设、"互联网＋现代农业"发展方面走在前列。梅县区作为梅州金柚的产销大县，借力广东省信息进村入户服务商阿里巴巴和京东农村电商，把发展涉农电商作为重点工作推进。目前，梅县已在10个乡镇建立电商服务站，帮助果农开启网店销售农产品。梅县区石扇镇是广东省知名的金柚专业镇，梅县兴缘农业惠农信息社一直以来是石扇镇金柚种植和销售的领头者。

兴缘农业惠农信息社信息服务覆盖核心柚果采收基地800亩，辐射带动金柚种植基地2 000多亩，连接带动农户2 000多户，每年通过合作社线上线下流通平台销售柚果总量约750万千克，约占石扇镇柚果总量的40%。为保证柚果出品，兴缘农业惠农信息社成立"农民田间学校"，通过与广东省信息进村入户服务平台对接，联系农技专家、电商专业人士等，以"农民"为中心，以"田间"为课堂，以"实践"为手段，提高信息社社员的种柚技术和农业电商知识等（图3-47）。

图3-47　兴缘农业惠农信息社开展电商培训

实例5：一片轻盈的柠檬园带动3 000农户致富

　　广东省河源境内山水连绵。凭借着优良的生态环境，河源市大力发展山地农业，近年来不仅脱了贫，还诞生了不少特色农业。广东中兴绿丰惠农信息社（图3-48）就用一条信息化柠檬产业成功带动当地3 000多户农户脱贫致富，这里的柠檬每亩收入能上2万元，信息社还把柠檬深加工产品柠檬冻干片卖到了线上，成为电商平台的热销产品（图3-49）。

图3-48　广东中兴绿丰惠农信息社基地

　　广东中兴绿丰惠农信息社的"河柠"牌柠檬冻干片因为使用真空冷冻干燥技术，柠檬冻干片的含水量保持在10%以下，冻干片的外形保持原来的新鲜样貌，体积不变，但重量只有原来的1/10，在电

图3-49　广东中兴绿丰惠农信息社电商销售柠檬冻干片

商运输上因为重量轻、体积大，物流公司往往只以体积计算费用，无形中增大了运输成本。对此，信息社信息员积极参加广东省信息进村入户服务平台组织的水果物流配送系统学习交流活动，和同行业之间交流经验，努力克服这一问题，比如，现

在线上平台将柠檬冻干片与新鲜柠檬一起卖，同样的物流费用下，可以多卖出一些产品，提高客单价，增加利润空间（图3-50）。

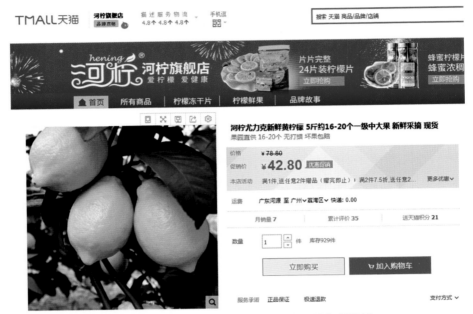

图3-50 广东中兴绿丰惠农信息社电商销售鲜柠檬

近年来，广东中兴绿丰惠农信息社通过广东省信息进村入户服务平台的电商服务商，大力发展企业自有的销售平台，一方面积极参加淘宝天猫组织的电商节活动，另一方面积极参与电商业务有关的培训交流活动，提高业务人员销售水平。同时通过信息社微信公众号，介绍柠檬的好处和日常生活小办法，通过广东省信息进村入户服务平台的官方网站发布推文，提高柠檬知名度。目前，为配合线上销售，信息社正在研发相关的柠檬APP，今后计划在APP平台上实现柠檬相关产品的销售和市场价格公布，增大线上销售渠道。线下，广东中兴绿丰惠农信息社正在带领更多的山区农民种植柠檬致富。

（3）电商凸显岭南名米特色价值。农耕文明在我国有着上万年的历史，在以大米为主食的广东，水稻耕种源远流长。广东大米以丝苗米为主，长久以来随着粤菜文化的传播，丝苗米米质爽滑、颗粒细长、香味浓郁的特点为美食爱好者所称道，是岭南名米品质的体现。随着十多年的大米品牌发展积累，广东涌现出一大批如罗定稻米、增城丝苗米、连山大米等区域公用品牌，水中鲤丝苗米、聚龙澳丝米等经营专用品牌，形成岭南名米品牌丰富、覆盖面广、品质突出的特点。随着信息进村入户服务深入田间地头，岭南名米也乘上了电商的高速发展列车，到祖国大江南北与外省大米一同竞争，凸显岭南名米蕴藏的岭南传统文化及产品价值，在电商的浪潮下，淘出岭南名米闪闪发光的一面。

实例1："水中鲤"崭露锋芒，广东名米名声在外

广东名米不胜枚举，在坐拥好山好水的惠州境内，以水中鲤丝苗米为主导的大米产业正通过电商的带动，提升岭南特色名米的价值。水中鲤丝苗米在电商中崭露锋芒，离不开惠州海纳惠农信息社的建设。从田间到餐桌，从生产端到销售端，信息社为农户搭建起了坚固的平台，指导农户生产与销售，把关米的品质。广东省信息进村入户服务平台的市场行情、种植技术、田间管理等信息资讯，可以直接为农户提供技术指导与参考，农户用手机即可浏览平台网页上的资讯，也可通过平台派发的触摸屏设备在田间地头直接获取最新的行情与技术。在电商渠道上，海纳惠农信息社与广东省信息进村入户服务平台服务商阿里巴巴、京东等联系，拓宽水中鲤丝苗米的销售范围（图3-51）。

图3-51　惠州海纳惠农信息社电商平台

海纳惠农信息社开设了专营店，展开全面的水中鲤丝苗米电商品牌推广。在电商活动中，水中鲤丝苗米曾在短短2天的活动中创下30吨的电商销售纪录，在农产品电商中处于遥遥领先的位置。在平台服务商的带动下，海纳惠农信息社还成立了专门的电商部，从广东省信息进村入户服务平台获取行业电商资讯，并邀请专业电商团队代运营电商店面，既节省了人力成本、提高了团队实力，又拓宽了产品的销售渠道。海纳惠农信息社还与京东商城联手打造"京东·中国特产·惠州馆"，信息社信息员认为，通过与广东省信息进村入户服务平台服务商合作，可加快生产企业经营与信息技术融合，实现产品销售与网络营销的有效对接。以水中鲤丝苗米为主导的地方特色农产品，将成为惠州健康农产品的名片，让广东名米名声在外。

实例2：电商拓销路，大山村民凭种稻过上好生活

韶关南雄珠江三角洲南迁移民后裔的祖居故地，传统的烟稻轮作方式和鸭稻共作方式让晚造水稻提早播种，种植出与众不同的绿色水稻，因此出产了不少优质稻米。金友贡米便产自韶关南雄。依托广东金友米业惠农信息社，金友贡米在电商平台的销售一步步走上正轨。

广东省信息进村入户服务平台网页上为信息社推送电商建设及培训的内容，催生了广东金友米业惠农信息社涉足电商的想法。广东金友米业惠农信息社开始建立电商运营小组，并通过广东省信息进村入户服务平台的智能触摸屏终端向社员普及电商销售流程与技巧，及时传达平台上的市场行情信息。广东金友米业惠农信息社建立了金友贡米的官方网上商城，在一次促销活动中，一天的销售额就突破10万元大关（图3-52）。信息社还通过电商销售的数据信息分析出金友贡米的销售地区已覆盖到内蒙古、河北、山西等地。

图3-52　广东金友米业惠农信息社电商平台

金友米业惠农信息社相关负责人表示，之前金友贡米主要是在本地销售，通过信息社建立网上商城之后，可以实现商品24小时在线，销售无边界，包装、物流、配送等环节也日渐完善，提高了韶关大米在全国各地的知名度。据统计，南雄地区的水稻种植面积约为20万亩，而通过广东金友米业惠农信息社带动的农户超过7 800户，带动面积达5万亩，信息社的电子商务建设拓宽了金友贡米的销路，当地农户凭着种稻过上了好生活。

实例3：电商提振"海鲜"大米潜力

广东茂名有着丰富的海产品资源，有人借此配制出鱼粉用作稻谷的有机肥料，种出农爵士"海鲜"有机大米。如果说使用鱼粉作为肥料这种创新方式使得茂名产的农爵士有机大米声名鹊起，广东天力大地生态农业惠农信息社借助信息化手段推

出电商销售，则是为农爵士有机大米打开了崭新的格局（图3-53）。

近些年，农产品在电商平台的销售日渐火热，广东省信息进村入户服务平台更新的行业电商资讯时常带给农户新的启发。与平台联系后，广东天力大地生态农业惠农信息社希望尝试将有机大米放到电商平台销售。信息社在主体官网开设产品电商销售专栏，并且将蔬菜、海鲜等产品也纳入电商销售运营，同时，平台服务商为信息社的有机大米提供电商入驻指导服务，帮助其开设了农爵士旗舰店，专营有机大米（图3-54）。近年，广东天力大地生态农业惠农信息社通过电商销售平台卖出农爵士有机大米一年的销售额可达180多万元，电商平台的销售进一步提高了农爵士特色大米的品牌效应。

图3-53　广东天力大地生态农业惠农信息社电商平台

（4）电商加速岭南名茶产业融合。茶产业作为广东省拥有千年历史的传统产业，有着深厚的文化积淀，在农业信息化背景之下依托电商的发展，岭南名茶也站在了产业创新升级的风口浪尖之上。省内不少茶叶生产企业在广东省信息进村入户服务平台的推动下成立了惠农信息社，获取入驻惠农服

图3-54　广东天力大地生态农业惠农信息社入驻天猫电商平台

务商电商平台的服务与培训指导，让岭南名茶走出去。2016年，广东茶叶在电商平台的交易额约占总交易额的15%，仅仅是淘宝（天猫）平台的销售额就约达10亿元。

①加速茶叶生产内部优化。茶叶电商销量提升，对茶叶生产中的科技含量要求更高，电商的发展有利于促进生产企业提升茶园的设施化建设水平，优化内部生产加工，让茶叶产业发展向标准化迈进，提高综合生产能力，带动农民增收。

②加速茶叶产业链外部延伸。茶叶电商销售打破了现实中的地域距离。茶叶到达消费者手中之后，消费者体验到的不仅是茶香，还有茶叶产地深厚的文化底蕴。

电商营销模式成为改变传统单一农业发展模式、加快农旅融合的信息化手段，兼顾发展经济效益、生态效益、社会效益，促进茶叶产业融合发展。

实例1：电商平台借势营销，梅州高山乌龙茶带动旅游业

梅州生态优良，山水纵横，产自梅州的高山乌龙茶很受市场认可，部分品牌产品线上销售走俏。近几年，在广东晨露茶叶惠农信息社的带动下，当地农民种植生产的高山乌龙茶通过电商平台卖出了50多吨，在广东同类茶叶产品的线上销售量中处于领先位置（图3-55）。

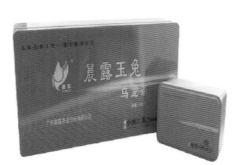

银新 晨露玉兔乌龙茶160克

本店价：	**¥300.0**
顾客评分：	★★★★★ 5.00分（已有0人评论）
产品编号：	6940667620064
品牌商家：	银新

我要买：　1　件 售价：¥300.0

加入收藏　　加入购物车

分享到：　　　　　　　　　　更多　0

图3-55　广东晨露茶叶惠农信息社电商销售高山乌龙茶

在广东省信息进村入户服务平台及当地农业部门的支持下，广东晨露茶叶惠农信息社建设了信息化应用系统，为农户提供茶叶生产数据采集、整理、分析、发布等功能，为电商销售提供数据平台支持。广东晨露茶叶惠农信息社正式成立了晨露名茶电商专卖店，及时将茶叶产品上架销售，也可通过广东省信息进村入户服务平台发布供求信息及电商销售页面，拓宽线上销售渠道。借助服务平台的电商人才培训，广东晨露茶叶惠农信息社培育了几位电商运营人才，建立起茶叶网上商城，将核心业务流程及客户数据管理从实体店渐渐延伸到网络上，使产品和服务更贴近消费者的需求，提高茶叶销量，提高农户的生产效益。借助晨露名茶电商专卖店，广东晨露茶叶惠农信息社还在线上发动消费者"参与营销"，通过生态旅游、产品DIY、网络视频直播等多种方式由消费者进行宣传反馈，联动线下电商体验馆，带动当地休闲旅游业发展。

实例2：一对兄妹的梦想：原始化种茶，信息化卖茶

始兴县车八岭是国家级自然保护区，横亘在广东始兴县和江西全南县之间，属森林生态类型自然保护区。有着丰富动植物资源的车八岭，素有"物种宝库，南岭明珠"之称。就是在这一片土地上，毕业于广东工业大学国际经济与贸易专业的始兴车八岭茶业惠农信息社的80后负责人李步超，打造出了1 600余亩的生态茶园，种

植出以"安全卫生、味道纯正、营养丰富"为特点的车八岭有机茶。

在新农人李步超的带领下，始兴车八岭茶业惠农信息社积极实施"公司+基地+茶农"的有机特色农业发展模式。为实现产销一体化，信息社积极在微电商平台出售车八岭有机茶叶；为提高惠农信息社信息员的业务水平和茶园管理能力，信息社积极与广东省信息进村入户服务平台对接，联系专家，一年培训茶农和业务能手500人次。

同时，始兴车八岭茶业惠农信息社通过广东省信息进村入户服务平台12316网站、惠农服务商《南方农村报》等宣传口径及时发布产品、企业、活动信息，宣传李步超和其妹妹回乡发展茶叶产业、打造中国最美茶园的创业故事，又与地方旅游网站携手制定自驾游路线。新颖多样的宣传手段吸引了不少社会媒体转发和关注，提升了车八岭茶叶在互联网上的品牌形象，为产品线上销售积累了大量人气（图3-56）。

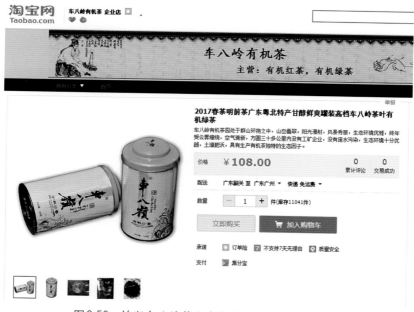

图3-56 始兴车八岭茶业惠农信息社电商销售平台

（5）电商引领特色水产品变网红。广东省沿海城市众多，有丰富的海洋资源。珠江三角洲以鳗、鲈、鳜、淡水虾、咸淡水养殖等传统名优品种的高效养殖为主，粤东、粤西以对虾、珍珠、鲍、牡蛎、甲鱼等养殖为主，粤北山区则以欧洲鳗、大鲵等一批暖水性、冷水性名优品种养殖为主，加上广东毗邻香港、澳门地区的天然地理优势，形成了一大批特色主导品种生产基地和一批集约化出口商品基地。将水产品放到电商平台上销售面临着运输、保鲜等诸多难题，省级惠农信息社通过联系广东省信息进村入户服务平台，获取冷链生产技术培训、电商运营培训等服务，让广东省特色水产品通过电商渠道游向更广阔的发展空间。

实例：信息就是金钱！金龟电商销售额破千万元大关

茂名电白沙琅镇最出名的要数"金龟"，龟鳖产业是让沙琅镇声名远扬的产业之一。茂名市润泓龟鳖惠农信息社坐落于沙琅镇，凭借着电子商务网络渠道，让沙琅镇的龟鳖走得更远。润泓龟鳖惠农信息社信息员时常关注广东省信息进村入户服务平台发布的信息。行业动态、市场行情及《每日一社》栏目里同行的养殖生产经验，都是信息员密切关注的惠农服务消息动向，并且这些动向也被信息员及时转达到农户。电商渠道也是润泓龟鳖惠农信息社开辟的崭新销售方向。依托着当地大量的龟鳖养殖数量，润泓龟鳖惠农信息社联系广东省信息进村入户服务平台，邀请中国电信、中国移动等惠农服务商开展网络宽带业务。结合信息进村入户服务平台及惠农服务商的指引，信息社开展农业技术咨询服务，开设网店培训，农户可通过平台网站了解。在信息社的牵引下，沙琅镇的龟鳖一跃成为茂名电白区农产品网上销售的拳头产品，以润泓龟鳖惠农信息社为主导的龟鳖电商销售额破千万元大关，特色龟鳖成为农产品中的"网红"。

3.2.3.2　社区电商助力消费升级

农产品电子商务的发展不仅仅满足于传统电商形式，现在的消费者更加注重消费体验，从产品品质、销售服务到售后跟进，都存在经营者之间的竞争，社区电商在信息化时代中应运而生，电商的发展把农产品搬到了线上，社区电商则是把消费者购买体验回归到了线下。

省级惠农信息社的信息员也认识到了社区电商的重要性。广东省信息进村入户服务平台通过整合各地企业、村委会等惠农信息社主体资源，并结合惠农服务商具备电商发展条件的优势，能够更好地达到聚合信息的目的，让具有地方特色的农产品真正卖出好价钱，让农民真正受惠于社区电商，消费者有更好的购物体验。

①依托原有惠农服务商资源开展社区电商。电商作为广东省信息进村入户建设的重要环节，吸纳了阿里巴巴、京东、苏宁等大型电商平台作为惠农服务商，各个省级惠农信息社与广东省信息进村入户服务平台联系后便可与惠农服务商建立联系，为惠农信息社信息员、农户开展针对性的培训指导。让农产品社区电商向消费者倾斜，让单纯的买卖交易成为品质消费、智能消费。

②形成目标消费者集群，准确提高用户体验。社区电商具有用户黏性大、群体区分明显的特点，而且社区消费者之间沟通交流较多，有较强的互动性、分享性，更容易相互信任，社区群体中的信息成为影响消费者消费决策的重要因素。省级惠农信息社建立社区电商模式后，可通过分析社区电商运营产生的消费者偏好数据、售后反馈等社区信息，更好地把握目标消费群体的需求导向，精准营销的效果更为突出，准确地提高了消费者的用户体验。

实例1：线上下单，楼下取菜，信息社惠农益民新玩法

　　韶关是广东农业大市，如何把韶关千家万户的农产品通过信息化手段与珠江三角洲消费市场对接，是专注粤北农产品生产和流通的广东雪印集团惠农信息社一直以来思考的问题。

　　千里之行始于足下，为让本地生产和外地引入的放心农产品直供到市民家中，广东雪印集团惠农信息社与韶关市供销合作社共同投资创办了"生鲜菜网"，推出"互联网＋智能化"社区农产品生鲜宅配服务（图3-57）。信息社与韶关当地十多家农产品生产基地达成合作，在粤北部分机关单位和中高端社区安装了智能服务终端系统，消费者可以通过电脑网页，智能手机APP下单购买生鲜菜网的生鲜农产品。生鲜菜网优选本地产的新鲜农副产品，直配到社区生鲜自提货智能保鲜柜，市民可线上下单，不出社区如同取快递一样可将新鲜农产品购到家，解决生鲜农产品电商配送"最后一公里"问题，保障市民群众舌尖上的安全。

图3-57　广东雪印集团惠农信息社社区电商点

　　为更好地对接产销服务，拓宽韶关特色农产品销路，对接消费市场，广东雪印集团惠农信息社与广东省信息进村入户服务平台接洽联系，通过承办广东省名特优新农产品推介活动，组织当地100多家农业企业参加推介活动，提高韶关当地特色农产品的知名度和影响力，用信息化手段引领当地名特优新农产品走出去（图3-58）。

图3-58　广东雪印集团惠农信息社承办广东省名特优新农产品推介活动

实例2：线上触电线下进社区　这颗华南名蛋一年能卖 3 000 吨

2016年3月，罗定市原始蛋鸡养殖惠农信息社负责人莫桂芬跟着几十位同行来到知名的家禽供应香港企业广州市江丰实业股份有限公司参观江村黄鸡的现代化繁育、孵化、饲养、屠宰等先进技术，这是广东省信息进村入户服务平台为提高广东省家禽类惠农信息社的现代化生产技术和生产服务效率而举办的自动化屠宰技术及运营模式学习交流活动。莫桂芬是培训活动积极地响应者和参与者，他表示这样现场教学式的培训活动总能让自己收获颇丰。

图 3-59　生江原始蛋

莫桂芬农技专业科班出身，他通过不断学习，提高了信息社和农户的蛋鸡养殖水平。罗定市原始蛋鸡养殖惠农信息社的生江原始蛋，从生产源头到出售，每个环节严格把关，是广东省著名的鸡蛋品牌，其安全、营养、美味，赢得不错的市场口碑。多年来，莫桂芬始终坚持，专心做一只健康安全的鸡蛋，让更多消费者吃到零残留的放心好鸡蛋（图3-59）。

每年罗定市原始蛋鸡养殖惠农信息社无公害鸡蛋产出量达 3 000 多吨。信息社采取了多种鸡蛋销售方式，线下渠道遍及农贸市场、社区便利店、直营体验店及大润发、好又多等大型商超；线上渠道则开通了自己的网店、微店，与京东电商等多平台合作，形成稳定的客户群（图3-60）。其中，通过三农邦品牌农产品直供直销线上线下专区，走进珠江三角洲大型社区，将来自基地的新鲜鸡蛋直供到社区门店，满足社区居民天天能吃到基地直供的品牌鲜鸡蛋。信息社通过研发不同特色的鸡蛋品种，满足不同的消费人群；还通过广东省信息进村入户服务平台与华南地区行业媒体合作，不断推广本土鸡蛋品牌的知名度，使其成为华南，乃至全国的一颗名鸡蛋。

图 3-60　罗定市原始蛋鸡养殖惠农信息社入驻京东电商平台

3.2.3.3　微电商助消费体验升级

产品少而精，自身品牌突出，服务到位，这些是微电商的显著特点。微电商的到来作为大型电商平台消费体验的补充，产品虽少但是能够及时而直接地把产品特点展现给消费者，加深消费者对产品品牌、品质的印象。在广东省信息进村入户服务平台的信息发布中，平台还会定期将惠农信息社信息员发布的产品供销需求集中发布，整合惠农信息社中的微电商资源进行集中展销，让惠农信息社之间互助互利。

①产品少而精，销售策略细分精准。惠农信息社信息员可直接对接广东省信息进村入户服务平台，获取更多的农产品供求资讯来源途径。信息员在经营微电商时，产品品种少而精，能够集中资源，确定明确的销售策略，服务好所覆盖的目标消费群体。

②附加服务细致，服务质量事半功倍。大型的电商销售平台需兼顾到各种商品、各种消费者的需求，而微电商因为服务的消费群体小而稳定，对于提高用户体验有自身的优势。在销售农产品时，其中附加的服务细化会让消费者感受到消费服务的便利和受重视程度，起到服务质量事半功倍的作用。惠农信息社信息员通过广东省信息进村入户服务平台的总交流群、地级市交流群发布产品信息，发布信息的信息员本身往往也是消费者，信息员与消费者可通过信息进村入户交流群直接对话，沟通购买需求。

在惠农信息社帮助农户卖农产品的销售渠道中，除了简单的微信群交流，信息员还建立了微信商店、信息社微信公众号进行产品宣传推广与销售，让消费者尽可能方便快捷地了解到产品特色、基地情况等内容，这些产品未达消费者手中，消费者早已对产品了如指掌，对产品更加放心，购买过程方便而高效。

实例1：微电商"胡须佬"，让线上购买有声有色

茂名信宜市镇隆镇盛产沉香，自清朝便有文献记载。从香料到各种工艺品，信宜沉香声名远扬，镇隆镇当地有一位做沉香加工的"微商网红胡须佬"，他便是信宜市镇隆镇胡须佬沉香加工惠农信息社的信息员梁雄志。据梁雄志介绍，信宜沉香声名显赫，行家仅凭眼睛一看就知道产品的品质。但是当地人品牌意识不强，往往是由客商贴牌销售。若是把信宜沉香的品牌进一步打响，信宜沉香的路子才会更宽更远（图3-61）。

作为信宜市镇隆镇胡须佬沉香加工厂惠农信息社的信息员，梁雄志时常活跃在广东省信息进村入户服务平台的交流群与网页发布上，为信宜沉香做宣传，介绍信宜沉香的特点及功效。微信电商也是梁雄志看重的宣传阵地，他开启了胡须佬沉香加工厂微商城，并在朋友圈中通过视频、图文等形式对沉香加工销售环节进行动态更新，并且常以个人形象出镜进行解说介绍，消费者不仅能看到还能听到，有声有色的宣传方式让人耳目一新。"胡须佬"的"网红"形象，还加深了消费者对信宜沉香的认识。消费者可直接通过微商城一键下单购买，新颖的产品推介方式、方便的购买方式提升了消费者的体验，让信宜沉香不再只是深处无人知晓的珍宝。

图3-61　信宜市镇隆镇胡须佬沉香加工惠农信息社微商城

实例2：微商城聚合惠农信息，成为农户增收新渠道

产自中山火炬开发区的茂生园香蕉，是珠江三角洲地区不少大超市里的抢手货。广东龙业农业惠农信息社带着当地近350户农户种香蕉、卖香蕉，让农户成功凭蕉致富。在广东省信息进村入户服务平台网页、惠农信息社的微信交流群等渠道上，常有信息社通过平台派发的手机直接发布产品供求信息，有购买意愿的消费者可以直接联系发布者，交流价格、数量等信息，平台中的交流渠道成了信息社及时获取信息的小市场（图3-62）。

各地惠农信息社汇聚成的小市场，引起了广东龙业农业惠农信息社信息员黄少梅的注意。她认为，手机端的商城能够及时知道消费者的需求，并且快速达成一致意见完成交易。在广东省信息进村入户服务平台与平台服务商的指导下，广东龙业农业惠农信息社搭建起了茂生园微商城，农户种植的香蕉、霸王花、柠檬等产品都可以放到微商城上销售，信息员可

图3-62　广东龙业农业惠农信息社微信、微商城推介茂生园香蕉

连南瑶族自治县境内以"九山半水半分田"之称，土地的稀少决定了连南要走精品农业的路线。瑶山特农惠农信息社着力将连南稻田鱼等一系列连南有机、原生态的农特产品和独具民族的瑶山文化推出市场，打造地区品牌，借助互联网和电商平台将连南的农特产品销出大山。

瑶山特农惠农信息社建立了全县首个特色农业数据库，为全县农贸电子商务的发展建立产品信息框架和溯源体制。为扩大网站的影响力，信息社利用电视、微博、微信等平台加强宣传；与薪火网、爱购网等大型网站合作；连线广东省信息进村入户服务平台，通过《每日一社》栏目等发布产品信息，通过企业文化故事树立品牌形象，扩大推广力度；在淘宝网上开设旗舰店等与多种渠道融合，起到了全面、系统宣传连南生态农业产品和生态旅游项目的作用。当前，瑶山特农惠农信息社成为将连南瑶族自治县农特产品和旅游文化推出山外的重要桥梁（图3-65）。

图3-65　瑶山特农惠农信息社

实例2："乐得鲜 我的菜篮子""双线"直连山城农民与市民

2016年4月28日，梅州市乐得鲜农业开发惠农信息社负责人来到惠州市四季绿蔬菜生产基地，参加广东省信息进村入户服务平台组织的"现代化蔬菜种植基地建设及运营模式学习交流会"。活动参观的是广东现代化蔬菜产销行业的"老大哥"惠州市四季绿农产品惠农信息社，这对乐得鲜农业开发惠农信息社来说是一次不错的学习机会，因为"乐得鲜"对于梅州地区来说就好比是一个翻版的四季绿，从产到销，品牌蔬菜由基地直达社区，"乐得鲜 我的菜篮子"品牌形象在当地已深入人心（图3-66）。

乐得鲜农业开发惠农信息社服务梅州市农业十二协会1 500余家涉农经营主体，服务覆盖1 500多亩基地，通过打造"乐得鲜精品蔬菜"，搭建O2O经营模式的"乐得鲜微商城"，聚合上千家种植户的产品，打造具有梅州特色的生鲜农产品综合销售平台，构建了乐得鲜无公害蔬菜基地、乐得鲜农产品批发中心、乐得鲜仓储配送中心、乐得鲜肉菜加工中心、乐得鲜生鲜连锁专营店和乐得鲜校园餐饮六大板块（图3-67）。乐得鲜平台经营的蔬菜实现了从田头到餐桌全程视频监控，可追溯蔬菜种植、施肥、采摘、配送、销售全过程。

图3-66　乐得鲜农业开发惠农信息社生鲜连锁专营店

图3-67　乐得鲜农业开发惠农信息社微商城

　　乐得鲜农业开发惠农信息社实现了信息化管理，通过第三方公司，设计了先进的"乐得鲜ERP信息管理系统"，客户在信息系统下订单，配送中心电脑出单。通过信息系统，实现无纸化电子台账体系，系统服务器保留两年的供应信息数据，实现供应食材的数据明细可追溯。乐得鲜农业开发惠农信息社在梅州地区建立了33间生鲜连锁专营店，并全部纳入政府农超对接的平价商店，为梅州市民提供了实惠、安全、放心的精品蔬菜。信息社建立线上下单、线下直供、全程可控的"一站购"安全餐桌直供连锁服务平台，大力拓展珠江三角洲乃至香港、澳门、台湾及全国大中城市市场，构建梅州长寿食品直供直销稳定渠道。

实例3：电商助力郁南黄皮走得更远　信息化助农品控

郁南是"中国无核黄皮之乡"，郁南黄皮果大、肉厚、多汁，酸甜适中，是中国黄皮品种中的珍品。近年，郁南县建立起了农产品电子商务产业园，用电商平台、互联网技术、农业大数据、"农眼"智能检测系统解决了农产品监管溯源问题。广东优越鲜农业科技惠农信息社是郁南县农产品销售迈入电商时代的先行者，信息社通过打造线上线下产品销售服务体系，展示郁南地区名特优新农产品（图3-68）。

图3-68　广东优越鲜农业科技惠农信息社微商城

每逢郁南黄皮丰收季，优越鲜农业科技惠农信息社的工作人员忙得不可开交，一次促销活动中，优越鲜电商平台仅4天销出黄皮500多千克，48小时之内可以让北京、成都等省外城市吃到正宗的郁南黄皮。为保证消费者体验感，先用防压网将黄皮保护起来之后放入冰袋，再放入泡沫箱，确保黄皮的保鲜和温度，这样的郁南黄皮经长途跋涉，也能保持新鲜口感。目前，信息社代理30多种本地优质农产品品牌，将郁南地区特色农产品品牌聚合打造，提升了区域农产品品牌形象（图3-69）。

图3-69　优越鲜农业科技惠农信息社电子商务产业基地

优越鲜农业科技惠农信息社借助郁南县农业大数据平台，在蔬菜基地安装"农眼"，消费者下单后随时可查看共享到电商平台的监测图像和数据。信息社在优越鲜微电商平台、广东省农村信用社的"鲜特汇"平台，持续发起山鸡众筹活动，在消费者下单认养后，能实时看到山鸡的饲养和生长情况。这是继郁南黄皮之后，优越鲜农业科技惠农信息社又一主推产品。

为从根本上实现品控，优越鲜农业科技惠农信息社通过连线广东省信息进村入户服务平台，共享资讯，并借助信息社的微电商平台和官网应时向当地农户推送与郁南无核黄皮、杏花鸡、番石榴、菜心、蜜思丝枣等本地优势特色农产品产业相关的农技知识（图3-70）。在广东省信息进村入户服务平台上还建立了优越鲜农业科技惠农信息社展示主页，全面提升惠农信息社公信力，为郁南地区农特产品宣传推广做铺垫。据估测，在电商化、品牌化的运作之下，仅郁南无核黄皮一个单品可为当地农户收入提高20%以上。

图3-70　优越鲜农业科技惠农信息社农技信息专栏

（2）云聚合，电商品牌特色产业转型升级。农产品品牌是消费者体验农产品后会铭记的、基于农产品品质的印象，农产品在电商云端聚合后，通过网络传播打造出具有鲜明特色的产品品牌，能够吸引消费者，挖掘更多的地方特色产品发展潜力。惠农信息社帮助农户思考电商农产品销售问题时，广东省信息进村入户服务平台能够结合专家、农财网、《南方农村报》等惠农服务商提供咨询服务，在立足于农产品品种资源优势的基础上，依托绿水青山、岭南文化，引申出农产品加工品、基地休闲旅游等功能，以产品品质为基础，电商销售为渠道，打造特色的农业品牌，促进地方特色农业产业转型升级，让生态环境优势、农产品品种优势转变为带动地方发展的经济优势，增加农民的收入。

实例1：聚合高州龙眼全产业链产品 实现产品"双线"热销

茂名是全球最大的龙眼生产种植基地，其中高州龙眼更是举世闻名，产品远销海内外。据考究高州种植龙眼距今已有1 000多年的历史，高州龙眼果核小、肉厚晶莹、清香甜脆、营养丰富。高州桂圆干果，果大皮薄肉厚，味道清甜纯正，甜脆爽口，属全国桂圆干果之冠。整个高州地区龙眼种植面积达32万亩，年产量12万吨，年产值7.2亿元。近年来，随着水果电商产业的发展和农产品深加工产业的成熟，高州龙眼线上线下"双线"热销，全年无淡季。

高州龙眼市场不断打开，在于高州市果农、协会、电商形成多方面抱团发展的局势。客多多乐购惠农信息社就是其中的典型。信息社通过"企业＋协会＋标准＋基地＋农户"的经营模式，培训和现场指导农户进行生产、把控品质，之后通过打造线上商城、手机商城、微商城、公众号四网合一，及线上线下完美结合的电子商务平台，即线下实体店和线上网店有机融合的一体化"双店"经营模式，全面打造高州龙眼、高州桂圆肉及蜂蜜等龙眼产业相关产品的销售平台（图3-71）。客多多乐购惠农信息社还结合高州当地特色农产品，如农家紫薯、土蜂蜜等，通过线上线下"双线"推广销售，打造高州地区农产品品牌。客多多乐购惠农信息社通过与广东省信息进村入户服务平台对接，联系惠农服务商安装了优惠宽带，提升了网速，在信息社站点开通免费Wi-Fi服务，方便周边农户到信息社对接信息化服务、手机服务等。

图3-71 客多多乐购惠农信息社商城

实例2："双线"作战，引领长寿之乡山珍走出大山！

梅州大埔县被誉为"中国长寿之乡"，这里青山绿水，能出产上好的黄花菜。黄花菜又称为金针，古称"忘忧草"，是健康养生食品。广东银新现代农业惠农信息社信息服务覆盖梅州大埔县银江镇1 000亩黄花菜生产基地、300亩芥菜生产基地，带动当地村民脱贫致富。信息社通过与广东省信息进村入户服务平台对接，报名参加"现代化素材种植基地建设及运营模式学习交流"活动，联系专家，咨询同行，提高农户黄花菜种植水平和积极推进产品触电，提高黄花菜附加值。2016年，信息社以高出市场价4～6元/千克的价格向农户收购黄花菜300多吨，农户户均增收2 647元（图3-72）。

图3-72　广东银新现代农业惠农信息社黄花菜

为保证产品品质，广东银新现代农业惠农信息社带领农户建立了"质量安全管理及可追溯和查询信息体系"，以及农产品质量检测实验室。在电商平台创建品牌直营店，实现了线上线下"双线"作战的销售模式。同时发动消费者线上线下进行"参与营销"，通过举办一些体验活动，让线上消费者亲身感受和监督生产的每一个环节（图3-73）。

图3-73　广东银新现代农业惠农信息社电商平台

　　广东银新现代农业惠农信息社通过生态旅游、产品DIY、网络视频直播等互动方式实现参与营销。在梅州设立线下电商体验馆，辅助线上销售。2016年，信息社通过电商平台共销售出黄花菜12吨，收入突破1 000万元，使黄花菜这一独具地方特色的山珍通过电商平台走出大山。

3.2.4　一、二、三产业融合现代化

　　一、二、三产业融合正成为广东农业发展后劲所在，地处粤北山区的云浮新兴县，就诞生了"中国创业板第一股"温氏股份，创造了农业发展史上的一个奇迹。广东的"温氏现象"是全国一、二、三产业融合发展的典型实例之一。广东温氏佳润食品惠农信息社和广东华农温氏畜牧股份惠农信息社均是温氏股份旗下企业。温氏以养鸡、养猪起家，而今天的温氏并不是"养猪、养鸡"那么简单，跨越式发展是其主要特色。温氏通过一产带动二产、二产带动三产，将产业链延伸至兽药生产、农牧设备制造、金融服务等配套产业链，成为一、二、三产业融合发展的模板。一、二、三产业融合发展成为带动产业发展的新方向，是乡村振兴的助推器。

　　实施休闲农业和乡村旅游精品工程，建设一批设施完备、功能多样的休闲观光园区、森林人家、特色小镇等，发展乡村共享经济、创意农业、特色文化产业，构建农村一、二、三产业融合发展体系是振兴乡村的重要举措。缩小城乡差距，关键还是在于创建农村一、二、三产业融合发展。广东省信息进村入户工作在各方面的实践与探索，就是为了让乡村像城市一样便利，城乡一体化、信息化发展，助力中国的传统农业迈向现代农业。广东省信息进村入户服务平台通过在官网平台宣传、向主流媒体推介宣传等方式，将广东省惠农信息社当中一批在一、二、三产业融合发展方面建设的好的惠农信息社作为模板，向全省惠农信息社推介好经验好方法，引领广东传统农业向一、二、三产业融合方向探索发展。

3.2.4.1　一、二、三产业融合带动产业发展新方向

　　构建一、二、三产业融合发展体系，大力开发农业多种功能，可延长产业链、提升价值链、完善利益链，让农民分享全产业链增值收益，创新带动农业产业发展新方向。构建一、二、三产业融合发展体系，打造农产品销售服务平台，健全农产品产销稳定衔接机制，大力建设具有广泛性的促进农村电子商务发展的基础，是一、二、三产业融合发展的具体表现（图3-74）。

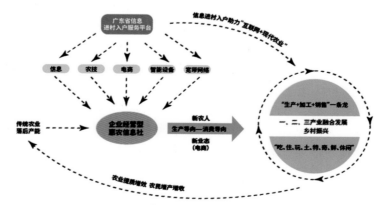

图3-74　惠农信息社创新带动一、二、三产业融合发展

①一、二、三产业融合发展振兴乡村，惠及农民。广东省信息进村入户服务平台将信息服务、农技服务、电商服务、智能化服务等能够服务于一、二、三产业融合发展的各类惠农信息推送到惠农信息社，惠及农民。一、二、三产业融合发展能提升农业现代化水平，通过全产业链融合发展，让农民共同分享到现代化成果，淘汰落后产能，推动农业转型升级，提质增效，推动城乡发展一体化，让乡村更具吸引力，让农耕文化和区域公用品牌农产品的塑造更具形象，对实现乡村振兴有现实意义。

②广东一、二、三产业融合业态初现，前景广阔。广东深受岭南文化的浸润，一、二、三产业融合可以带动乡村旅游发展、带动农产品品牌建设、带动农民素质提升、拉动城市居民的消费水平，为农民增收企业增效提速，有助于岭南农耕文化的再次崛起和被发掘出更多创意产业。一、二、三产业融合在广东部分地区已初见其形，比如"生产+加工+销售"的一条龙产业链；"吃、住、玩、土、特、奇、鲜"的休闲农业服务链；比如以"互联网+"模式，借助电商平台推广农产品，引导农民、农业从"生产导向"向"消费导向"转变的"新农人""新业态"等。珠江三角洲乡村旅游业发展兴旺，越来越多的地方特色产业融入当地的生态旅游和民宿产业中，如广州近郊的增城和从化，旅游业与农业产业基本合二为一，一、二、三产业融合发展。

③惠农信息服务为一、二、三产业融合发展奠基。要使一、二、三产业融合互动向纵深层面发展，还需要更多的新型农业经营主体，需要有农业现代化的新理念、新人才、新技术、新机制。广东省信息进村入户服务平台通过惠农益民的信息化手段，努力为新型农业经营主体营造一张信息、技术、电商、互联等现代惠农信息服务于一网的软环境。一、二、三产业融合延长了农业产业链，传统的农业生产者也将是经营者，从传统农民转变为职业农民，他们不仅要掌握农业生产知识，还要具备信息分析、生产管理、组织协调、营销推广等多方面的能力。信息进村入户工作的不断推进，是为补齐一、二、三产业融合发展道路上各项发展短板的一项重要铺垫。

实例1：线上销售线下旅游，潮州小镇借机打造"中国的青柠檬之乡"

广东潮州的韩江西岸，一直以来都是潮州人公认的"果盘子"，农民以传统种植番石榴和杨桃为主，随着番石榴和杨桃种植市场的饱和，产品价格走低，利润微薄。潮州市中志农业开发惠农信息社从台湾引入青柠檬，带领当地果农转型，种植经济价值更高的、市场稀缺的台湾青柠檬（图3-75）。相比番石榴和杨桃0.6元/千克的田头收购价，信息社向农户收购青柠檬的价格均不低于6元/千克。由此，果农纷纷跟随潮州市中志农业开发惠农信息社改种青柠檬，使得磷溪镇一带有望打造成"中国的青柠檬之乡"。

潮州市中志农业开发惠农信息社负责人曾春雄介绍，柠檬种植需要一定的专业技术。起初果农发现有柠檬落叶，像对待普通果树一样以为是缺水导致，结果水浇得越多，树死得越快。为提高果农种植柠檬的整体水平，信息社通过从广州、台湾邀请专业教授，通过与广东省信息进村入户服务平台对接，邀请专家到基地定期为果农上现场教学课和PPT（演示文稿软件）教程课，开展技术培训，全面提高了青柠檬种植水平。在信息社的积极引导下，青柠檬每亩产量达3 000～4 000千克，

图3-75　潮州市中志农业开发惠农信息社青柠檬基地

产量高，价格优，效益明显，当地不少果农转种青柠檬后走上致富路。

　　有了稳定的产量后，潮州市中志农业开发惠农信息社为青柠檬统一注册品牌"韩金果"。组建专业的电商团队，通过线上营销和品牌打造，"韩金果"靠电商平台畅销大江南北（图3-76）。在一次促销活动中，线上旗舰店一天售出3万千克柠檬，发出1万多个包裹，成为当地的新闻。目前，潮州磷溪镇急水村已有100多户村民一起种植青柠檬，周边青柠檬种植规模约有1 700亩，可为农户年增收2万～3万元，并且规模还在进一步扩大中。

图3-76　潮州市中志农业开发惠农信息社电商销售

　　为进一步提升青柠檬的产业价值，扩大品牌影响力，潮州市中志农业开发惠农信息社开发建成了集休闲、旅游、科普等于一体的中志农业生态园（图3-77）。信息社通过与广东省信息进村入户服务平台对接，借助相关媒介，实地拍摄宣传潮州的青柠檬产业和农人创业故事，使其得到更广泛的传播。信息社在广东省信息进村入户服务平台官网的信息社主页上，及时更新信息社资料，更多人由此认识和了解到

图3-77　中志农业生态园

今天的潮州还有这样一个特色产业和休闲园区。除了不遗余力地进行线上线下品牌和园区推广之外，中志农业生态园结合潮州饮食文化，推出柠檬全鸭宴、蔬菜鸡粥等特色佳肴，打造柠檬为主的特色餐饮，将青柠檬产业从种植业延伸到餐饮服务业、休闲旅游业、电子商务业，为潮州乃至粤东打造出一条全新的融合式发展的农业产业链。

实例2：信息化促进赤灵芝产业深度融合

"做农业的人都很实在，也全靠'敢'和'舍'二字，敢于作为农户中的带头人，舍得投入完善信息化建设，这样才能把农业做好。"东源县义和镇第一批种植赤灵芝的农民李海添坦言。在组织成立专业合作社后，敢于带头示范的李海添也成立了河源市顺景食用菌种植惠农信息社，开启了义和镇赤灵芝的信息化时代（图3-78）。

在种植基地内，顺景食用菌种植惠农信息社建立了专门的信息服务区，区内安设了多媒体教室、远教培训室、咨询室、公告发布栏等多种信息接收渠道，室内配备了广东省信息进村入户服务平台派发的触摸屏智能终端，以及电脑、投影等设备，信息社与平台对接专家咨询种植疑难问题后，专家可直接通过触摸屏智能终端对农户开展技术培训与指

图3-78　河源市顺景食用菌种植惠农信息社

导。信息社开通了手机短信服务，通过短信为社员和农户预报天气和上级部门的抗灾防灾预警信息，同时发布产品销售及生产情况，使得生产和销售情况更加公开透明。

顺景食用菌种植惠农信息社依托"互联网＋"等新技术、新模式，建设了购销网络服务平台，将赤灵芝产品通过电商销售，积极促进农业增产增收，降低农村生活成本，共享互联网发展红利。在信息社成立的顺景赤灵芝文化传播中心内，顺景赤灵芝的品牌宣传、功用介绍各类资料齐全，通过视频、图文等形式，信息员、农户、消费者可将赤灵芝所承载的地方特色农产品文化进行多方面的二次传播，促进了信息化与赤灵芝作为特色产业的深度融合（图3-79）。

图3-79 顺景赤灵芝文化传播中心产品文化展示

实例3：惠农！农技信息链条式传播；引流！活动与产品一站式宣传

佛山三水有一个全国唯一以"冬瓜"为主题的小镇——冬瓜小镇。以佛山市三水区金瑞康惠农信息社为主导的休闲农业园区，实现"农业＋旅游"的经营模式，发展深加工产品拓宽产业链，不断丰富冬瓜小镇的整体形象。金瑞康惠农信息社成为了冬瓜小镇的流通接口，信息社中大量的互联网信息应用手段让农户接收最新的行情动态、惠农资讯，也为冬瓜小镇带来更多元化的游客体验（图3-80）。

黑皮冬瓜是佛山三水的特色农产品，除此之外，休闲园区内还种植有特色水果玉米、富硒葡萄、辣木等作物。金瑞康惠农信息社将广东省信息进村入户服务平台派发的触摸屏智能终端放置在基地工作室，供农户及时浏览信息平台上的农业技术指导、行情动态等惠农信息。信息社同时自建了网站信息发布平台，更新农技与产品信息，与广东省信息进村入户服务平台形成信息发布链条，为农户生产作业提供多维度的指导（图3-81）。

图3-80 金瑞康可溯源三水冬瓜

园区内的特色农产品除了供游客采摘品尝，金瑞康惠农信息社还通过经营主体旗下的农副产品配送公司，在佛山市三水区百旺城、高丰、德兴等地，禅城区东海、世博、新明等地延伸建设了11家蔬菜平价超市，让市民吃

图3-81 佛山市三水区金瑞康惠农信息社信息员接受培训

到了接地气的好蔬菜。种植生产基地严格遵循产品质量追溯制度，建立完整的生产基地档案，实现产品质量可追溯。市民在购买时，通过扫描二维码即可了解产品"从出生到面世"的一系列溯源过程信息。购买金瑞康蔬菜的市民认为，这些通过信息化手段完成溯源过程的蔬菜，本身就成为了优质的保证。另外，金瑞康惠农信息社还开通了"佛山冬瓜小镇"微信公众号，发布园区最新的活动信息，市民可在公众号的商城链接中下单购买园区产品。产品信息集合溯源、网页端与手机微信端相结合的发布模式，让冬瓜小镇的特色农产品走得更远，同时，也吸引了一批慕名而来的粉丝前来体验。

3.2.4.2 农业园区创新融合发展新机制

促进一、二、三产业融合发展，农业创意产业园区是一、二、三产业融合发展的典型模式。广东旅游已经从过去的观光时代，全面进入休闲度假时代。广东省新认定中国最美休闲乡村4个及省级休闲农业与乡村旅游示范镇47个、示范点100个，向全国推介休闲农业与乡村旅游精品路线22条。近年省内各类农业创意园如雨后春笋般兴起，为一、二、三产业融合发展起到加速的作用。面对一、二、三产业融合发展的新时期，在乡村信息化基础建设方面，广东省农业应用与资源综合管理初步实现大数据综合应用，基本完成"一网、一图、一库、一平台"综合信息化管理系统建设，1 640个省级惠农信息社成为信息化助推一、二、三产业融合发展的重要载体，尤其以农业园区类惠农信息社对带动一方一、二、三产业融合发展起到示范引领作用。

①农业园区对一、二、三产业融合发展的重要意义。农业创意产业园可以转变传统农业的"低产"属性，提升农业生产的产品附加值，拓展农业的产业链条，推动新农村建设与城乡统筹。农业创意产业园对一、二、三产业融合具有典型的示范带动效应，是现代农业的抓手，也是产业聚集的载体，是乡村旅游和休闲农业发展的新模式，是实现产业融合发展的新途径。

②惠农信息社为一、二、三产业融合发展铺路建基。广东是著名的侨乡，受我国台湾农业及国外农业的先进理念影响，加上珠江三角洲城市圈，巨大的城市人口对休闲旅游体验，对农耕文化的精神追寻，都有迫切的需求。因此，农业创意园区在广东的发展起步较早，不少发展成熟的农业创意园区，每逢周末节假日成为都市人群的热门休闲放松地。农业园区承接着科普、教育、休闲、观光、旅游、农产品消费、农耕文化体验等多种功能。

广东省信息进村入户服务平台为农业园区类惠农信息社提供便捷的信息资讯服务、乡村旅游发布推广、电商服务商对接、互联网宽带优惠安装、智能终端设备免费派发等多项惠农服务，助推农业园区产业健康发展。各地农业园区型惠农信息社的经营方式和创新机制，带动和辐射周围的新型农业主体或职业农民转变思路和开阔眼界，为岭南农村一、二、三产业融合发展开疆拓路。

实例1：现代化台湾农园信息社　带动农户由一产直奔三产

　　惠州是广州和深圳两地的城市"后花园"，每逢节假日惠州是珠江三角洲一线城市市民首选的休闲旅游度假之地。亚维浓生态园（惠州）惠农信息社打造的广东亚维浓生态园位于惠州市惠阳北部的永湖镇，这里三面环山，地势开阔，四季山清水秀。园区以生态、自然为主，融合台湾民俗文化，集科研、科普和农业观光游览于一体。广东亚维浓生态园被评为国家3A级旅游景区（图3-82）。

图3-82　亚维浓生态园（惠州）惠农信息社

　　广东亚维浓生态园全园占地面积1 300多亩，由中心展示区、青少年科普教育区、高空拓展区、餐饮住宿区、婚纱摄影区、苗木花卉买卖区、现代农业示范区等七大功能区构成，综合绿地覆盖率90%。园区共布置22个专类园，有月季园、杜鹃园、金煌芒果园、棕榈园、水生植物园、蔬菜园、草莓园、科普园、展览温室、新品种展示园、珍稀苗木区、香草园、神秘果园、咖啡园、百花园、观赏南瓜长廊等。随着四季的变化，园区各类植物呈现不同景色，吸引着各地游客观光（图3-83）。

　　亚维浓生态园（惠州）惠农信息社借助园区内的新品种、新技术，发挥引领示范作用，吸引附近农户前来购买新品种，学习新的农业技术知识，将台湾现代农业思路传授给当地农户。信息社通过与广东省信息进村入户服务平台对接，将省内外的惠农资讯、农业政策信息、惠农助农活动、农技知识等通过园区平台向周边农户传递信息。亚维浓生态园（惠州）惠农信息社借助园区旺盛的游客资源，将园区农户自家晾晒的萝卜干等特色农产品放到游客服务中心销售，通过广东省信息进村入户服务平台的信息社主页展示、发布产品。利用信息社自身的旅游资源优势，带领当地农业由传统的一产辐射至二产、三产，融合发展。当地农户反映，在亚维浓生态园（惠州）惠农信息社的带动之下，很多农产品受到游客欢迎，在家门口就能卖出好价格。

图3-83　惠农信息社打造的广东亚维浓生态园

实例2：互联网对接农产品供需　平台丰富游客体验

"看一下最近草莓苗和石斛的价格。"在广东丰多采惠农信息社的办公室，信息社负责人林绥伟和农技员频频点击一台触摸屏智能终端的屏幕，查看各类农产品供应信息和新上市的农资产品情况。在广东丰多采惠农信息社内，种植技术手册、终端机、电脑、专用手机一应俱全（图3-84）。

在广东省信息进村入户服务平台上，农技百宝箱、致富经验、农情服务、农技上门、农产品线上推广、农资查询购买等资讯和服务板块一应俱全，还能通过地图查看周边惠农信息社服务站点的分布情况。农户直接通过基地的电脑或智能终端进入平台，根据推广信息购买种苗、农药、化肥等生产资料；种植中遇到难题，打开手机查询农技知识还能连线专家面对面咨询；农产品还未采收，产量、价格、品种和位置等信息已经发布在网上，提前做了销售

图3-84　丰多采惠农信息社通过广东省信息进村入户服务平台获取惠农资讯

准备。同时，广东丰多采惠农信息社利用"丰多采"的品牌优势，带动农户发展订单农业，将基地的种植品种、面积、数量等信息提前做数据记录，与大型商超建立合作关系，订单农业保证了农户的收入，有效降低了农业生产的风险。依靠基地信息化进程发展完善，广东丰多采惠农信息社也建立起观光园区，供游客采摘体验，农场主、亲子农耕等活动项目通过信息社建立的"丰多采"微信公众号，形成了广泛的传播（图3-85）。在微信公众号底部，信息社直接接入了活动报名入口，游客填写简单信息即可完成报名。消费者也可直接点击产品商城一键下单购买，享受产品配送到家的便利。

图3-85 广东丰多采惠农信息社服务基地园区

广东丰多采惠农信息社负责人林绥伟认为，惠农信息社的建成，将更高程度发挥丰多采带动农户的示范效应，基地供应的苗木信息、农产品市场需求和价格、农业技术指导，在惠农信息社的平台"一站式"发布。"我们需要哪些产品，就定一个商品标准和收购价发布，农户也可以发布供应的信息。"随着信息社的推广，农产品产销对接和技术推广都会越来越高效，同时丰富休闲园区的游客体验。

实例3：动动手指获取惠农资讯 在信息化农场食出开心

在中山南朗镇横门红树林生态保护区内的食出开心农场内，每逢节假日都迎来一批观光旅游、体验农家乐的游客。开心农场占地1 600多亩，农场内建立了多种蔬菜水果种植场、花卉观赏区，各个功能区间配备自动喷淋、水肥一体化、大棚育苗等信息化设施，中山食品进出口有限公司开心农场惠农信息社的建立让这座农场的发展有了更多的可能性（图3-86）。

图3-86 中山食品进出口有限公司开心农场惠农信息社

开心农场的蔬菜用于供应香港、澳门，部分配送至本地生鲜连锁专营店、农场会员，对蔬菜质量要求严格。由于种植作物面积较大，农户在生产作业时往往无暇兼顾各个片区之间的具体情况，尤其是突发的天气灾害容易造成巨大损失。开心农场惠农信息社将广东省信息进村入户服务平台派发的触摸屏智能终端放在基地室内，方便农户及时获取平台上的惠农资讯、农技推广信息。信息社为各个片区装上了监控及自动化系统，连接各个种植片区，可收集基地各项监测数据到信息社的数据分析系统为农户提供指导，农户到达基地也只需简单几个步骤就能完成操作。

在观光游览区，开心农场惠农信息社引进了光纤网络，覆盖整个农场片区，游客通过关注开心农场的微信公众号即可一键获得农场所有的无线Wi-Fi的密码，享受信息社提供的无线网络服务。信息社开通的"中山食出开心农场"微信公众号成为农场对外宣传的窗口，公众号上的快捷菜单可帮助游客了解农场中的旅游项目，游客可以直接在公众号中跳转至农场购票页面订票（图3-87）。公众号结合农场的作物采摘季与活动进行推介，如年近春节，农场举行"食出鲜风年货节"，用图文的形式向公众推介农场的农产品；1月，农场中的薰衣草浪漫绽放，公众号也进行宣传推介，并配上行走路线，游客即可收到农场的最新活动信息资讯。信息化发展贯穿了农场内种植生产到观光旅游的各个环节，拓展农场的农业功能，成为促进产业融合发展的支撑力量。

图3-87　开心农场惠农信息社微信公众号

3.3　实施成效

信息进村入户工程是我国推进农业供给侧改革的重大战略部署，信息进村入户推进工作成为广东省"互联网＋现代农业"发展的一大亮点。近年来，广东省充分结合自身实际情况，积极探索"政府引导、市场驱动、企业主动、服务到位、农民得益"的"广东模式"，通过在广东省内部署企业经营型惠农信息社，利用广东省信息进村入户的各项惠农服务和惠农服务商的有效对接，加快了广东省农业生产自动化、管理智能化、经营网络化、金融服务社会化等，提升了广东现代农业发展水平，推动了广东省农业全产业链的升级改造。为广东农业供给侧结构性改革和农业现代化发展培育了新动能（图3-88）。

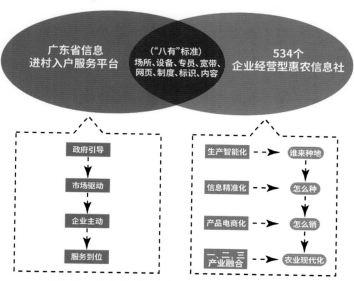

图3-88 信息进村入户推动农业产业链转型升级

3.3.1 生产智能化，岭南优势产业生产水平不断提升

大数据、人工智能在农村经济社会中的运用，可促进农业产业创新，加快农业农村经济发展质量变革、效率变革、动力变革。广东农业资源颇丰，但农户分布小而散，难以形成规模，大量的农村劳动力纷纷到珠江三角洲各地务工，农村人口老龄化严重，农村用工成本日渐攀升，想要有效解决"谁来种地"的问题，通过信息技术手段，提升农业生产智能化、自动化水平成为广东发展现代农业的关键。

近年来，通过部署企业经营型惠农信息社，通过惠农信息社与千万小农户建立联系和与现代农业发展有机衔接，广东省农业生产智能化水平大幅提升。分布各处的惠农信息社通过对接广东省信息进村入户服务平台连线惠农服务商，享受到实惠的互联网宽带安装服务，以及在生产基地安装视频监控设备服务（图3-89）。

图3-89 惠农信息社为广东现代农业发展提速

广东省惠农信息社按照有场所、有专员、有设备、有宽带、有网页、有制度、有标识、有内容的"八有"标准建设。在基础上，通过广东省信息进村入户服务平台对信息进村入户工作的不断深入推进，广东省的优势特色产业，能够利用生产智能化手段实现生产可控，质量可溯，生产智能化服务广泛运用到广东的水产业、禽畜养殖业、果蔬种植业等各个领域。广东省信息进村入户服务平台以全省惠农信息社为枢纽，通过互联网设施的软、硬件建设，引领惠农信息社带动广大农户逐步实现了农业生产可视化、农业管理自动化、农产品可溯化，从根本上确保了农产品质量安全可控，推进了广东省农业供给侧结构性改革。

3.3.2 信息精准化，对点推高农业信息的利用效率

农业农村信息精准化是改造传统农业、促进现代农业发展的客观需要。为农业生产经营活动注入新的活力，将现代信息技术应用作为农业生产经营连接市场经济体系的关键纽带，推动信息化与现代农业建设的紧密结合，实现农业产前、产中、产后的无缝结合，使农民享受现代科技进步成果，提升农业应对纷繁复杂的市场环境。通过实施信息进村入户服务工作，覆盖广东省主导产业的惠农信息社基本实现了区域信息精准化覆盖，服务农户、服务生产乃至服务农村生活。惠农信息社能够主动收集汇聚信息社成员的农业生产情况，对优势产业的专项人才培育实施精准化的培训服务，农业生产数据能够及时反馈同行业，对接省级信息监测系统，实现舆情监控，反哺生产，服务农户。

广东省是农产品消费大省，农产品供给辐射广东、香港、澳门三地。农产品的有效供给是保证一方经济、社会稳定发展的关键。广东省信息进村入户服务平台的建设，以及对接中央政策到惠农信息社开展惠农服务，需要信息的对称和信息的精准化，这样才能更好地服务农业产业，造福农民。在广东省信息进村入户工作的推进之下，各地涌现出一批优秀惠农信息社，能够用精准的农业市场信息服务引导地方产业健康发展，为鼓励这些优秀的惠农信息社进一步为农户提供精准化的农业信息服务，广东省为其派发了移动设备，提高了信息员为农服务的信心。到目前，广东省信息进村入户服务工作已经形成了"政府引导、市场驱动、企业主动、服务到位"的良好局面，信息进村入户服务让信息精准化，推高了农业信息的利用效率，为广东省"互联网＋现代农业"的深入发展打下了基础。

3.3.3 产品电商化，岭南人舌尖的幸福有保障

广东是电商消费大省。据统计，2017年，广东省的电商消费金额占全国总量的14%，位居全国第一。广东农人对农产品触电积极热情。广东的传统名鸡、各地名果，如梅州金柚、德庆贡柑、高州龙眼、惠州荔枝等农产品纷纷触电后取得不俗的成绩。企业经营型惠农信息社，就是广东农产品电商发展的先行军。岭南名鸡凭借电商平台，不仅产品热销，产业兴旺，还打出了"国鸡"的口号，如天农清远鸡和温氏黄鸡，为中国传统名鸡塑造了品牌形象（图3-90）。电商带动了区域品牌水果溢

图3-90 广东天农食品惠农信息社借电商平台将广东名鸡热销省内外

价，带动了岭南名米价值提升，加速了岭南茶产业的融合发展。

广东省信息进村入户服务平台通过电商培训、惠农服务商服务下乡、电商产品推广等多种惠农举措，服务惠农信息社农产品电商产业。当前中国农业正处于从注重数量向注重质量的转变之中，旨在减少农产品流通环节，将优质农产品有效对接消费市场。广东省信息进村入户服务工作优先发挥农产品电商，特别是企业经营型惠农信息社中电商骨干在市场引导、大数据分析方面的独特优势，不断完善惠农服务环境，推进信息社农产品产销衔接，实施信息进村入户工程和开展农民手机应用技能培训，通过为惠农信息社派发设备等办法，推动全省农产品电子商务的快速发展。

3.3.4 一、二、三产业融合现代化，广东现代农业发展后劲夯实

广东省毗邻香港、澳门，粤港澳大湾区的建设，未来也将成为推进广东农业升级转型的必然因素。广东省通过对信息进村入户服务工作的落实和推进，正在努力引导一批一、二、三产业融合发展的现代化信息社，以促进各地传统农业产业向一、二、三产业融合发展迈进。农业一、二、三产业融合的更深层意义在于，在延长农业产业链和价值链、提高经营者收入和效益的同时，将会把社会上优秀的农业人才、加工业人才、市场营销与服务型人才和资本资源有效地集中到农业产业上来，从而不断提升农业产业化经营水平和农业全产业整体发展水平，促进农业得到持续、稳定、健康发展，实现优质高效和可持续良性发展的现代农业发展目标。一、二、三产业融合可以顺势解决长期以来困扰广东省农村和农业发展的两大难题——谁来种地和如何种地的问题（图3-91）。

图3-91 瑶山特农惠农信息社将本地农特产品与生态旅游融合发展

在珠江三角洲地区的珠海、中山、惠州等地，农业基础设施完善，农业信息化能力强，这一地带现代农业园区的发展尤为兴盛，是一、二、三产业融合现代化发展培育农业经营主体的热土。广东省信息进村入户服务平台通过各类惠农服务商的惠农业务，对接全省企业经营型惠农信息社，从帮助办理互联网宽带业务、农民上网优惠套餐业务，到为信息社设立二维码身份证，建立信息社主页派发触摸屏等惠农服务举措，全力为企业经营型惠农信息社的一、二、三产业融合现代化发展道路扫清障碍，提高乡村信息化能力，为广东省城乡一体化发展、实现乡村振兴筑好基石。

第4章

青年创业篇

4.1 概述

农村创业创新作为大众创业、万众创新的重要组成部分，发挥着越来越重要的作用，已成为农业供给侧结构性改革的强大动力。党中央、国务院对此高度重视，习近平总书记在十九大报告中强调，要促进农村一、二、三产业融合发展，支持和鼓励农民就业创业，拓宽增收渠道。李克强总理强调，要健全农村"双创"促进机制，支持返乡下乡人员到农村创业创新。汪洋副总理在首届全国新农民新技术创业创新大会上，要求深入贯彻落实党的十九大精神、推动"双新双创"向更高质量更高水平发展。

近年来，广东省信息进村入户的发展，为农村创业创新注入了新的动力。围绕加强互联网与"三农"融合发展，鼓励支持返乡创业人员发展农产品销售、商贸流通等服务业，培育特色产业集群。农村电商、农产品质量溯源、农村网络金融等信息服务不断涌现，为无数农村创业者带来了新的机遇和平台，激发越来越多的农民工、中高等院校毕业生和科技人员等返乡创业。农村创业创新与"互联网+"的互推互助，让农村创业创新形成了新格局，更有利于将现代科技、生产方式和经营理念引入农业，提高农业质量效益和竞争力；更有利于发展新产业、新业态、新模式，推动农村一、二、三产业融合发展；更有利于激活各类城乡生产资源要素，促进农民就业增收。

随着广东省信息进村入户的建设，在全省范围内认定了省级青年创业型惠农信息社113个，挖掘了一批以信息服务为主的创业创新新农人（图4-1），并以点带面带动培育了一批有技术、懂经营、能服务、善管理的新型农民。农村信息服务在创业创新的重点建设和发展方面包括以下3点。

图4-1　青年信息员登录广东省信息进村入户服务平台

（1）突出重点领域。鼓励和引导返乡下乡人员围绕自身优势和特长，结合市场需求和当地资源禀赋，利用信息技术，开发农业农村信息服务内容。重点加快推进互联网、物联网、云计算、大数据等信息技术在农村生活、农业生产等方面的创新应用，让农民享受农村电子商务、线上金融服务、农业技术信息、农资农机服务等方面的信息化便捷。

（2）丰富创业创新方式。以网络化、信息化、数字化应用服务为抓手，鼓励、引导返乡下乡青年结合自身经营业务，开办惠农信息社。通过建立信息服务团队、技术服务团队，对接承办服务商惠农业务，实现惠农业务在农村的落地。通过发展农村电商平台，利用互联网思维和技术，带领农户开展网上创业。通过发展合作制、股份合作制、股份制等形式，培育产权清晰、利益共享、机制灵活的创业创新共同体。

（3）推进农村产业融合。鼓励和引导返乡下乡人员按照全产业链、全价值链的现代产业组织方式开展创业创新的信息服务，建立合理稳定的利益联结机制，推进农村一、二、三产业融合发展，让农民分享二、三产业增值收益。推进农业与休闲旅游、品牌文化等产业深度融合，提升农业价值链。引导返乡下乡人员创业创新向特色小城镇和产业园区等集中，培育产业集群和产业融合先导区。

4.2 工作实践

4.2.1 信息进村入户助力新农人创新农业

"互联网+农业"正在让越来越多的年轻人对农业产生兴趣。在传统农业出现"空心化"、从业人员"老龄化"现象的同时，新农人正在成为现代农业发展的新生力量、农业创业创新的主体人群。广东省通过推进信息进村入户工程的建设，以青年创业型惠农信息社为载体，让越来越多的新农人借助信息社的各种信息化设备，通过互联网了解最新的市场行情，掌握现代农业知识和技术，在原先的产业基础上，建立自己的农产品品牌，并借助现代科技手段"嫁接"互联网去卖农产品，通过天猫淘宝、京东、苏宁易购、微信商城等电商平台，将好产品直接送达终端消费者手中。同时，依据电商平台产品消费数据，分析消费者历史购买行为，了解消费者的需求与喜好，运用数据掌握农业生产，对消费需求进行细分，调整产品生产和销售情况，在原先农业产业的基础上，对产品现有卖点重新梳理与定位，并通过营销模式、包装及促销方法的改变，对产品进行重新打造，向市场提供更具需求性的产品，抢占更多消费人群以及提高销量（图4-2）。

图4-2 新农人获取信息的主要途径

在广东省信息进村入户服务平台的支持下，在惠农信息社的带动下，一批富有创新精神、具备互联网思维的新农人利用新媒体平台微信、微博及电商拓展渠道，用市场化思维经营农业，用数据分析市场需求，为现代农业赋予其商业的思维和现代化的互联网手段，带动了企业二次发展，实现了农业产业创新，领衔农业供给侧的农产品结构调整，让当地的农产品"走出去"，农民富起来。

4.2.1.1 新农人以信息化带动企业二次发展

"互联网+"的深入应用，为广大新农人创业创新开辟了新空间、拓展了新领域、提供了新手段，并注入了新力量。基于"互联网+"的新农人创业创新，也在原有的产业基础上，融入互联网思维与年轻人的新想法，为原先的传统产业注入了新的生命力。数据整合、信息化手段分析、农产品品牌创立、产品新定位、包装和产品开发创新及线上线下结合发展的农产品电子商务，成为新农人带动企业二次发展的重要手段之一（图4-3）。

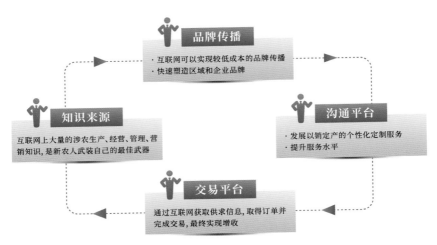

图4-3 "互联网+"带来的新应用

在广东省信息进村入户工作实践中，一批富有创新意识的信息员运用惠农信息社的信息化设备，让当地具备了互联网操作技能的村民，了解并掌握到市场营销、数据分析、网络整合营销传播等专业的商务和营销方面的知识和技能，挖掘农产品自身特点，发展农产品电商品牌，在原有的企业产品基础上，进行二次发展。广东省信息进村入户服务平台也以信息社为载体，聚合当地的优势农产品资源，在原有传统农产品基础上打造特色农产品品牌，构建线上线下互补联动的电商支撑体系，利用平台的《每日一社》等宣传手段进行推广，提高当地农产品的市场竞争力，帮助更多农民通过"互联网+"增收致富。

（1）借"互联网+"东风，新农人助力企业实现"二次腾飞"。广东省作为全国最大的农产品"互联网"消费市场，吸引着省内外众多农产品企业的目光。如何提高广东本地特色农产品竞争力，在与省外农产品企业的竞争中不落下风成为当前广东农产品生产企业最迫切的需要。新农人们利用自身既熟悉城市需求，又熟悉农村的优势，将现代农业与城市需求结合，通过计算机、互联网、移动网、大数据、云计算、人机互动等现代新技术，将网站、平台与农业的产前、产中、产后联系起来，形成以平台和网站为中心的基地+农户+合作组织+厂商+消费者的线上线下相互联动的生态圈、生态链关系。同时，通过网络数据和信息化手段准确分析产品的受众，对产品进行新定位，从消费者购买的产品数据中了解消费者的喜好，生产更多迎合消费者需求的产品，带动企业二次发展，从而占领更多的市场份额，提高企业的竞争力。

实例：老茶出新味！新农人让老品牌换发新生机

"传统农产品触电，一定要有适合渠道、适合受众的产品推出，不能因为自己是线下的老品牌，就倚'老'卖'老'，要懂得利用网络数据和信息化手段准确分析你的受众，定位你的产品。"这是广东茗皇茶业惠农信息社信息员李振声尝试电商以来的深刻感触（图4-4）。

图4-4　广东茗皇茶业惠农信息社

广东茗皇茶业惠农信息社自从组建电商团队后，开设了天猫旗舰店，使诞生于20世纪90年代的、屡获全国名优茶质量评比大赛"金奖"的茗皇乌龙茶正式进军线上平台。李振声深知，吸引老的顾客不难，但如何转向线上，打开未来消费者的市场，是传统农业品牌转型升级的大难题。想进一步提升茗皇旗舰店的销售额和知名度，找到正确的产品定位，了解消费者的需求，宣传产品的特点，吸引消费者的目光是关键。信息社带头人李振声及其电商团队，从产品理念、产品包装、品牌内涵等方面着手缔造适合线上消费者的茗皇茶新品，同时，通过对消费者所购买产品的数据汇总分析，针对线上渠道消费者的喜好，不断研发新的乌龙茶产品和花茶产品。为了更好地宣传，李振声与广东省信息进村入户服务平台对接，通过《每日一社》栏目等宣传途径，以图文加视频的方式，大力宣传刚推出的茗皇茶新品。2016年中秋节前夕，茗皇旗舰店线上商城的销售额比往年同期翻了5番，平均一天发出200～300个快递包裹。每天李振声都要带着信息社年轻的电商团队，马不停蹄地打单、售后和梳理每一个销售流程（图4-5）。

图4-5 广东茗皇茶业惠农信息社天猫旗舰店

现在，蜂蜜柠檬片、蜜桃乌龙茶、玫瑰乌龙茶是茗皇旗舰店的销售爆款。品质、优雅、小资、文艺，是茗皇茶线上新品的定位。在电商平台的带动下，茗皇乌龙茶的受众已从传统的60后、70后、80后，覆盖到了90后、00后，消费人群由珠江三角洲地区迅速覆盖到全国各地的新一代消费者。在李振声看来，线上新品的品牌定位更具年轻化，但这并不影响茗皇乌龙茶传统老品牌的定位，这些新产品、新理念的背后也需要老品牌的信誉度做支撑。为了帮助带动周边的农户一起通过电商途径实现产业转型升级、二次发展，李振声还依托信息社的信息化设备，帮助他们掌握互联网操作技能，了解市场营销、数据分析、网络整合营销传播等专业的商务和营销方面的知识，通过数据分析、信息化手段挖掘产品自身特点，满足消费者的需求，一起通过对传统产业的转型升级、二次发展，培育推广产品品牌，增强产品的市场竞争力，提高农民的收入。

（2）搭上互联网快车，新农人为传统农业插上"互联网＋翅膀"。新媒体已经成为新农人生活中密不可分的重要媒介，农业圈的圈子文化逐渐向产业外扩散。正是由于互联网的赋能，新农人具备了直接对接市场的能力，从而改变了以前农民信息能力薄弱的状况，从产业链的末端开始走向前台。以淘宝网等为代表的第三方电子商务平台和以微博、微信为代表的新媒体社交平台，都成为新农人的主要经营平台和重要互联网阵地。以线下实体店为依托，线上新媒体社交平台做推广和电商平台拓展销售渠道，线上线下相结合的营销模式成为新农人带动企业二次发展的重要方式。新农人让农产品搭上互联网快车，插上"互联网＋翅膀"，让农产品不再局限于某个区域，让产品"走出去"，打响农产品品牌，吸引更多消费者的目光，赢得更多回头客，从而占领更大的市场，取得更多的销量，让企业发展再上一个台阶。

实例：鸡蛋"上网"，新农人让鹏昌定制鸡蛋"走出去"

　　鹏昌鲜鸡蛋是广东蛋品市场认可度名列前茅的鸡蛋品牌之一，不少消费者都认准了鹏昌的牌子。过去，鹏昌鲜鸡蛋主要通过各大超市进行销售，如今，在惠州鹏昌农业科技惠农信息社的带动下，鹏昌鲜鸡蛋也开始走线上电商销售的路子（图4-6）。

图4-6　惠州鹏昌农业科技惠农信息社电商平台

　　董天平是惠州鹏昌农业科技惠农信息社的信息员。为了更好地将鹏昌鲜鸡蛋推向更多消费者，董天平从鸡蛋定制出发，将推出的蛋白细嫩、细嚼余香的初生蛋和有改善智力、提高记忆的欧米伽3（ω-3）鲜鸡蛋进行产品设计包装，在京东、一号店等电商平台进行销售，同时开通了微信公众号与微信商城，发布团购、抢购等促销优惠活动，通过精美的图文，吸引消费者的目光，激起消费者的购买欲望。同时，董天平与广东省信息进村入户服务平台对接，通过平台发布供求信息、优惠促销活动及电商销售页面，拓宽线上销售渠道，提高产品知名度。并且，针对不同品种蛋鸡的特点，使用国内品质优异的玉米、豆粕等原料，配以酵母铬降低胆固醇含量，添加维生素E增加胆固醇的抗氧化能力，使得鹏昌鲜鸡蛋中出现双黄蛋的概率为13%左右，比同行的双黄蛋比率要高一些，让顾客发现小惊喜，从而成为鹏昌鸡蛋的回头客。现在，每个月电商平台的销售额可以达到20万元，产品也渐渐吸引了省外的消费者通过电商平台进行购买。通过对消费者购买产品的数据分析，董天平也计划在继续专注于产品质量的基础上，针对不同的人群，给消费者提供多功能营养化的产品，让客户可以定制不同营养的产品，同时也通过建立溯源系统，让消费者对产品更加信赖，让省内省外的消费者都可以通过微信商城、京东、一号店等电商平台购买到鹏昌鲜鸡蛋。

4.2.1.2 信息化助力新农人开展农业创业创新

随着农村劳动力的转移，广东省的一些农村近年来出现农业"僵硬化"、农村"空心化"和农民"老龄化"问题。推动返乡下乡人员到农村开展新农村建设和推动农业现代化，是解决这个问题的重要途径之一。把现代技术、生活方式及经营理念注入农村，能有效提高农业的质量效益和农产品的竞争力。

由于返乡下乡人员创业创新的重点领域80%以上是农村产业融合项目，创业创新人员通过网络获取信息和营销推广，他们到农村创业创新，催生了农村的新业态和新模式，有效带动了农民分享二、三产业增值收益。

在大众创业、万众创新和"互联网+"等一系列举措在"三农"领域深入推进的大背景下，广东省各地掀起了一股返乡热，农村成为新农人的"新天地"，各种新的农业产业在广东农村的大地上应运而生。

实例1：创业大学生瞄准社区农业　珠海"绿手指"掘金CSA模式

图4-7　绿手指份额农园惠农信息社有机蔬菜

邹子龙，师从林毅夫学习国外发展经济学的先进经验，在美国、中国台湾学习并接触了"社区支持农业（CSA）"的先进理念。之后，他立志在珠海当地发展CSA农场，实现有机蔬菜种植，保护当地耕地，一方面以有机种植带动当地农业发展，另一方面为市民提供健康蔬菜，由此在当地建立了绿手指份额农园惠农信息社，以信息化推广有机蔬菜种植，并以电商打通有机蔬菜销路（图4-7）。

绿手指份额农园惠农信息社进一步通过信息化的手段宣传份额农园理念，扩大自己的销售市场。信息社开通了专属微博，通过视频、图文直播等方式为近5 000粉丝提供绿手指有机产品信息、市场行情信息等资讯。还通过"绿手指"和"绿手指有机料理"两个微信公众号为更多的市民和新农人提供了解信息社产品信息、有机餐厅、有机农业和CSA理念的渠道。市民可以通过线上店铺购买农产品。每天凌晨蔬菜从地里采摘之后马上进入真空预冷机进行预冷，十几分钟就能降到5℃（蔬菜的养分停止损失），然后进低温车间分装打包，第二天就能配送到珠海市民家中。

信息社开发了滴管、喷灌和人工三套独立的灌溉系统。在种瓜菜的时候要用滴灌，种叶菜的时候用喷灌，停电的时候用人工系统。广东省信息进村入户服务平台为绿手指惠农信息社派发了移动智能终端，这三套独立的系统可实现用终端控制浇水（图4-8）。

在绿手指份额农园惠农信息社的带动下，短短几年时间南桥公社、珠海自耕农、北师大几

图4-8　绿手指份额农园惠农信息社灌溉系统

亩地农场、彩虹花房、绿林农场等一批CSA社区支持农业农场先后建立并发展，"社区支持农业"的理念在珠海生根发芽，遍地开花。随着越来越多的珠海本地CSA农场建立，绿手指正在牵头筹备"珠海社区支持农业宅配合作社"，建立新型农业合作社，让农业合作社可以利用更多的信息手段和金融手段，使集约发展的效益最大化，并以此更好地推广该理念。

实例2："互联网＋"让石斛走出去，3天就破十万元大关！

铁皮石斛，是中医药滋阴补阳的极品，被称为药材界的"软黄金""药界大熊猫"，能提高人体免疫力和抵抗力，改善人体亚健康状态。因为有如此疗效，铁皮石斛也有较高的经济价值。龙门当地铁皮石斛产业的发展，从无到有，惠及了当地农户，这其中就有龙门县神草种植惠农信息社的贡献。

李小明是惠州市龙门县神草种植惠农信息社的负责人，当初从网络上看到铁皮石斛的产品介绍，得知铁皮石斛有强身健体的功效，心动之下，他专门跑到广西、浙江等种植铁皮石斛的地方参观学习，深入了解铁皮石斛的药用价值和经济价值后，分别从浙江和福建两地购进经驯化的铁皮石斛与金线莲组培苗进行种植，最后通过惠农信息社，把铁皮石斛的种植技术和咨询服务于当地村民，带领当地村民一起种植（图4-9）。

图4-9　龙门县神草种植惠农信息社通过信息化手段带动当地村民种植铁皮石斛

龙门县神草种植惠农信息社通过开通微信公众号"龙门神草"，将当地铁皮石斛以"斛金缘"为品牌，进行线上宣传推广。同时开通了微商城，消费者可以在微商城购买到"斛金缘"铁皮石斛的各种产品和精美盆栽。信息社结合铁皮石斛仿野生种植区，推出科普游园活动，并在线上推广。游客通过游园，了解树干种植、活树种植、石栽种植等方式，观察到铁皮石斛在野外的生长情况。在5月花期时，遍山的铁皮石斛花成为一道美丽风景，吸引游客逐年增多。2017年五一节假期，龙门县神草种植惠农信息社通过微信推文等网络方式，打造"石斛花开，只待君来"展览活动，吸引了1 000多名游客前来观光，同时在其电商平台还推出石斛健康套餐，五一节假期日销售额突破3万元，3天假期销售额超过10万元（图4-10）。

图4-10 龙门县神草种植惠农信息社

信息社通过信息进村入户培训交流活动了解到了新型经营模式，在"把心留住"众筹营销模式、"百区千店千里眼"渠道建设、"用数字说话"验证产品品质等3个方面实现突破，通过"健康服务"销售"健康产品"，实现产品增值，让"药界大熊猫"在龙门遍地开花。目前，信息社为铁皮石斛、金线莲种植基地提供信息服务，信息服务覆盖生产基地250多亩，带动当地农村劳动力就业300多人，同时形成了种植、加工生产、销售的一条龙模式。

4.2.1.3 新农人让家庭农场走上信息化发展道路

农产品价格提升空间有限，转移就业增收空间收窄，农民持续增收难度加大，迫切需要运用信息技术促进农村大众创业、万众创新，以及发展农业农村新经济，充分发挥"互联网+"开辟农民增收新途径的作用。以完善经营体系为目标，大力培育新型经营主体。随着一大批农村创业创新人员返乡下乡创办新型农业经营主体，广泛采用新技术、新模式和新业态，运用信息化手段，开发新产品，开拓新市场，用互联网等新一代信息技术获得信息和营销产品，开展农产品流通、休闲农业、乡村旅游，结合新技术创业，通过网络博客、微信等新媒体发展电子商务，为当地农业注入先进的发展理念，带动当地农业转型升级。家庭农场作为新型农业经营主体之一，也成为新农人们创办农业经营主体的重要选择之一，并利用自身的先进理念和互联网经验，让家庭农场走上了信息化道路。

当前，互联网大数据的应用大幅度提高了集约化程度，更集中地运用现代管理技术，集合人力、物力、财力等管理生产要素，节约投入成本，使家庭农场的经营由浪费转为节约，由缓慢转为高效。

（1）一、二、三产业融合，信息化下的家庭休闲农场成为发展方向。家庭休闲农场是当前家庭农场发展的主流方向，以当地特色大农业资源为基础，在向城市居民提供安全健康的农产品的同时，满足都市人群对品质乡村生活参与体验式的消费需求。通过不同的创意将农耕文化和农趣活动深度包装，根据不同年龄段和不同季节设计不同的农业活动和产品，开展各类生态农业科普教育活动，成为现代家庭休闲农场的发展方向。

实例：互联网时代的新农人，让家庭农场变得更具魅力

李广如，湛江绿保现代农业（向阳基地）惠农信息社的信息员，是土生土长的遂溪农家人。1996年北京邮电大学毕业后，他成为湛江电信公司下属某公司经理。可是，稳定的工作，丰厚的年薪和港城优越的工作生活环境无法阻挡怀揣农业梦的他。2006年，李广如放弃丰厚的年薪和港城优越的工作生活环境，回到遂溪，开始追逐他的农业梦想。

一开始，李广如种植400亩规模的冬瓜、甘薯和1 000亩的甘蔗，挣到100多万元，收获了创业的首次喜悦。但是2008年一场台风使他遭受300万元损失。在人生和事业进入低谷的年月，李广如分析总结失败和挫折的经验教训，发现传统农业种植受气候因素制约，效益不稳定，唯有通过信息化，发展现代农业，走品牌农业才有出路。他开始利用绿色农产品种植经营平台发展现代农业。通过参加市、县关工委农村创业青年培训班的学习，他发现现在正是发展观光休闲农业最适合的时候，便决定走"立体种养结合旅游观光"的家庭农场道路，开始积极筹措资金，建成了以观光农业、体验农业、科普农业为一体的"金龟岭休闲农场"。农场建起以后，如何通过宣传吸引大家前来游览成了大问题，而此时微信公众号等线上的互联网自媒体宣传开始兴起，直观的图片加文字吸引了众人的目光，线上线下结合的推广迅速而有效。这让李广如眼前一亮，在当地成立了湛江绿保现代农业（向阳基地）惠农信息社，与广东省信息进村入户服务平台对接，通过开设平台主页和《每日一社》栏目，进行线上宣传，同时开通了微信公众号，将农场美丽的田园风光和举办的各类活动通过直观的图片文字展示给消费者，吸引消费者前来游玩。同时，农场也积极引入各类信息化设备（农产品溯源、水肥一体化等），并提供了免费Wi-Fi服务，游客们可以实时与家人、朋友分享自己在农场游玩的照片，吸引更多的游客前来（图4-11）。

现在，每逢周末、节假日，这里都吸引了湛江、廉江等地众多的游客，他们带着家人、朋友组队到这里，体验一番农家的生活，欣赏美丽的田园风光，并现场采购农产品。周边的农户看到这么热闹的家庭农场，纷纷过来取经。李广如也依托惠农信息社，免费为周边的农户提供农技培训、信息咨询、经营帮扶等服务，同时通过租用周边农民土地，吸收周边农户在农场就业，让农民们不但从土地流转得到租金收入，还通过就业得到劳动收入（年均收入近3万元），精准帮助基地周边的20多户农民实现脱贫致富。目前，李广如依托惠农信息社，以休闲农场为龙头，以大棚

图4-11 湛江绿保现代农业（向阳基地）惠农信息社开通微信公众号宣传金龟岭家庭农场

种植基地为支撑，进入了可持续发展的快车道，成为当地现代生态农业和乡村旅游的一张亮丽的名片。

（2）拥抱互联网，电商平台助家庭农场农产品拓销路。随着我国互联网技术的不断发展以及互联网使用人数的不断增加，利用互联网进行购物的交易方式已经流行起来，网络购物所占的市场份额迅速增长，农产品电子商务的发展也如雨后春笋般纷纷涌现。农产品采用电子商务方式不仅是对传统交易方式的有益补充，还能在一定程度上为供求双方提供一个接洽、交易的平台，借助于网络的优势，信息能快速、直接、有效地在双方间传递，省去了不必要的中间环节，提高了农产品流通的效率，保证了农产品的质量，也能使供求双方获得切实的利益。正因为如此，越来越多的新农人开始尝试合作社、家庭农场与互联网对接，实现农产品从产地到终端销售的直接流通，将好产品直接送达终端消费者手中，减少了交易环节和交易成本，既拓展了销路，又提高了利润。

实例1：信息化带来新转变，新农人带着山角乐农场开辟销售新渠道

近年来农产品电商的兴起，让水果等农产品销售的格局发生了巨大的改变。农村地区的特色产品通过电商，可以销售到全国各地，一下子打开了销路。农村电商变成了农业生产者的关注热词。

山角乐农场惠农信息社的信息员赖毅婷，是一位利用农产品电商将自家农场的产品销往全国各地的新农人。大学专修市场营销的她，既熟悉互联网，又想尝试通过电商将和平县当地的特色农产品和自家山角乐农场的产品销售出去。为了发展农产品电商，她购置了电脑，开通了网络，建起了自己的电商运营办公室，成为山角乐农场惠农信息社的信息员。起初，她通过网络对接电商平台进行销售，后来发现通过微商城开展电商业务，成本投入较低，效果也不错，于是赖毅婷为山角乐农场建立了微信公众号，并创立了农场的品牌"山角乐"，以微商打造品牌，以品牌发展微商。为了保证商城的货源，赖毅婷通过信息社对接了周边的种养大户，将他们好的产品也一起通过微商城销售。为了更好地宣传推广，山角乐农场惠农信息社通过与广东省信息进村入户服务平台对接，由平台进行《每日一社》专题报道，并对接媒体进行推广，同时为农场拍摄制作全景图，消费者可

图4-12 信息员操作快递电子打单系统

以清晰了解农场全貌。通过线上推广，为微商城带来了不少客户，电商下单量也越来越多。为了提高效率，信息社引进了打单系统，连接上信息社的电脑自动录入单号信息，直接打印出快递单，大大提高了发单速度（图4-12）。

在惠农信息社的运营下，微商城上销售的猕猴桃、青州红蜜李、百香果等水果基本上一年四季供不应求，而百香果、猕猴桃全部通过回头客订购和微电商平台售出，而且有客户还直接到当地农场购买水果，这让赖毅婷有了下一个发展目标，要把自家的山角乐农场建成一个休闲的种植基地，让生活在大都市的人们喜爱上这里，更多地来青州休闲度假、旅游（图4-13）。

图4-13 山角乐农场惠农信息社全景图

实例2：牵手互联网，信息社让家庭农场的柚子飞到千家万户中

杨雄是梅州庐泉溪家庭农场惠农信息社的信息员，信息社位于梅州市梅县松口镇，当地优良的自然环境种出的柚子果大皮薄、多汁柔软、口感清甜。可是每到柚子丰收的时期，杨雄和周边的农户却开心不起来。地处山区的他们，柚子要送到外面需要一大笔物流费，收购商也不是很愿意跑到山里面收购他们的柚子。柚子大丰收，可是卖不出去成了杨雄和当地农户心头的一块大石。

为了把自家农场和周边的农户所种的柚子卖出去，杨雄决定尝试电商这一方式，开通了微店，打算借助电商平台，让生产端与消费端直接对接，缩短农产品产品流通环节，降低农产品的流通成本。为了更好地把当地的农产品推广出去，杨雄通过信息社与广东省信息进村入户服务平台对接，利用《每日一社》栏目在线上将当地的优质农产品推广出去，让更多的人了解并购买到当地物美价廉的农产品。同时，杨雄也通过信息社获得了平台惠农服务商提供的惠农服务，成为中国移动在当地的代理点，为村民提供一系列的手机充值和宽带办理优惠服务。通过参与平台与惠农服务商京东推出的惠农活动，成为京东的电商推广员。信息社

还作为当地物流的服务点，村民只需将自家的农产品送到信息社，杨雄便会帮忙写好物流信息，通知快递员过来收取。依托信息社，村民的农产品有了稳定的电商销售点，实现了农产品产地直销，同时省去了中间不必要的交易环节，提高了村民的收入（图4-14）。

图4-14　广东省信息进村入户平台《每日一社》为惠农信息社宣传

现在，在每年蜜柚上市和沙田柚上市的时候，庐泉溪家庭农场惠农信息社成为当地最繁忙的地方。当地喝山泉水长大的柚子深受消费者的喜爱，而杨雄也对柚子的外形进行了创新，推出了元宝柚，金黄中透着碧绿，元宝的外形，深受大家的喜爱。接收订单、联系物流、搬运柚子，杨雄每天都忙得不亦乐乎，销售渠道的拓展，销路的畅通，信息化让更多的人了解和购买到当地物美价廉的柚子，杨雄也计划通过电商将当地更多更好的农产品推广出去，让电商这把火越烧越旺（图4-15）。

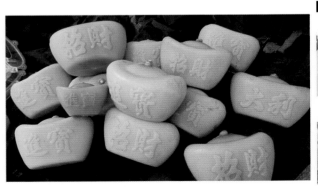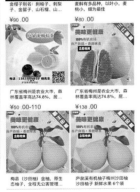

图4-15　庐泉溪家庭农场惠农信息社电商平台

4.2.2　信息进村入户助力新农人创新农业服务

"互联网+"的深入应用，为广大新农人创业创新拓展新领域，提供新手段。广东省创业创新的新农人基于"互联网+"的大背景，探索新的农业服务模式，为农业信息化服务增添新动能，注入新力量，进一步促进一、二、三产业加速融合，带动农业发展方式转变，加速农业现代化进程。

在互联网和信息化成为主流的大背景下，新农人在整个农业产业链的各个环节推动着"三农"触网，比如农资销售、土地流转、农业生产、农产品销售等。他们为传统农业转型升级迈向现代化注入了新的能量，成为农村建设和农业发展的新一波推动者和引领者。结合广东省信息进村入户实践契机，广东省创业创新的新农人接触到更多的信息量、更宽的视野、更强的商品意识，并在科学生产、现代流通、创新市场等方面，以惠农信息社为载体，践行创新的农业服务。通过"互联网+农业"深度融合，开拓各种新的农产品电商模式，提供农资农技信息化服务，融合一、二、三产业开展农业生产，不仅培育大量新型职业农民，有效解决农业劳动力老龄化速度加快的问题，还强化了品牌和标准，推动了农业供给侧结构性改革。

4.2.2.1　新农人以电商创新农产品销售

近年来，随着互联网的飞速发展，城市消费观念及农民销售观念的转变，使农产品电子商务得到了施展的舞台。通过农产品电子商务建设，实现农产品从产地向超市、企业甚至消费者的直接对接，跳过了收购、批发等环节，大大降低了农产品的销售成本。同时依托互联网的信息快速传递，让农民及消费者可同一时间了解农产品供求信息、价格情况等。农产品电子商务为农产品销售开拓了一条新的渠道，带来了新的商机。

在广东省信息进村入户建设实践中，农产品电商是一项重要的建设内容，"一批产品触电商"作为广东省进村入户十大试点任务，明确了"撮合电商平台与经营主体对接，形成农产品进城、生活消费品和农业生产资料下乡双向互动流通格局"的任务目标。在新农人创业创新和电商不断发展的大背景下，一批具有电商运营技术的青年回到家乡，打造电商平台，让本地特色农产品实现"触电"外销。

（1）京东特色馆，用互联网思维改变传统业态。京东（中国）特色馆是借助京东电商平台，通过有运营能力的企业，进行资源整合，展示和推销特色产品的橱窗。在广东省信息进村入户工程的建设中，以京东信宜馆为主体的惠农信息社通过资源汇聚，整合了当地周边地区几十个品类的特色农产品，以产品销售为抓手，努力提升本地企业产品升级换代，用互联网思维改变传统业态。

实例：青年创平台，信息社助力农副产品搭上"时代快车"

在茂名，信宜市一村一品惠农信息社依托广东省信息进村入户惠农服务商京东商城，创办信宜电商特色馆，开展农村电商信息服务。通过电商特色馆的发展，将极具信宜地方特色，但产业分散的特色农副产品实现平台聚合，并通过平台的地区特色品牌化打造、产品质量安全把控、网络交易诚信担保等功能，以电子商务形式拓展销量（图4-16）。

图4-16　京东生鲜信宜馆

说到信宜市一村一品惠农信息社带动当地特色农产品发展，就要提到信息社带头人凌增瑞。凌增瑞在广东省开展信息进村入户建设和信宜市政府邀请青年返乡创业的大背景下，辞去一线城市的工作，回到"电子商务荒芜，生机无限"的家乡信宜。作为信宜市一村一品惠农信息社负责人，为信宜市农产品电子商务"开荒"。

在大力推动当地农产品电商发展下，2017年上半年以来，信宜市一村一品惠农信息社依托京东信宜特色馆，卖出各类信宜市特色农产品3万千克，其中，百香果的收购价从2016年的1.5元/千克，猛增到今年的4～4.5元/千克，且频频出现缺货和抢货的现象。与此同时，信宜市百香果的种植面积从2014年的5 000亩激增到2017年的上万亩。信宜农产品电商的兴起，使百香果迅速发展成为信宜市一大招牌农产品，从前几年的滞销转向了脱销（图4-17）。

图4-17　信宜市一村一品惠农信息社

通过对信宜本地大型农产品生产企业、特色产业和产品分布进行全面了解，凌增瑞制成信宜市主要农产品产地分布图，通过政府牵线搭桥，很快与当地12个企业、13个农产品生产大户建立联系，签订购销合同，开展特色农产品网上销售。短短半年时间，信息社为返乡创业的大学生电商团队提供信息共享和技能培训，培育出一支20多人的电商队伍。团队建立了农产品质量安全溯源信息数据库，还开通了一村一品网站、微商城、天猫店铺、线下体验店等销售网络渠道,通过"互联网＋企业＋农户"的平台,消除中间商差价,提高购销单位的信任度,帮助农民实现农产品产销对接,转变农业发展方式。

(2)"互联网＋"莞荔全程冷链物流模式,从树尖到舌尖只需24小时。借助近年着力打造的鲜果田间冷链直发模式,莞荔建立起高效保质的产品体系。围绕主要产区,东莞建设规范的田头荔枝包装间,荔枝果农从荔枝接单开始,采摘、精化分拣、包装、冷链物流发货零缝隙对接,将莞荔在24小时内送到全国各地消费者手中。结合电商、物流及微商平台,完善上游供应链和互联网分销平台,更多优质的莞荔进入全国消费者的口中,进一步完善了莞荔冷链物流,让新鲜的莞荔走得更快更远。

实例:打造田间冷链直发新模式,菜虫网成生鲜行业电商领航者

洪鹏是东莞菜虫网惠农信息社负责人。作为最早接触互联网技术的一批人,在通过信息社服务当地农户的过程中,他发现生鲜农产品电商是还未开发的宝地,于是投身到生鲜农产品电商建设中,建设了电商平台菜虫网。菜虫网惠农信息社主要打造农产品领域的垂直电商平台,主张原产地直供,为各大水果农户及商家提供在线电子商务销售,并负责终端用户的推广及在线购物等功能(图4-18)。

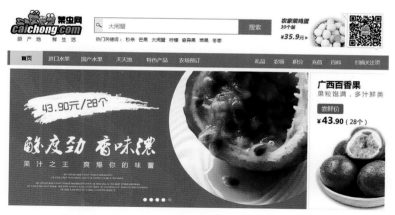

图4-18 菜虫网惠农信息社建设的菜虫网电商平台

菜虫网惠农信息社联合东莞市当地荔枝农户,对接淘宝网,在全国率先举办了"东莞,给荔中国"大型荔枝主题活动。活动得到全国消费者的热烈响应,日均订单超过7 000箱,订单多数来自北京、上海、武汉及江苏、浙江等地,高峰时期日售10 000多箱荔枝,大约25吨,相当于一天卖光一个果场产量。通过"东莞,给荔中国"活动,莞荔借助互联网平台,实现"生产基地—网络—消费"的对接,通过团购、网购、线上拍卖、网络报名采摘等形式推动莞荔品牌走向更广阔的市场,让莞荔这一原本的本土化地理产品变成全国性的公众化特色产品(图4-19)。

菜虫网惠农信息社通过电商服务,为当地果农简化了交易流通环节,降低了交

图4-19 菜虫网惠农信息社移动端电商平台

易成本，减少了交易风险，开拓了更多的销售渠道，实现了增收。同时也为果农提供电子商务的专业化培训与指导服务，让果农了解并掌握农产品电子商务的相关知识及运作。2016年，结合"东莞，给荔中国"活动，信息社为当地农户建设冷库提供资金支持，实现了荔枝采摘后直接进入冷库保鲜，进一步提升了荔枝产品的新鲜度。

（3）自建平台，重塑团队关系实现再次创业。"互联网+农产品销售"逐渐成为农产品销售的工具和时尚，以市场导向引领生产供给，借助"互联网+"，建设电商平台，推进农产品电商发展，以市场需求倒逼生产环节增品种、提品质、树品牌。但电商发展除了需要稳定的产业支撑，还要有专业的团队运营，开展电子商务应用培训及创业辅导，培育返乡创业青年、农村青年等农村电子商务创业带头人成为农村电商发展的重要环节。

实例：开辟电商渠道，河源农产品实现"卖得好"

　　河源有着"客家古邑，万绿河源"的美称。在好山好水的资源优势下，河源孕育了不胜枚举的优质农产品，当地农民搭上了信息化的快车。示范应用物联网、多方位发布惠农信息、发展电子商务、建立产品溯源系统等信息化建设举措，让河源市优质农产品有质有量，走出大山，成为了山水河源的名片。

　　邱俊武，是一位致力于为实现家乡农产品"卖得好"的青年创业者。作为河源好友味惠农信息社的负责人，他带领信息社为河源市本地的农产品企业、合作社和家庭农场，提供线上推广、农产品电商等信息服务。因为河源本地的农产品种植比较分散，不集中，规模普遍比较小，邱俊武希望依托惠农信息社一系列的举措，树立产品品牌，快速帮助这些农业企业的产品进行推广，通过媒体的力量，增加产品的曝光度，让更多的人知道，引起大家的关注。同时整合河源各个县区特色农产品，汇聚优质农产品资源，信息社积极探索电子商务渠道，建立了微信公众号和微店"好友味商城"，还培养了一个高效的微商团队。微信团队可以在信息社的自创空间进行创业，对接信息社整合的农产品资源，在丰富的互联网经验和技术的基础上进行农产品品牌营销策划推广，帮助把农产品企业、合作社和农户的产品卖出去，解决合作社和农户的销售难问题（图4-20）。

　　信息社负责人邱俊武介绍，信息社有电商平台，有技术支持，也有传媒服务。通过对接广东省信息进村入户服务平台，获得了为河源各类农业种养经营主体进行品牌打造、平台建设、行情咨询等信息化服务。因信息社所在地社区居民比较集中，通过微信、QQ和微博等信息化的手段，利用微商团队帮助农户、合作社或者企业把农产品卖出去，解决了销售难的问题。在建设微商团队以后，一些生鲜水果，通过线上销售很快就售罄。2017年当地合作社种植的几百千克火龙果，通过微商团队和好友味商城线上销售，两小时多就全部卖出（图4-21）。

图4-20 河源好友味惠农信息社负责人邱俊武

邱俊武希望通过自己的努力与信息社对当地农特产品资源的整合和提供的信息化服务，丰富自己的推广渠道，将更多高质量的农产品，以线上线下的途径帮助企业和农户，树立农产品品牌，带动其他农户与企业合作，推广营销河源的特色农产品，形成良好的口碑，做成更大的市场。

图4-21 河源好友味惠农信息社好有味商城电商平台

（4）整合资源，自建电商平台促农产品销售。随着"互联网+"走进农村，农产品的销售渠道也由线下走到线上。自建电商平台在抗政策风险能力、竞争强度、客户忠诚度、自我成长、资源积累方面有着明显的优势。自建电商平台有助于品牌的建立，特别适合年轻的新生代农民创业创新，不仅能高溢价卖出农产品，还可玩转乡村旅游、产品订制等花样。农民触"网"频繁，收入增加，农产品的产销也顺畅不少。

实例：下海经商创立淘惠州，汇集惠州特色产品触电上网

惠州是广东的主要产粮区，是南粤四大名果——荔枝、香蕉、柑橙、菠萝的主要产区之一。惠州境内物资丰富，农业发展迅速，培育了龙门大米、镇隆荔枝、福田菜心、观音阁花生等一批响当当的特色产品。随着生鲜电商的发展，凭借着如此多的优质特产，惠州吸引了一批当地青年返乡做起了电商，而在其中，就有广东金

图4-22　广东金巢电子商务惠农信息社负责人骆小亮

巢电子商务惠农信息社负责人骆小亮的身影。

为了改变过去惠州电商建设中各自为营，缺少一个大的电商平台实现品牌汇聚的情况，骆小亮带领信息社将惠州当地优质的农产品汇聚到一起，建立了"淘惠州"电商平台，将惠州市的特色农产品集中起来通过电商销售，并根据实际情况实行不同的合作模式（图4-22）。

信息社建立的淘惠州电商平台与农户的合作模式分两种，对于大型的生产企业或者基地，电商平台统一为他们开账号，让企业直接安排发货。对于一些小型的农户，骆小亮让年轻人帮忙管理，做推广、销售、发货。这样一来，大型的生产企业有足够的人力去做包装、发货等工作，节约了不少成本，小农户也同样能用到平台的资源。当地农户种植的红心甘薯通过上线淘惠州，短短一周时间就销售2 500千克，大大增加了农民的收入（图4-23）。

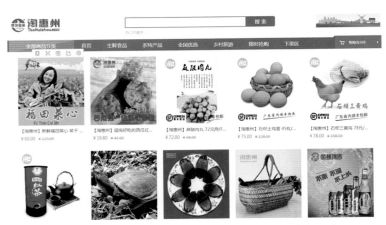

图4-23　广东金巢电子商务惠农信息社淘惠州电商平台

通过与广东省信息进村入户服务平台对接，信息社更是得到了农业技术、市场资讯等方面的信息资源，并通过平台配置的智能服务终端宣传惠州特色农产品以及为当地农户提供农业信息服务。

（5）O2O模式实现生鲜产销"零公里"。把线上的消费者带到现实的商店中去，在线支付购买线下的商品和服务再到线下去享受服务。随着网购的普及，O2O模式开始兴起，生鲜行业也进行了新模式的尝试。通过建立物流配送团队和专业冷库，以保证生鲜产品能在最短的时间内到达消费者的手中。这种模式至少节省了中间环节，大大降低了生产和销售成本，让消费者用较低的价格享受到安全和高品质的生鲜农产品。这种网络与传统农业的结合，打破了地域和时间的束缚，拓展出更大的市场空间，一定程度上突破了生鲜农产品销售不畅造成的行业发展瓶颈。

实例："尚鲜乐购"带领农户走电商发展之路

随着电商的发展，不少商家试水生鲜肉菜配送服务，在粤东地区，有这样一位青年，看准这一市场发展趋势，投身做O2O电商。他就是尚鲜乐购惠农信息社负责人朱庆炎。

作为汕头澄海莲上镇的一位普通青年农民，朱庆炎探索以菜园到餐桌的蔬菜直销模式带动当地农业发展，以尚鲜乐购惠农信息社为落脚，向农户提供农业技术信息服务及生产标准，农户根据标准生产出高品质的蔬菜，并在信息社的对接下，从田头直接销售到各农贸市场、餐饮店等。该模式得到当地很多农户的响应，短短几年时间就有

图4-24 尚鲜乐购惠农信息社负责人朱庆炎

200多户农户加入，每年带动蔬菜产量超1 500吨（图4-24）。

为进一步拓展销路，朱庆炎大胆地将发展放在了电商建设上，带领尚鲜乐购惠农信息社建立并运营尚鲜乐购菜篮子商城。尚鲜乐购商城基于移动平台打造，也方便了年轻人用手机下单。商城主打"净菜"这一理念，与农户严格约定采摘时间和产品规格确保产品质量，并由设立在菜市场的加工配送中心包装配送，大大缩短了产品由田间到工厂再到消费者之间的距离。手机下单，配送到家门口，方便了许多消费者买菜。尚鲜乐购结合O2O模式，建设线下直销店，还在社区建立智能自提柜。消费者不方便在家收货的，可以到直营店或自提柜自提，大大方便了消费者。尚鲜乐购的发展，也给当地农户带来了实实在在的好处，商城的收购价格比市场平均价格高10%，让全体社员的蔬菜种植实现了订单化、标准化（图4-25）。

图4-25 尚鲜乐购惠农信息社线下直销店

如今，尚鲜乐购惠农信息社通过与广东省信息进村入户服务平台对接，面向农户开展信息服务，将最新的市场价格、农业技术、惠农活动、放心农资活动等涉农资讯服务于当地农户，带动农户更好地发展农业。

4.2.2.2 新农人以信息技术创新农业服务

农资产品和农业新技术是农业生产中的关键一环。农药、肥料、种子、兽药、饲料及饲料添加剂等（下称农资）是农业生产的重要物质资料，直接关系农产品质量安全和人民群众身体健康。国家对农资产品的药物残留限制标准不断更新，如何让农民了解到最新的药物标准和让农民购买到最新的优质农资产品成为农业农村信息化的重要内容之一。

当前，农资市场的竞争日趋激烈，如何了解到村民的农资购买需求，让农民使用到更高效更安全的农资产品，解决信息不对称的问题成为当前农资店在发展过程中最迫切需要解决的难题。而拥有互联网思维的新农人，运用信息化手段成为解决这一问题的重要途径。在互联网时代，信息化背景下可以通过对产品售卖的数据汇总，分析客户的需求，并对产品及服务进行更加清晰的定位，为客户提供更适合的产品、更适合的营销活动和更适合的消费体验。新农人思维活跃、视野开阔，具有兼容并蓄的开放心态，使他们勇于将其他行业的经营理念、管理方式、技术手段、商业模式灵活运用到农业领域。

广东省信息进村入户服务平台把"推动一批农资全程管"作为青年创业型惠农信息社工作中的重要内容，推广互联网农资服务。农民通过网上询价下单，线下服务站取货。惠农信息社配套提供优质种子种苗及各类农资产品购买、咨询服务，推动农资购销全程溯源。将传统的"一买一卖"的流通服务向为农民提供综合性社会化服务转变，利用互联网为农民提供农资供应、农机作业、统防统治等服务，不断推动信息社与信息员创新农业信息采集方式，了解村民之所需，结合大数据、云平台等前沿技术以及本地区农业实际需求，建立电子台账记录系统，分析农民购买农资的品类，为农民提供精准的信息服务。

（1）信息化助力农资店转型升级。当下是一个变革的时代，农资行业所面临的市场、社会环境与以往有很大不同。而变革意味着资源重新整合，原有的经营范围会被打破，强者越来越强，弱者越来越弱。在这样的局势下，农资店如何顺应变革，寻找新的发展机遇成为值得深入思考的问题。互联网时代，信息化手段为解决当前变革下农资店所面临的问题提供了一个行之有效的办法。整合资源，利用大数据汇集农民的供求信息，满足农民的需要，在提供优质农资产品的同时，分享相关行业信息与技术指导成为农资店信息化发展的一个重要方向。

实例：信息化助力农资店转型升级，蓬江村民足不出户享受农资农技服务

李丽娟是江门丰农农资惠农信息社的信息员，服务着蓬江区、鹤山、沙坪等地近400户农户，为当地种植陈皮柑、蔬菜等农作物的农户提供农资购买与农技指导等服务。这家当地小小的惠农信息社是如何通过信息技术不断提升农业服务水平呢？

在互联网时代，信息化的方式可以通过对产品售卖的数据汇总，分析客户的需求，并对产品及服务进行更加清晰的定位，为客户提供更适合的产品、更适合的营销活动和更适合的消费体验，这让李丽娟看到了机会。引入信息化手段事不宜迟，由信息社引入并运营用于零售业的收银分析系统，且部署在农资店，以线上线下相结合的方式提升服务水平。通过系统的建设，只需要输入药品名称关键词就能看到商品信息，方便收账。同时通过 POS 机实现刷卡支付、扫码支付等功能，也方便了农户支付。通过收银分析系统对销售情况的数据进行分析，了解客户购买农资的需求及变化，推算农户种植的品种，并建立微信群针对性地开展农技服务。同时也对农资店的货物摆放进行调整，将需求大的产品摆在显眼位置（图4-26）。

图4-26 江门丰农农资惠农信息社

为了更好地为农户提供技术指导，李丽娟每天都会打开广东省信息进村入户服务平台网站，通过平台涉农资讯查询功能，实时了解各类种养技术，并把资讯通过微信群推送给农户分享。通过参加平台的专家大讲坛惠农活动，把农户反映的问题，在线上对接专家给予技术性的指导与建议（图4-27）。在信息社的运作下，农户买完农资后还能得到技术指导，大大增加了农户的体验，到店购买农资的农户越来越多。现在，作为丰农农资惠农信息社的信息员，李丽娟每天都要一早来到信息社，通过电脑查看农资店昨天的销售情况，分析村民的需求。信息化让丰农农资购销部实现了从等客户上门到创造客户的转变，从农资售卖到农资农技服务相结合的转变。

图4-27 信息员通过微信给农户推送涉农资讯

（2）"互联网+农技推广"，更快更好更省时。过去购买农资产品需要前往店里挑选，而在购买后在使用上有疑问，需要农民或技术员亲自前往，面对面地指导与咨询，来回跑费时费力，而现在，只需要在线上对产品进行了解挑选，通过视频了解产品在田间种植或使用的效果，不用上门到店就能了解技术和产品，既节省了农户的时间，又更加快速地解决种植上的问题，更快速地购买到所需的农资产品。而在购买后有什么疑问，也可以通过手机线上咨询，获得更好的售后服务。

实例：种业服务也上网，足不出村即可了解新品种

图4-28　珠海农富惠农信息社

张元忠自果林专业毕业后，开始从事西瓜种植。得益于其专业技术，对西瓜的种植栽培、管理、嫁接技术等都十分在行，种出的西瓜品质好，产量大。当地农户十分羡慕，常常来讨教其种植技术。抱着与农户共同致富的信念，作为珠海农富惠农信息社负责人，张元忠无偿地指导当地农户种植，并为当地农户提供种苗、种植技术等一系列信息服务（图4-28）。

张元忠业务能力好，惠农信息社运作好，业务也越来越大，如何做好技术信息服务，他瞄准了互联网建设。如果把种植技术及示范种植效果通过互联网传播到农户手里，农户不用上门到店就能了解技术和产品，既节省了农户的时间，又更加快速地解决种植上的问题。于是张元忠通过珠海农富惠农信息社开展一系列的信息化建设，建立并运营珠海农富官网，通过建立技术专栏，把主要的技术信息都发布到网上与农户共享。通过田间示范专栏，还把优质品种的田间示范情况实时上传到网上。农户通过手机，就可以看到各品种在田间的种植效果。同时在官网上开通了线上咨询渠道。农户可通过手机，线上咨询品种情况、病虫害防治等，获得更好的售后服务。以线上网站为载体，让信息社与农户之间的联系越来越紧密，也为农户带来了更好的售后服务体验。为了提升信息服务，农富惠农信息社与广东省信息进村入户服务平台对接，获得了更多的农技资讯并提供给农户。

4.2.2.3　新农人以"互联网+"催生农业新业态

互联网时代的到来，给一、二、三产业融合发展带了新的机遇和挑战。过去，农业生产、农产品加工、农产品市场消费与服务，这农业的三大产业中，后两者一直是现代农业发展中的两块短板，制约着农业增值增效。而因为产品结构单一、未形成产业链等导致农产品滞销困局等时有发生，如何开发农产品精深加工、提高产品附加值、拓展产业链成为破解"增产不增收"的重要途径。

新农人运用自身的互联网思维经营农业，打破时间、空间的限制，建立农产品品牌，充分利用移动互联网、大数据、云计算、物联网等新一代信息技术，与农业跨界融合，调节农业种植结构并有效解决农业生产中的技术服务问题。新农人也依托互联网，实现农产品质量安全追溯，让消费者通过扫码即可了解该产品产前、产中、产后的全链条信息，增强消费者对农产品的质量安全信心，并通过自媒体等平台，以公众号线上做宣传，线下举办活动吸引人气，线上线下相结合，在吸引人气的同时对自己的产品进行宣传推广扩大品牌影响力，使农业"工业化""市场化"，不断拉长农业产业链，提高经营者的收入和效益。

近年来，广东省坚持以推进农业供给侧结构性改革为主线，优化农业产业体系、生产体系、经营体系，着力构建优质高效、绿色安全农业供给体系，不断培育壮大新产业新业态，推动农村一、二、三产业融合发展。广东省信息进村入户服务平台也坚持以惠农信息社为依托，推动信息社聚合当地资源，培育当地村民互联网思维，运用信息化设备，将当地的土特产品通过官方网站、企业微博、微信公众平台等线上渠道推广开来，以农业主导特色产业为基础，积极发展"农业+旅游产业"的休闲观光农业、"农业+文化产业"的文化创意农业、"农业+健康产业"的绿色养生农业、"农业+互联网"的智慧电商农业、"农业+循环经济"的生态循环农业等多种新型农业业态，提高农业增值效益。

实例："互联网+大米"龙门姑娘闯出新天地

在做农业之前，惠州市惠兴生态农业科技惠农信息社的负责人李慧文曾经在平陵中学做了9年老师。作为土生土长的龙门县平陵人，她从小生活在农村，吃着龙门大米长大，与龙门水稻有一种难以割舍的情感。"我想把龙门大米卖出去，让更多的人吃到龙门好吃的米。"对于龙门大米的天然品质，李慧文有着充分自信（图4-29）。

谈到大米，传统的销售模式是批发，然而，随着农产品电商的兴起，李慧文也将目光投向了网络。在当今知识经济化的时代，如何让传统的农业模式与高大上的互联网对接？如何利用大数据更好地服务于如今的农业行业？这是李慧文一直在思考的问题。她想先在电商平台上试试，看看效果怎么样。于是，李慧文将合作社的产品推上电子商务发展平台，在拉手网成功试水，月销量达1 700多包。团购活动的试水成功，让李慧文及其团队有了更大的信心。去年"双十一"期间，李慧文针对互联网的销售模式推出了"一米爱"产品，一袋只有520克，目标人群为互联网消费的主流军80后、90后。相比于传统批发的5千克重的大米而言，这部分群体对重量的需求没有那么大。而这个重量，更适用于线上销售。为了进一步提高信息化水平，

图4-29　惠兴生态农业科技惠农信息社

并带动周边农户把产品推上电子商务平台，李慧文通过信息社与广东省信息进村入户服务平台对接，将产品图片展示在信息社主页。消费者只需要扫描信息社主页二维码便可以清晰明了地查看产品信息。同时也逐步扩大电商范围，在惠州集送网、淘宝、京东等线上平台销售，并开通了微信公众号与微商城，消费者只需要在微商城上选择产品下单，便可以享受到大米送货上门服务。为了进一步取得消费者的信任，李慧文也在为产品精心设计的包装袋上印上了粮油溯源二维码，消费者用手机扫描二维码后，便可以对产品进行全程追溯，了解产品在种植、生产过程中的详细信息。

　　"触电"带来的效益不仅是赚钱和开拓销路，李慧文同时希望能用自家的产品将绿色种植理念传播出去。她有一个想法：希望通过自然农法种植和绿色天然的品牌理念结合，将远离稻田生活的都市人带回田野乡间，细心品味每一颗稻谷的成长过程以及一同感受丰收的喜悦。经过一年多的准备，信息社依托当地农田和选取优质水稻品种，以"互联网＋"模式打造了"一米爱"水稻原生态种植众筹基地，通过网络平台发动众筹，邀请参与者们亲身体验龙门农耕文化。参与众筹的客户可以带上爱人、小孩体验自然农法种植，同时现场还邀请农业专家亲自讲解水稻的相关知识，寓教于乐，让孩子在游玩中学到课本中学不到的自然科学。而参与者在体验农田播种后，还可以实时了解水稻的生长过程。信息社通过微信、QQ等实时播报，让参与者及时了解稻谷的生长情况；也建立了微信群，发布相关信息和活动通知，为参与者提供一个交流平台（图4-30）。

　　如今，信息社电商销量稳步上升，还有很多回头客。未来，李慧文希望举办更多的活动，让远离稻田生活的都市人可以亲身体验龙门的农耕文化，并让龙门大米能够走出龙门、走出惠州、走出广东，得到越来越多人的认可。

图4-30 惠兴生态农业科技惠农信息社微信公众号

4.2.3 信息进村入户助力新农人创新便民服务

过去，村民因为当地的信息基础设施建设滞后、金融基础设施不完善，一些日常生活业务的办理需要前往镇上，路远时间久，费时费力。部分乡村地区年轻人多外出打工，村中主要为中老年人与留守儿童，对新兴事物的接受感比较弱，电子商务发展缓慢。而现在对"三农"事业充满情怀、富有理想、敢于创新的新农人把他们的互联网理念糅合到自身从事或新创立的行业中，用自己的理念去"改造"它，让农业农村遇上信息化，利用信息化手段，实现原本需要前往乡镇办理点办理的业务在线上即可办理。手机固话充值、日常生活缴费，登录系统一键完成；金融贷款业务，线上资料交齐，快速审核资金到账；农产品外销、日用品网购，电商推广员上门下单、亲自送货。新农人依托互联网，让当地的村民不出村便可享受到便捷的生活服务和网上购物服务，无需再耗费太多的时间与精力于路上。同时还能将当地的农产品通过线上的途径销售出去，拓展销路，增加农民收入。

广东省信息进村入户服务平台依据广东省农业厅颁布的《广东省信息进村入户试点工作方案（2015年）》的通知要求，积极支持大学生、农村青年投身现代农业，重点引导新农人在农业生产、农产品电商、农资购销、物流配送、金融保险、培训体验等"三农"社会化服务领域，通过创新实现创业。同时，积极推进移动网、电信网、广电网在农村地区的融合，多渠道推动Wi-Fi、4G等网络资源进村入户，缩小城乡互联网差距。信息社依托自身所配备及广东省信息进村入户服务平台派发的信息化设备，为当地的村民提供手机充值、生活缴费、信息查询等日常生活服务，并提供网上购物指导，利用淘宝、京东、苏宁易购等电商平台和微信、微博等新媒体平台优化营销活动，将当地农民生产的特色农产品通过线上渠道推广出去，让更多的人了解购买当地的优质特色农产品。通过信息社的带动，以点带面，让不同年龄段的人群都能切身感受到信息化给他们带来的方便快捷。

4.2.3.1　新农人引领农村通信服务发展

对农村地区的中老年用户而言，线上途径的话费充值目前还比较陌生，支付宝、微信等需要绑定银行卡才具备资金充值，而频繁发生的充值诈骗又让这些用户对这一类的充值有着不同程度的不信任，他们更为信任线下的实体店现场充值。当充值有优惠活动时，他们可以更直观地通过线下实体店展示的海报或口口相传了解而直接在实体店进行话费充值。

相比城镇人口的集中性，农村人口比较分散，特别是部分地区年轻人大部分外出打工，村中主要为老年人和留守儿童，运营商营业厅难以深入每个村镇，村民办理业务需要前往县镇的营业厅，很不方便。对此，广东省信息进村入户服务平台与惠农服务商中国移动对接，推出惠农活动，惠农信息社通过平台登录信息社账号，点击活动报名参与，可为当地村民提供移动流量充值、家庭宽带开通等优惠业务，满足当地村民的日常通信需求，并依托惠农信息社，推动村民了解使用手机、电脑等信息化设备，提高当地的信息化水平，让宽带移动通信覆盖更多的农村人群。

实例：一站式服务，信息化让信息社成为村民信赖的便民服务站

白渡镇是梅州梅县区著名的"金柚之乡"，当地出产的沙田柚和蜜柚，口感清香酸甜，营养价值较高，一直以来受到消费者的追捧。坐落在白渡镇的嵩灵惠农信息社为当地的村民提供着农资购买和沙田柚、蜜柚销售等服务。村民们经常通过信息社咨询购买最新的农资产品和了解农产品的价格信息。钟周亮是白渡镇嵩灵惠农信息社的负责人，每到柚子丰收的时候，信息社里总是站满了村民，和钟周亮讨论着当天柚子的销路和价格（图4-31）。

图4-31　信息员为村民提供线上便民业务

图4-32　嵩灵惠农信息社

在与村民中的交流中，钟周亮发现，他们很多时候需要支取现金或转账，缴纳话费、水电费时需要前往镇里办理，很不方便。而恰好当地邮政推出"邮乐购"，他也将邮政"邮乐购"的业务引入信息社，开始为当地村民提供代缴电费、手机充值、小额提款等便民服务（图4-32）。

现在村民想要手机或固话充值，只需要前往信息社，提供自己的手机号或电话号码，便可办理。同时信息社还提供了助农取款、银行转账、电费代缴等便民服务。村民只需要带着自己的银行卡和身份证，在信息员处登记姓名、身份证和取款信息，便可通过信息社的助农取款机进行小额取款和银行转账等。结合购销站的寄收快递服务，信息社将当地柚子的销售信息发布到网上，通过线上渠道拓展销路。同时与广东省信息进村入户服务平台对接，利用《每日一社》等栏目推广当地的蜜柚、沙田柚等农产品，并通过微信群和朋友圈转发，将销售信息分享给广州、深圳等地的朋友，利用线上的图文宣传吸引大家注意与购买。

"一部手机、一台助农取款机、一个登记簿、一台电脑"，钟周亮利用信息化设备，让嵩灵惠农信息社成为当地村民信赖的多功能服务点，大大方便了当地村民。

4.2.3.2　新农人引领农村金融服务发展

在发展农村经济过程中，农村金融服务是农村经济的核心。但相对而言，农村金融基础设施没有城市那么完善，农村中小金融机构数量不足，影响了农村金融服务供给。除中小金融机构发展不足外，农村地区投资环境、信用环境、公共基础服务设施等尚不完善，政策性担保机制不健全，也制约了金融资源向农村有效配置。部分行政村和自然村，没有银行营业网点，村民要办理业务，必须去镇上或者县城。而随着互联网时代的到来，一些金融贷款或转账汇款等金融业务，都可以通过电脑或移动端设备登录网站或使用软件在线上进行办理，与以往相比更加方便、快捷、安全。

按照广东省农业厅颁布的《广东省信息进村入户试点工作方案（2015年）》的要求，广东省信息进村入户服务平台依托惠农信息社，进一步针对农村特点，加大对移动互联网等科技创新的应用，健全惠农支付体系，改善农村支付环境。平台以惠农信息社作为农业金融服务办理及推广中心，探索供应链、产业链等P2P金融服务。信息社使用社内的设备，为周边的村民提供小额存取款、转账汇款，网上代购代售，水、电、手机费代缴等便民服务，同时，针对处于偏远地区，家庭人员结构以青年人外出打工、中老年人留守为主，文化程度偏低的农户，信息员也积极上门宣传，让农户充分了解非现金支付方式的高效与便捷，让广大农村地区的村民不出村便能享受到一站式便民金融服务。

（1）村民足不出村便可享受一站式金融便民服务。随着土地流转改革推进和新型农业经营主体增加，更多的农村金融服务需求涌现，加快并提升农村金融服务建设刻不容缓。广东省信息进村入户的建设，通过信息化手段，结合惠农信息社服务设备及人员的优势，实现将转账、缴费、小额提现等部分农村金融服务在信息社的落地，让村民足不出村即可享受金融信息服务，为村民生产生活带来便利。

实例：小信息社成为"服务总站"，村民不出村便可享受一站式金融便民服务

位于梅州市南口镇瑶上圩镇的园运惠农信息社，是当地集农村邮政服务、瑶上村电子商务服务的"服务总站"，为当地村民的生活带来了极大的便利（图4-33）。

图4-33　园运惠农信息社

张梅利在当地农村经营商店已有8年，在与当地村民交流中，她发现村民经常反映自己在急需现金时需要跑到镇上的银行，而且如果要寄取件，以及水电费等生活缴费都需要跑到镇上办理，路远时间久，很不方便。如何为村民提供更好的服务，张梅利将目标瞄准了信息化，成为了园运惠农信息社的负责人，希望利用信息化为当地村民带来更多便利。

园运惠农信息社在广东省信息进村入户服务平台的帮助下，对接银联支付、农村邮政等的相关业务，为村民提供寄件、取件、千元以下小额提现、代缴电费、话费充值等便民服务。村民如果想取2 000元以下的现金，只需要带着银行卡，在信息社的转账电话上一刷，输入银行卡密码，交易成功就可以拿到同等金额的现金，之后在取款登记簿上签字确认就可以了。以往需要跑到镇上办理的寄件取件、花费充值等业务，如今在园运惠农信息社便可完成，随着村里道路的施工完善，收发快递的效率也大有提高。村民如果想办理更多业务，还可以通过信息社的电脑，登录广东省信息进村入户服务平台，点击生活和生产服务栏目，在线上办理。现在，园运惠农信息社化身村里的信息港，成为当地村民信赖的生活服务站。

（2）线上小额金融贷款，解决返乡创业者创业初期资金不足难题。长期以来农户因种养水平落后、农业经营风险高、履约意识相对较差等主客观原因，较难取得银行的信贷支持。农村返乡创业者在创业时总会遇到资金不足的问题，而去银行贷款由于要经过详细的调研、材料提交及层层审批，传统线下贷款业务一个流程走下来，拿到贷款最快也得一周，长则十余天，流程多，时间久，需要各种抵押担保和财产评估，一般村民的财产难以达到银行的贷款要求而贷款不成功，而且利息相对比较高，让村民望而却步。

对此，广东省信息进村入户服务平台联合平台惠农服务商阿里巴巴，依托由农村淘宝店成立的惠农信息社，使用蚂蚁金服旗下网商银行面向村民的互联网小额贷款产品"旺农贷"，为村民提供小额金融贷款，帮助村民解决资金周转和提供创业资金。目前，农村淘宝店为村民申请的信用贷款分为种养业、涉农生产企业两种。种养业贷款分为3个月、6个月、9个月、12个月，涉农企业贷款分为12个月、24个月，村民可采取每月还息等多种方式。而信用贷款利息要根据申请户的信用等级和贷款时间长短而定，申请信用贷款的村民要有良好的征信记录，要有土地、房屋或门店的相关资产证明等。

实例：线上申请快速安全，信息社让村民借贷款足不出村

三枫村，位于梅州市兴宁市永和镇。因为距离镇、市中心较远，平时村民要买东西，需要雇车前往镇、市中心，而想从网上购买产品，快递只送到镇上的快递物流点，村民需要自己前往，很不方便。当地丰富的农副产品，也因为交通的不便，运输成本提高而一直无法提高销量。三枫村淘宝惠农信息社的信息员王巧红对此深有体会，在回乡做农村电商之前，王巧红是大城市的白领，收入稳定。每次从深圳回家过年，看到家乡电商发展缓慢，村民购买日用品等不方便，快递物流又没办法送到村里，这让她有了回家乡发展电商的想法。于是，王巧红毅然选择辞职，利用自身在外的工作经验，成为三枫村淘宝惠农信息社的负责人，落地农村淘宝业务，面向村民开展农村电商服务。

因为三枫村距离城镇远，加上村民大多是中老年人，并且大多数村民家中未安装无线网络，所以大家对上网购物这一新兴事物抱着怀疑的态度。于是，王巧红开放了三枫村淘宝惠农信息社，让村民到信息社通过电脑体验电商购物。信息社还安装无线路由设备，村民可以在信息社内用手机上网购物（图4-34）。

图4-34 三枫村淘宝惠农信息社

同时，为了帮助当地丰富的农产品通过线上渠道推广，拓展销路，王巧红在线上开了网店，搭建了线上平台帮助当地村民推广销售农产品。在看到经过电商的推广，产品销量大涨后，有些村民想扩大规模，却发现自己手头资金不足，如果贷款还需要前往镇上的银行，而且手续繁多。王巧红了解到这一情况后，将"旺农贷"

这一款安全的互联网小额贷款产品推介给了村民。村民只需要到信息社，由王巧红对借款人的还款能力进行评估，通过在线上提交申请，申贷时村民提供身份信息以及相应的土地、房屋或者门店的资产证明，最后经由银行进行审核并线上签订合同，贷款便会打至借款村民指定的银行卡。而这一过程平均3~5天就可完成，贷款额度可达50万元，缓解了短期内资金无法周转的问题，让村民可以扩大自己的规模，提高产品产量（图4-35）。

图4-35　信息社"旺农贷"农资专区

现在，从肥皂、洗洁精等日用品，到铲车、收割机等大型农具，越来越多的三枫村村民通过电商购买商品，通过信息社的小额贷款缓解短期资金无法周转的难题，村民种植的"山货"也搭上了电商快车向城市流通，信息化让三枫村的村民不出村便可申请到快速安全的贷款，享受到方便快捷的网上购物。

（3）银联设备下乡，信息社让村民享受更便捷的金融服务。为了满足村民在金融取款、银行转账等金融方面的需求，使村民足不出村就能支取基础养老金等小额资金，节省往返乡镇或县城银行网点取钱的时间和交通费用，广东省信息进村入户服务平台联合惠农服务商银联，推出银联设备下乡的惠农活动，为通过审核的信息社提供全民付自助终端机和POS机，为村民提供水电费缴费、手机充值、助农取款、跨行转账等服务，村民也可以持所有借记卡实现就近缴费，无需为缴纳公用事业费用长途奔波，省时、省力、省心。

实例：对接广东省信息进村入户服务平台获POS机，信息社让瑶燕村村民享受到田头刷卡服务

刘智大学毕业后先后在华为、UT斯达康等知名通信企业任职。但在外勤恩工作的他终究放心不下老家父母，决定回乡。凭借自己多年来从事IT工作的经验，回乡后成了瑶燕村惠农信息社的带头人。刘智起先以"互联网＋"的思维模式，以资源汇集共享、带动产业发展的理念，在当地引进了一批自动化的大米加工设备，为当地稻农加工大米，带动当地大米生产、加工发展。

得益于信息社的服务，当地水稻种植产业不断壮大，下乡收购水稻也越来越频繁，这时候刘智发现，下乡收稻时交易的金额量不断变大，用现金来支付很不方便，村民如果想要刷卡，也需要到信息社的台式POS机刷，转账则需要前往几千米远的镇上银行营业点办理。

为了更好地给村民提供服务，刘智经广东省信息进村入户服务平台了解到平台推出的银联POS机下乡服务，其中的移动POS机设备，能提供田头刷卡支付功能。刘智赶紧以瑶燕村惠农信息社的名义报名参与活动。最后经服务商广州银联支付的审核，为信息社免费提供了银联易POS和全民付自助终端机各一台，从此信息社为村民提供了田头刷卡支付服务，极大地方便了村民。银联提供的自助终端机还拥有水电费缴费、手机充值、助农取款、跨行转账等服务，村民可以持所有借记卡实现就近缴费，无需为缴纳公用事业费用长途奔波。村民也可以在信息社通过触摸屏设备对接广东省信息进村入户服务平台，获取最新的农业信息和充值业务自助办理。信息社提供的免费Wi-Fi网络，也让村民在使用自身的手机设备办理业务时能获取最快速便捷的线上服务。现在，瑶燕村惠农信息社以大米加工服务，成为当地便民的综合服务站（图4-36）。

图4-36 瑶燕村惠农信息社信息员

4.2.3.3 新农人引领农村电商服务发展

从工业品下乡，到农产品进城；从卖产品，到优结构；从手机下单，到网购服务……随着农村与互联网和商业文明连接，电商这趟"高速列车"正给乡村生活发展带来巨变。随着中小城镇信息高速公路建设的加强，中小城镇和农村的宽带频率和接入带宽的提高，网络质量的提升，使互联网普及和应用变得更为容易，这为农村电商带来了巨大的发展空间。

多年来，农产品销售一度困扰着广大农村的产业发展，其中固然存在交通不便、企业规模小等原因，但更多还是销售渠道不畅、销售市场狭小等因素制约。在当今移动互联网时代，发展农村电子商务，依托各种电商平台，把本区域的特色农副产品外销，有力地带动了当地农副产品的生产和销售。而依托农村淘宝店、京东服务站等推出的乡村推广员，凭借对于当地市场需求的了解，洞悉本地的乡土社会格局，能成功地拉近农村电商与农村居民之间的距离，更为大力推进农村消费者享受到"多、快、好、省"的优质线上购物体验、在促进城乡消费公平方面发挥着巨大的积极作用。

（1）代买代卖，农村淘宝店让村民享受与城里人一样的网购生活。新农人们依托农村淘宝店成立的惠农信息社，是广东省1 640个惠农信息社的重要组成部分，它们为当地的村民提供了便捷的网购服务。以往想要购买一件喜欢的衣服，需要前往村里或镇里的购物商城进行挑选，东西不多选择较少。现在只需要在自己的手机上登录淘宝网挑选，或去当地的农村淘宝惠农信息社，把在手机或信息社电脑显示屏上看中的东西告诉信息员，信息员会帮助村民下单，并且提供送货上门服务，让村民享受到城里人的生活品质。同时，信息社还具备"代卖"功能，通过信息员对接所驻村的村民，可以打通农产品的上行通道，帮助村民通过电商渠道销售农产品，实现"网货下乡"和"农产品进城"的双向流通功能，让村民足不出村就能买到更好更便宜的用品，同时还能把村民家里的农产品卖到全世界。

实例1：一天网上消费3 000元，淘宝小店让城西村民和城里人一样享受网购

惠州市龙门县境内73%以上的面积为山地和丘陵，龙门县共有9个农村淘宝惠农信息社，这些村淘服务网点对于龙门县一些交通不太便利、留守老人较多的村庄来说，是享受便捷生活的重要渠道。吴润胜是惠州市龙门县农村淘宝城西惠农信息社的信息员，依托信息社，吴润胜每天都要帮村里年纪比较大的村民在网上挑选日常用品以及一些农资产品，因为村庄相对比较偏僻，快递通常送不到村里来，吴润胜每天都要到县城的快递点，帮忙拿取本村的快递和寄送村民的快递，村民只要在服务站填好快递单，吴润胜便会在每天早上将快递送往县城的快递集中点，把快递送出去。

如果要通过网上购买商品，村民只需要说明网购需求，吴润胜便会打开信息社的电脑或手机，与村民一起挑选，由他代为村民下单，当产品快递运抵信息社，他就会电话通知村民来信息社确认收货，如果满意就可以确认付款，不满意也可以直接把商品交给信息社，由信息社退货即可。为了照顾村里行走不便的老人，吴润胜也会不定时拜访他们，询问是否需要购买日用品或农资产品，亲自送货上门。信息社的LED（发光二板管）电子显示屏也会将最新的淘宝优惠信息发布出来，方便村民了解最新的网购优惠信息。信息社的一部手机、一根网线、一台电脑让龙门县龙城街道城西村的村民们体验了城里人一般的便捷生活。吴润胜认为自己做的事情虽然很小，但对方便村民生活很有用（图4-37）。

现在，信息社每天帮村民购买农资产品和日用品达3 000元以上，在2016年的

"双十一"，一天的销售额达到5万多元。村民只需要带上现金，就可以到信息社让信息员帮他们上网买东西。无论是洗衣液、洗发水等日用品或化肥等农资产品，信息社就是村民们"云上"的杂货铺。

图4-37 龙门县农村淘宝城西惠农信息社信息员帮助农户线上购买日用品

实例2：一天1000个包裹，千年小镇的小商店通过信息化将当地土特产推向全国

近几年，农村电子商务的发展使农产品有更多的渠道销售出去，村民购物也有更多的选择，解决了商品配送"最后一公里"的难题。茂名信宜八坊六姊妹商店惠农信息社就是这样一个村级电商综合服务点，通过帮村民或合作社代买代销安排物流配送对接经营淘宝及微店等形式，为农产品打开销路，也为村民购物、收发快递提供便利服务（图4-38）。

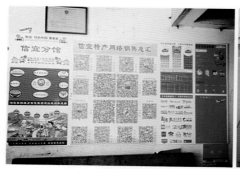

图4-38 八坊六姊妹商店惠农信息社

梁金兰是八坊六姊妹商店惠农信息社的信息员，为了更好地推广当地的农产品，信息社专门设置了一个板块，用来展示当地农产品的联系二维码，想购买和了解的消费者只需拿出手机扫一扫，便可了解并购买到所需要的农产品。同时，信息社也开通了淘宝店和微店以及其他第三方线上网络销售平台，让当地的信宜怀乡鸡、盈富初生蛋、大成面等热销特产乘上了电商快车。与广东省信息进村入户服务平台对接，将当地的农特产品通过《每日一社》栏目进行宣传推广，让更多的人了解并购买。信息社还成立了快递服务点，与快递公司对接订单，帮村民收寄快递，形成了村里快递运输的中转站。为满足村民的不同需求，信息社从开始只与韵达快递合作，到现在与多家快递公司进行对接，村民想选哪个就选哪个。遇到荔枝旺销季，商店

曾遇到一天需要发1 000多包裹的情况。业务量大的时候，快递公司也会帮忙分担处理订单进行电子登记。

农产品代买代销，并结合电商渠道，联系物流运输，八坊六姊妹商店惠农信息社利用信息化的方式为更多的本地农产品和外地商品走进来、走出去铺好了路，让镇隆这座千年古城的生活一下子热闹起来。

（2）推广惠农好产品，乡村电商推广员助力电商进村。为了进一步帮助村民建立网购习惯，享受到便捷的线上购物，解决物流无法送抵、售后服务不易的问题，广东省信息进村入户服务平台与平台惠农服务商京东合作，推出京东乡村推广员招募活动，让熟悉当地情况、认可京东品牌的惠农信息社的信息员凭借其对当地市场需求的了解、本地乡土社会格局的洞悉，肩负起帮助当地村民建立网购习惯、享受与城市居民同等优质产品和服务等电商红利的任务，让有丰富网购经验的新农人们加入乡村电商推广员大军中，拉近京东等电商平台与村民之间的距离，为大力推进农村消费者享受京东等电商平台"多、快、好、省"的全流程优质购物体验，以及在促进城乡消费公平方面发挥巨大的积极作用。

实例：电商下乡，信息社让农村电商走进千家万户

谢宇航是宇航茶花园惠农信息社的负责人，信息社所在地比较偏远，当地村民实体店购物很不方便，店中一般价高款式少，经常需要到多个店面去看产品，比较之后再定买哪个，而且送货时间还长。而村民想通过网上订购新产品时，又因为当地消费者居住比较分散，订单密度比较小，很多物流公司没有提供物流送货的服务，村民得开车前往镇上的物流点去取货，很不方便。当地的村民也因为这个问题而对电商很不感冒，部分年纪较大的村民甚至对电商不信任。通过成立宇航茶花园惠农信息社，谢宇航带领信息社让当地的村民逐渐改变了这一想法，让村民们也享受到与城市居民一样便捷的送货上门和售后服务。

通过与广东省信息进村入户服务平台对接，谢宇航报名参与了京东推广员活动，在经过筛选后成功成为一名京东推广员，肩负起帮助村民建立网购习惯，享受与城市居民同等优质产品和服务等电商福利的任务。在节假日，利用信息社的设备宣传京东商城的各类促销信息，跟村民耐心讲解各类活动细节，回答村民疑问，并了解村民们的主要需求，有针对性地推广产品，且作为物流点，协助处理退换货等售后服务，为更多的村民享受到便捷网购提供服务。同时，对于部分家中没有Wi-Fi等宽带网络服务的村民，信息社提供电脑和免费Wi-Fi，供村民体验快速便捷的网上购物。现在，谢宇航不光能自己通过电商推广员这个工作挣钱，还能给村民们省钱，让大家用更低的价格买到正品，享受优质的服务。同时，现在村里年轻人大多外出打工，家里留守老人多，谢宇航通过上门向老年人推广网上购物，而在产品送到物流点时，也亲自送货上门，免去了他们跑路受累，让村民们享受到了和城市居民一样便捷的送货上门和售后服务。

4.2.3.4 新农人引领农村消费服务发展

相比一二线城市的零售业市场，乡镇农村市场的需求正在逐渐被放大，随着"互联网+"的推进，电商企业也开始入局。农村网购市场规模不断扩大，将成为零售电商市场新的增长点。乡镇农村电商的快速发展，也需要更专业的人来加强业务能力建设与运营能力提升。

广东省信息进村入户服务平台与苏宁易购、京东等大型电商平台合作，根据服务商提供的惠农业务，通过新闻资讯栏目进行宣传推广，将有需求的惠农信息社与苏宁易购等平台服务商对接（图4-39）。依托信息社的场地和设备，改变以往的销售模式，以信息化的手段，引导一批新农人发展一站式便民消费服务网点，培养乡镇农村地区消费者的网购习惯，让乡镇农村地区的消费者可以更直观地感受最新的家电产品，并能以更优惠的价格和更方便快捷的方式购买各类产品。

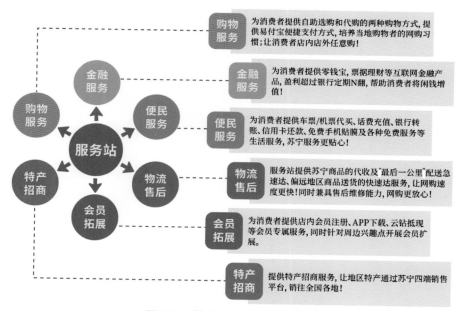

图4-39 苏宁易购服务站六大功能

实例：引领县镇市场消费新升级，信息社实现居民日用品一站购齐

苏宁易购桥头服务惠农信息社位于东莞市辖区桥头镇，董小华作为桥头服务惠农信息社的信息员，对家电零售业线下经营的不易和当地居民的消费需求深有体会。之前，董小华经营着一家家电营业店，可是因为自身店面和仓库库存的问题，店中展示的品牌和品类有限，资金周转慢，有新产品时也无法立刻进货更新店中的品类。从线上进货，却因为小店比较偏僻，物流快递的成本比较高，导致产品价格上涨而无法被消费者接受。

桥头服务惠农信息社通过与广东省信息进村入户服务平台对接，与苏宁易购签约成为苏宁易购农村服务站，让周边居民享受到了更方便的购买体验。桥头服务惠农信息社的商品以二维码出样为主，为消费者提供自选、代购服务，培养消费者的网购习惯。海量的商品在商店的电视机里虚拟出样，每30秒刷新一次页面，同时还摆放少量实物商品供当地居民体验试用。除销售商品外，信息社还同时具备品牌推广、购物消费、金融理财、物流售后、便民服务、招商等六大功能。其中，仅便民一项功能就涵盖十大服务，包括为当地居民提供免费贴膜、免费充电、免费雨伞租借、免费热饭、免费网购培训、免费电脑装机杀毒、免费Wi-Fi、话费充值、代购车票机票、旅游酒店预订等服务。居民在信息社购买的产品遇到问题时只需要打个电话说明产品问题，董小华会根据产品的情况通知苏宁易购的工作人员，安排服务人员上门提供解决办法。同时，信息社也成为当地的物流快递点，周边的居民想要上网购物，可以来到信息社，信息员会指导大家如何上网购物，当快递抵达信息社时，信息员会电话或手机短信通知前来领取（图4-40）。

图4-40　桥头服务惠农信息社

现在，桥头服务惠农信息社无需库存备货，而且品类众多，商品齐全，物流极速送达，并有专业的售后服务，产品品质有保障。同时因为是苏宁易购的线下直营店，省去了以往的物流费，产品的价格降低了，给当地村民带来了更多的优惠，还能更直观地了解与购买到比之前更多的产品，受到了村民的热烈欢迎。成为省级惠农信息社后，服务站不再单单是家用电器商品店，还成为当地村民的信息服务站，也让物流"最后一公里"不再是难题，让村民更好地享受到了网购的方便快捷。

4.3　实施成效

乡村要振兴，产业是支撑，农村产业兴旺的重要促进力量来源于不断壮大的新型经营主体队伍和新农民群体，乡村振兴靠的是把农业作为职业，怀揣改变农村愿望的一大批创业创新的新农人。在互联网时代，新农人正享受和应用它带来的种种好处和便利，革新思维，利用互联网、新技术、新理念等，通过新业态从事农产品流通、农产品生产与加工、家庭农场经营，运用新技术，新思维、新渠道保证食品安全并提高传统农业生产效率和作业水平，丰富了对土地的理解，成为推动"三农"发展的一份子。

广东省信息进村入户服务工程建设以来，已在全省范围认定了113个省级青年创业型惠农信息社，一批以信息服务为主的创业创新的新农人，依托惠农信息社，运用信息化手段，带动当地企业拥抱互联网，实现转型升级二次发展；搭建电商平台，聚合当地特色农产品资源，助力农特产品上网触电，拓展销售渠道，提高农民收入；创新农村小店生活生产服务，让当地村民享受到便捷的日常业务办理和快速的助农金融贷款以及与城里人一样的网购生活。同时，广东省信息进村入户服务平台也以一批优秀创业创新新农人的实例，以点带面带动培育了一批有技术、懂经营、能服务、善管理的新型农民，为当地现代农业的发展注入了新的活力，推动农村一、二、三产业融合发展，促进当地农民就业增收。

4.3.1 创新农业产业发展模式，让农业越来越强

农村创业创新与"互联网+"的互推互助，让农村创业创新形成了新格局。新农人自带的互联网思维与创新精神，更有利于将现代科技、生产方式和经营理念引入农业，提高农业质量效益和竞争力；更有利于发展新产业、新业态、新模式，推动农村一、二、三产业融合发展；更有利于激活各类城乡生产资源要素，促进农民就业增收。一批以新农人为主的惠农信息社的信息员，利用自身既熟悉城市需求，又熟悉农村的优势，将新技术、新模式和新业态，融入当地的现代农业和特色经济中，覆盖特色种养业、农产品加工业、休闲农业和乡村旅游、信息服务、电子商务、特色工艺产业等农村一、二、三产业，涵盖种养加和产供销的全产业链，将信息化运用于产前、产中、产后、流通和消费五个环节，利用大数据分析消费者的喜好需求，让企业生产出更多迎合消费者需求的产品，带动企业二次发展，从而占领更多的市场份额，提高产品的销量，提高企业的竞争力，助推当地农业发展越来越好，农业企业越来越强（图4-41）。

图4-41 新农人田间指导农户

4.3.2 创新农产品销售模式，让农村特色产品走出去

运用和打造电商平台，让当地特色农产品"上网触电"，成为带动农民就近就业增收的有效途径。在广东省信息进村入户服务工程的建设中，一批优秀的新农人信息员依托惠农信息社，聚合了当地的特色农产品资源，并对当地的特色农产品进行品牌打造，把文化创意融合到产品设计包装中，提高了产品附加值，并使用包括互联网技术在内的现代信息技术，利用微信、微博等社交媒体和天猫淘宝、京东、苏

宁易购等各类电商平台，与广东省信息进村入户服务平台对接，在《每日一社》和《前沿农讯》中进行产品销售推广，将当地的农产品通过电商平台推往全国各地，解决了过去农产品滞销难销的问题，为农产品流通搭建了高效的营销平台，拓宽了农副产品的销售渠道，提高了当地农特产品的销量，增加了农民的收入，助推了当地农村经济的发展。同时带动了周边一批农户参与到当地农产品电商的发展中，吸引当地的年轻人返乡创业，增加当地的就业岗位，给农业农村发展带来了新的能量和活力（图4-42）。

图4-42　好产品带来好收益

4.3.3　创新农村服务模式，让农民生活越来越便捷

扎根于各村镇的农村淘宝服务站、京东服务点，以及各类农资店成立的青年创业型惠农信息社，在新农人的带领下，利用信息化手段，让当地的村民不仅享受到了线上农资服务、网络培训、网络咨询、网络销售等惠农服务商提供的服务，还可在信息社的设备上进行水电费缴费、手机充值、借贷款等金融服务，让过去需要前往村镇办理的日常生活业务，都可以通过电脑或移动端设备登录网站或使用软件在线上进行办理，与以往相比更加方便快捷安全；使互联网深入农村腹地，推动农村消费升级和相关产业发展，让农村电商走进各个村镇，为村民特别是中老年村民提供网络代购服务，通过淘宝网、京东、苏宁易购等电商平台，让村民一跃成为市场的交易主体，转型为卖家，直接与消费者进行沟通和交易，从而极大地增强了议价权，提升了收入水平，同时也增强了村民对市场信息的敏感性，适应"互联网+"大潮，让他们不出村便享受到便捷的生活服务和网上购物服务（图4-43）。

图4-43　农村便民服务获农民认可

第5章

公共服务篇

5.1 概述

农村公共信息服务是农村信息化水平的综合体现，是提升农民生活质量、提高农业资源利用率、降低农业生产成本的重要手段。加强农村公共信息服务，是推动农业农村现代化发展，实施乡村振兴战略的重要举措。

广东省信息进村入户建设将农村公共信息服务作为一项重要内容，以实现公共信息服务均等化为目标，推动公共信息服务向农村基层延伸，运用互联网技术和成果满足农民生产生活信息需求。以广东省信息进村入户服务平台聚合资源，汇集各类"三农"服务网络体系及惠农服务商公共服务资源，以惠农信息社为基层抓手，实现各项公共信息服务在基层落地开展，提高农村基层公共服务的覆盖面和均等化水平（图5-1）。

图5-1　惠农信息社

广东省建设公共服务型惠农信息社482个，占信息社总数的29.4%。公共服务型惠农信息社的建设，成为当地农户获取农技推广、农产品质量安全监管、农机作业调度、动植物疫病防控、测土配方施肥、农村"三资"管理、电子政务、便民服务、乡村建设等信息服务的窗口。同时广东省信息进村入户服务平台通过与惠农服务商、涉农信息平台进行对接，将政务、气象、通信、科技、金融、供销等涉农信息服务落地到惠农信息社，拓展了惠农信息社公共服务内容，有效提升了服务水平，并实现公共服务在惠农信息社的一窗口办理、一站式服务（图5-2）。

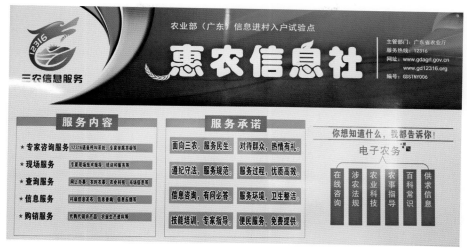

图 5-2　惠农信息社提供各类公共服务内容

5.2　工作实践

5.2.1　农业信息服务建设

随着农业现代化水平、农民素质及农村发展水平的提高，农民及一般的社会消费者不再满足于生产技术和经营知识的一般指导，更需要得到科技、预警信息、管理、市场、金融等多方面的信息及咨询服务。当前，服务信息化与农业现代化的融合，已成为农业发展的重要趋势，农业信息服务体系已经成为现代农业服务体系的重要组成部分。

农业信息服务作为广东省信息进村入户建设的重要内容之一，通过建设广东省信息进村入户服务平台、打造省级惠农信息社、布设农业信息服务移动智能终端和触摸屏终端，加速农业信息服务向农村基层延伸。通过加快信息技术与当前的农业生产相结合，建立丰富的信息资源库，充分利用和挖掘多种网络资源，以惠农信息社服务体系打通信息通道，由信息社服务于各地农民，使农村信息化服务日趋完善，服务水平日益提升。

信息进村入户建设的不断深入，带动广东省农业信息服务体系加快发展，全省各类涉农服务网站越来越多，服务内容越来越丰富，信息化应用手段也呈现多元化趋势，信息服务平台、微信公众号、微博公众号等各类农业信息服务模式不断涌现。农业信息服务水平的提升，逐步打通了农村网络的"最后一公里"，给农民生产生活带来便利。

5.2.1.1　信息进村入户加快打通山区信息闭塞

广东省作为改革开放的前沿地，信息化持续快速发展。物联网、云计算、大数据、新一代通信网络等新兴信息技术及应用正主导着南粤各行各业实现重大突破，推动生产方式、社会管理和社会活动模式发生新变革。信息化同样在农村地区产生深远的影响，改变着农村生产生活的方式。信息技术与现代农业的结合，实现了农业生产、农业管理、农业科学研究及农业信息传播的全程数字化，助力农业发展更上一层楼。信息技术在农村各领域的应用日益广泛，让农民在生活上更加便捷，信息化在推动农村经济发展、创新社会管理等方面发挥了重要作用（图5-3）。

图5-3　农民使用智能手机了解农业信息服务

在广东山区，由于经济发展条件、自然环境等因素，信息化发展相对滞后。信息化应用能力较弱，基础设施还不完善，山区地形让信息化建设投入加大，信息技术人才存在缺口等因素，都制约着山区信息服务的发展。

广东省信息进村入户建设，将山区信息进村入户作为一项重要内容。一是通过广东省信息进村入户服务平台实现资源聚合，推动各类信息服务向山区延伸，并以省级惠农信息社作为服务落脚点。二是通过在山区建设惠农信息社，以信息社"八有"条件，为当地农户提供信息服务（图5-4）。

图5-4　信息员通过电脑发布农业信息

（1）以惠农信息社为载体，助力山区"最后一公里"的信息覆盖。广东省信息进村入户工作通过在山区建设惠农信息社，以信息社"八有"条件，为当地农户提供信息服务。并借助信息社开通的有线或无线宽带网络服务，为当地农民提供互联网服务，提高农村互联网普及率。同时向优秀惠农信息社配置移动服务设备、触摸屏服务设备，并与广东省信息进村入户服务平台联网，创新山区信息服务方式和手段，实现移动信息服务业务办理、触摸屏业务自助办理、多业务聚集办理等。通过广东省信息进村入户服务平台对接各方资源，组织开展农村信息员培训，加强信息员知识更新和技能培训，提升他们的业务素质和服务能力。信息员要为当地农民提供信息服务，带动农民应用互联网技术，并做好登记工作，按要求将服务统计情况上报。

实例：信息化让梅南镇连成一张网，信息化让农技推广更高效

梅南镇地处梅州梅县南部，是国务院命名的第一批革命老区，当地山地资源丰富，素有"砍不尽南坑竹，烧不尽龙山树，采不尽九龙茶"之称誉。近几年，当地大力发展农业，逐步形成具有梅南特色的"一村一品"专业村。顺里西瓜村、水美养鸡村、九龙茶叶村更是远近闻名，水美村的梅南鸡更是成为梅州养鸡行业的一张名片。

梅南镇农业服务惠农信息社致力于提供农业信息服务，信息服务内容包括农业技术、政策法规、农业保险等涉农信息。为了提升当地农业发展，信息社还与广东省农业科学院合作，不定期召开培训，推广新品种、新技术。专家的到来受到当地农户的热烈欢迎，农民都踊跃到镇上参加集中培训获取最新的农业技术，但是地理条件等因素的制约，从村到镇不是很方便，去一趟要花几小时。

如今，梅南镇农业服务惠农信息社建立了镇村视频会议系统，视频会议系统实现对16个村的覆盖对接，邀请的农业专家在镇里的会议室开课，16个村的村民通过视频会议系统在各村的会议室上课，还能向专家在线问答，极大地方便了农民。在视频会议系统的帮助下，涉农信息服务效率更是大大提升，如今每周二，全镇16个村都开展为农服务视频会议，将最新的政策法规、工作任务、涉农信息都及时传达到村。全镇为农服务视频会议成为了常态，成为每周农民聚集交流的平台，这在之前都是不敢想象的。信息技术让全镇连成了一张网（图5-5）。

图5-5　梅南镇农业服务惠农信息社视频会议系统

（2）依托惠农信息社加快公共服务进山入村，缩小城乡信息服务差距。充分发挥惠农信息社信息化辐射带动作用，利用信息化网络、设备、信息员的条件，以远程化、网络化等提高基本公共服务的覆盖面和均等化水平。以惠农信息社为载体，进一步推动电子政务等信息服务向山区及偏远农村地区延伸，简化优化办事流程，为当地农民提供用得起、用得了的服务。通过广东省信息进村入户服务平台对接通信、金融、农技等全方位、广覆盖的信息服务资源，拓展政务服务中心业务办理内容，缩小城乡信息服务差距，实现信息服务的均等、高效。

实例：找政府办事，信息化让乳源山区村民足不出山就能办理

乳源瑶族自治县地处广东省北部，韶关市西部，当地多峡谷，被称为广东的屋脊。由于地理环境的因素，使坐落于广东、湖南边界崇山之中的乳源县交通不便，信息阻塞，制约着当地的发展，也为当地农民带来了诸多不便，以前办理计生证、农保，要跑很远山路，而且往返多次还办不好。

信息化成为乳源跨山越岭、打通闭塞的唯一手段。为了让村民办事方便，在当地政府的大力支持下，乳源紧跟时代潮流，大力发展信息化。乳城镇大群村惠农信息社作为当地政务服务进村入户的线下窗口，通过配备电脑、复印机，与网上办事大厅对接，将各类审批、服务事项业务办理入驻，实现镇一级的审批事项在信息社就可以办理。同时为了方便村民，在信息社材料提交后，还能通过移动客户端，随时查询办理事项进度。一些事项在服务站办理不了，信息员还会带着村民的证件、资料，到镇上或县里办理，不再需要村民自己去四处奔波，真正实现了办事足不出山（图5-6）。

图5-6 大群村惠农信息社

如今，大群村惠农信息社通过对接广东省信息进村入户服务平台，让通信、金融、农技、农资等信息服务资源和惠农业务也入驻进来，除了日常办理的政务业务以外，还能顺便办理手机优惠充值、农产品线上众筹、农业技术查询、放心农资购买等内容，一站式服务的内容在山区信息社里不断扩充。

（3）让惠农信息社成为山区与外部对接的窗口，带领特色产品走出深山。支持惠农信息社利用数据资源创新媒体制作方式，充分利用广东省信息进村入户服务平台作为宣传窗口，结合公众号、特色电商、旅游咨询等网络媒体和现代通信工具，建立多渠道、多形式、多层次的信息发布窗口，使之与网络之间有机组合和搭配，强化信息发布工作。依托互联网技术，支撑技术、产品和商业模式创新，打造山区特色产业品牌，并通过信息化手段进行推广，带动特色产业发展。

实例：打通山区信息渠道，让连南山区特色产品走出山区

连南瑶族自治县位于广东省西北部，在连绵的高山峻岭上，到处是瑶家村寨，因此连南瑶族自治县有"百里瑶山"之称。"九山半水半分田"的自然条件让连南的农产品具备了绿色无污染、具有瑶族特色等独特优势。但是地处山区，使其信息不顺畅，也阻碍了当地农业发展。以连南特产稻田鱼为例，稻田鱼远在深山，名声相对不响，大多数都被农户自家食用，只有少量销售出去。

为了打通山区信息通道，为山区与城市间构筑市场对接的桥梁，在当地政府大力支持下，成立了连南瑶族自治县瑶山特农惠农信息社（图5-7）。信息社通过聚合连南地区农特产品资源，形成有连南瑶山文化的绿色品牌。信息社充分利用广东省信息进村入户服务平台作为发布窗口，通过在平台发布当地特色产品、民俗活动等信息，经平台对接媒体进行宣传报道，吸引了一批读者关注。在此基础上，信息社建立了瑶山特农网开展电商，网站成为连南瑶族特色农产品的线上"代销人"，通过组织当地农户"触网

图5-7 连南瑶族自治县瑶山特农惠农信息社

上线"，带领当地农户将特色产品入驻瑶山特农淘宝专营网店，实现了连南的大米、山茶、茶油、花生等多种特色农产品都可在线上订购。

信息渠道打通了，山区特产更是走出大山，拓展了市场。如今当地稻田鱼的销路为之大开，曾经作为水稻种植副业的稻田鱼也成为当地农民致富的主业。

5.2.1.2 信息进村入户助力提升农技服务水平

以信息化技术推动农技推广服务，促进农业机械化发展，实现精准种植，为农业技术在农村地区的推广提供了新的手段。信息服务传播快、覆盖广的特点，弥补了农业技术推广员人数不足、农村地域宽广等问题。

广东省信息进村入户工程的建设，充分响应了以信息化提升基层农技推广服务水平的要求，结合信息进村入户实践，开展"一批技术全推广"。通过建设一批惠农信息社，利用移动终端、触摸屏等信息化设备，以图文信息、网络视频、线上问答等形式创新农技推广模式，解决了过去以报刊、培训班等传统形式推广农技效率较低、渠道狭隘、信息滞后等问题（图5-8）。通过信息化手段实现资源的聚合，引入科研院校和科技企业等技术力量，将传统的以"企业/基地+农户"为主，转变为"科研单位+企业/

图5-8 信息员利用移动终端提供农技服务

基地+农户"的模式，大大提高了农业推广的科技水平。以"互联网＋分享经济"的形式，实现设备资源的最大化利用，解决部分设备配置陈旧，设备更新投入大、重复投入等问题。

惠农信息社根据地区、季节、产业开展科技下乡、技术培训、良种良法推广等农时农事服务与生产技术培训。同时，广东省信息进村入户服务平台聚合全省产业技术体系专家，将有限的专家汇聚为科技服务云资源，将科技成果分享到广大的田间地头，通过智能终端应用软件实现个性化定制，加快农业科技成果进村入户，助力实现产业提升。

（1）"互联网＋分享经济"，助力农业机械化。"互联网＋分享经济"是以互联网为平台，将社会上闲置的碎片化的资源暂时性转移，激活供需双方，实现生产要素社会化的一种商业模式。2015年是中国"互联网＋分享经济"发展最为迅猛的一年，网约顺风车、共享单车、二手交易网、众包物流等各类应用纷纷涌现。国家信息中心信息化研究部等发布的报告显示，2015年中国分享经济市场规模达到19 560亿元。

随着"互联网＋分享经济"的快速发展，农业分享经济领域也受到原来越多的关注，其中共享农机的模式呼声渐高。结合广东在信息进村入户的建设，以信息化服务落地惠农信息社，以惠农信息社服务当地农业的模式，让一些农机服务类信息社通过互联网手段，了解分享经济的模式，创新地开展农机共享服务，有效解决了单台农机利用率低、效率低、投入大的问题，而且让中小农户也能用上现代化的农机设备，提高生产效率。

实例1：信息化实现农机共享，让小农场用上了现代化农机设备

惠东县中惠农机惠农信息社一直致力于农机服务，向当地农户推广拖拉机、收割机、插秧机、起垄机、培土机等各类农机使用，信息社还成立了一支10人的技术团队，深入田间基地去推广农机，并手把手教农户使用农机。为了提升农机服务水平，还建了田头大课室，不时邀请当地农户到课室开展农机推广培训课（图5-9）。

信息社经常通过互联网了解最新的农机设备和应用，提升农机信息服务水平。通过在广东省信息进村入户服务平台上建立主页网站，实时将信息社里面的农机产品信息上传至主页，并通过平台生成

图5-9　农机推广现场培训

的"电子身份证"二维码，向当地农户进行展示宣传。由于网络的传播，当地前来信息社了解购买农机的人越来越多，而网络也让农户和店的联系更紧密。在这一过程中，一方面农户反映农机常有空闲，单台农机效率低；另一方面中小农户反映农机价格高、投入高，难以购买。这让惠农信息社负责人蔡惠聪萌生了想法：网络上共享单车、共享汽车的消息比比皆是，是否信息社能开展共享农机。

看似很高深的互联网共享业务，只要模式对了，也不难做。蔡惠聪以广东省信息进村入户服务平台主页为网络载体，开始将农机租赁信息在平台网上发布，还收集当地客户的农机租赁信息，并把信息社里面全新的农机也加入农机租赁中去。通过信息社的运作，农机共享租赁业务渐渐多起来，大农场的闲置农机走进了小农场，而农机的聚合作业也提升了农机的效率。如今，农机共享已成为其农机服务的重要内容之一。惠农信息社的团队也越来越大，并建设了微信公众号，开发专业的线上租赁功能，进一步拓展做大业务。

实例2：信息化，让鹏洋农机推广服务惠农信息社焕发一新

中山市鹏洋农机推广服务惠农信息社设立于中山市辖区南朗镇，信息社以"诚信、创新、服务"为宗旨，为当地农户提供集农机信息、购机咨询、专业安装及售后服务于一体，在当地小有名气（图5-10）。

图5-10 鹏洋农机推广服务惠农信息社

随着信息社的发展，销售的农机产品也越来越多，而农机产品更新换代的速率也不断加大，当地合作社、大农户常常了解不到最新的农资产品。如何更好地为当地生产单位、种养大户提供农机信息服务，让他们能第一时间了解农机新产品新功能呢？鹏洋农机推广服务惠农信息社通过信息员团队运作，建立了鹏洋农机推广网站和微信公众号（图5-11）。

信息服务平台的建设，让周边农户通过电脑上网，甚至在手机端上网，就能图文并茂地了解到鹏洋的农机服务和产品。其上线的农机产品包括耕作插收、水产机具、发电、植树绿化、农产品加工等五大类共上百种产品。而信息化的运作，也为农机服务带来了转变，以前大型设备、高价设备需要花大价钱来囤货展示，而现在通过图文、视频的手段，让农户清楚了解到产品，不需要再进货展示，为信息社减轻了不少运营成本。同时以这种方式，信息社也可以将更多种类的最新产品上线展示接受订购，产品大大丰富，满足了不同规模、不同产品类型的生产单位、农户的需要。

图 5-11　鹏洋农机推广服务惠农信息社网页

　　如今，通过信息化平台建设，鹏洋农机推广服务惠农信息社将成功实例、农机补贴政策资讯等内容都上传到平台。农户可以了解到其他农户使用农机的效果，也能实时了解购买农机的补贴优惠政策。为了拓展服务内容，信息社与广东省信息进村入户服务平台对接，进一步宣传自身品牌，与当地生产类惠农信息社对接提供服务。通过参加广东省信息进村入户培训交流活动，提升了信息员服务技能，并给信息员配置了移动服务终端，大大拓展了信息服务范围。如今，鹏洋农机推广服务惠农信息社已将发展目标放在线上服务功能上，将来把更多的服务内容上线，让农户在线上就可实现农机购买、预订农机维修服务。

　　（2）信息化助力绿色农业，让中小农户实现精准种植。农药和化肥的过度使用和地力透支，既增加了农业生产成本，又导致土壤质量的下降与退化，同时还带来农产品农药残留的问题。为减少因过量施用化肥、农药造成的地力下降和农业面源污染，农业部明确了到2020年实现化肥使用量零增长的目标，并将推行绿色生产方式，增强农业可持续发展能力作为推进农业供给侧结构性改革的一项重要内容，明确提出了促进农业农村发展由过度依赖资源消耗、注重满足量的需求，向追求绿色生态可持续、更加注重满足质的需求转变。

　　广东省积极推进农业供给侧结构性改革，大力发展绿色农业。按照"一控两减三基本"的要求，深入开展农作物化肥农药使用量零增长行动，实施科学用肥用药新举措。但为了改变农民以往种地凭经验、随大流的做法，形成"化肥农药零增长"的氛围，在大力开展宣传的同时，还必须提高农技服务水平，让农民到示范田实地参观了解科学减肥减药成果，并且根据农户各自土地土壤成分数据及种植品种，提供施肥数据指导农民科学购肥、用肥、施肥和减肥。这在农技服务上提出了新的要求（图5-12）。

图5-12 田田圈惠农信息社提供科学用药指导

广东省信息进村入户的建设，以信息化的手段加快农业科技成果进村入户，这为农技服务水平的提升带来了新的契机，为加快推广绿色农业种植注入了新动力。一是以信息化手段推进测土配方施肥，让绿色生产向纵深发展。自2005年广东启动测土配方施肥推广以来，如今已实现测土配方施肥在105个主要农业县的全覆盖。为进一步提升测土配方施肥服务，通过建立县域耕地资源管理信息系统、主要农作物施肥指标体系和测土配方施肥专家系统，并在包括惠农信息社在内的村级服务站点配置测土配方服务终端，让农户足不出村就可以到服务终端查询自家农田的土壤数据，并根据种植的品种得出施肥建议配方。二是以信息化手段开展线上新型农药推广和科学用药指导。通过广东省信息进村入户服务平台对接农药经销商、生产商系统或技术团队，开展线上咨询服务，让农户在惠农信息社就可以通过网络咨询技术人员了解农药用药方式和用量，实现科学用药。

实例1：信息进村入户让中小农户也有测土配方服务

随着农业绿色生产方式的推广，测土配方成为当下农业生产的热点。测土配方施肥的原理其实很简单，根据作物的需肥和土壤的供肥数据，缺什么元素就补充什么元素，实现各种养分平衡供应，既满足了作物生长的需要，又提高了肥料利用率。但是土壤中养分有什么、有多少，这需要专业的仪器进行采样分析，作物缺什么养分、缺多少，这需要科学的田间试验获取数据，看似简单的原理，却是中小农户难以逾越的鸿沟。农民对测土配方有需求无门路，甚至被假化肥商以测土配方为幌子欺诈的事件时有发生。

惠州龙门县近年来在实施测土配方施肥进程中，以新型农业经营主体为载体，通过在各地开展取土调查、测土化验、田间试验等基础性工作，不断拓展测土配方技术服务范围。测土配方的服务范围扩大了，但是以传统的发手册、发配方卡的手段，无法满足服务推广的需求，一来农户比较分散，二来种植品种不同且时有变化。

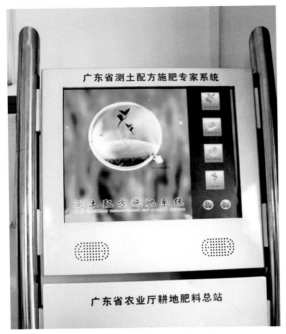

图5-13　测土配方终端设备

于是龙门县以信息化手段，建立测土配方施肥专家系统，并在当地村级站点配置测土配方终端设备（图5-13）。

龙门县龙城农业技术推广站惠农信息社凭借其信息服务的基础条件，也被选为测土配方终端设备布设点之一。农户只要到测土配方终端设备上选择所在地区以及准备种植的品种，就能通过后台系统数据直接得出配肥方案，并打印出配肥卡，十分方便。龙门县顺喜来水稻专业合作社是信息社测土配方终端的第一批用户，合作社负责人张集云对测土配方终端设备赞不绝口，"合作社当前200多户农户，通过测土配方终端让每一户用户都能前来自助查询配方，并按照配方进行精准施肥。如今测土配方施肥比常规施肥每亩增收稻谷36千克，化肥用量减少20%，平均每亩节本增效65元"。

（3）"互联网+"实现农技推广服务触网上线。互联网日益成为创新驱动发展的先导力量，信息化浪潮同时也为农业发展带来了重大机遇。农技推广作为农业生产的重要组成部分，信息技术的应用更是提高农技推广效率的重要手段。传统的农技推广方式相对比较单一，缺乏先进的推广手段，推广效率不高，让农技推广信息化服务搭上"互联网+"，驶入信息化快车道，将更好更快更科学地为农业服务。

实例：对接广东省信息进村入户服务平台，村级农技站实现线上信息发布

第一次去营仔，恐怕80%的人都会前往红树林。营仔镇位于广东省廉江市西南部，地势东高西低。属丘陵地带，亚热带海洋性季风气候。阳光充足，雨量充沛，气候温暖湿润，年平均气温21.2℃，雨量丰富。山区、沿海土壤属壤土，适宜种植热带亚热带各类农作物；围田地区土壤属黏土，土地肥沃，适宜种植水稻及其他水生作物。独特的气候和地理条件，让营仔镇成了廉江的粮食主产区。杨文升作为廉江市营仔农技惠农信息社的信息员，此时此刻正顶着烈日在当地试验田工作。有别于以往拿着小本子记笔记，此时他正拿着手机进行拍照，并不时在手机上打字记录，不时在语音说话（图5-14）。

原来，杨文升作为当地的农技员，其日常主要工作就是为当地开展农技示范和推广，协助农户解决农业生产遇到的问题。他常常上网了解农业资讯，并与当地农户分享。营仔镇当地承接了广东省水稻主导新品种种植示范，杨文升常常带着农户

图5-14 营仔农技惠农信息社线上农技信息服务

到田里参观，一方面跟进试验田情况，一方面向农户介绍新品种长势及收成。而农户常常要找到他进行咨询，这样的工作，让杨文升也很辛苦，常常是一个电话接一个电话，一个人接一个人，而当地农技站又无法承接开办网页的能力开展线上信息服务。

杨文升得到成立省级惠农信息社的消息后，积极参与到信息社建设中。通过参与广东省信息进村入户服务平台信息员培训，了解了进村入户服务平台功能，并配备了智能手机开通线下移动服务。平台为信息社建立了主页，这让杨文升有了消息发布渠道。于是他将当地试验田每天的情况，都在平台上直播。农户每天看着试验田的新品种长势好，最后也有更好的收成，开始相信选择新品种，使杨文升的新品种新技术推广效率得到很大提升（图5-15）。如今，他通过广东省信息进村入户服务平台对接了更多的资源，除了农业资讯以外还有惠农业务，如手机充值、银联POS机下乡等。随着营仔农技惠农

图5-15 查看试验田新品种长势

信息社的发展，当地农户会得到更多的实惠。

5.2.1.3 信息进村入户为岭南特色农业产业保驾护航

广东农业有2 000多年的悠久历史，具有热带亚热带所形成的丰富多样的气候资源和独特的农业资源，各具特色的农产品由此应运而生。由于地处热带亚热带，气候高温多雨，湿热的环境导致虫源充足，农作物病虫害发生频率较高。且广东所处

地理位置和地形地貌特殊，台风、旱涝等气象灾害频发，给农业生产带来的伤害也比较严重。

特殊的气候环境和地理位置要求广东省当前植保领域重点强化监测预警，准确发布信息，强化病虫防控，减少因气象灾害带来的损失，保障岭南特色农产品品质。广东省信息进村入户服务平台对接全国病虫测报数据中心、质量监督检验检疫总局、气象信息服务中心后，惠农信息社能实现信息共联共享，满足岭南特色农产品生产信息需求，保证以农产品品质为落脚点。将惠农信息社作为农业系统监测预警信息化服务的重点对象，把预警预测信息纳入信息进村入户服务平台。惠农信息社信息员在移动智能终端、触摸屏终端或电脑端打开平台网站，点击相关信息服务栏目便可获取最新资讯，使农户不出村、不出户就可享受到便捷、有效的预警预测信息服务，让农业防范灾害能力得到明显提升，保证农产品品质。

（1）预警预测监控信息化成病虫害防治良药。受气候变化、耕作制度变更等因素影响，广东省农作物病虫害重发频发，对农业生产安全构成了严重威胁。建立主要农作物病虫害发生规律数据资源库，研发便捷实用的预警信息采集终端，有利于实现重大植物疫情监测防控的数字化与智能化，提高预测预报的模型化和精准度。

在农业信息化的发展过程中，有害生物预警信息系统的应用，可以在植保信息化方面发力，有利于切实加强植保工作措施，促进稳粮增收和提质增效。过去基层虫情防控十分分散，现在利用信息化技术建立的有害生物预警信息系统可以提高病虫害专业化统防统治覆盖率，集成推广绿色防控技术，通过推进统防统治与绿色防控融合，可以有效实现病虫害疫情防控（图5-16）。

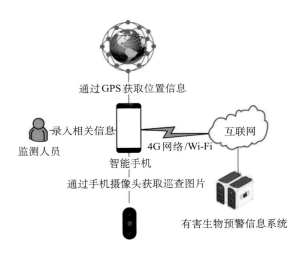

图5-16　有害生物预警信息系统

实例：植保植检遇上互联网，服务更快捷

茂名高州市地处粤西山区，盛产岭南三大名水果——香蕉、龙眼、荔枝，被誉为"全国水果第一县（市）"。高州市植保植检惠农信息社依托于高州植保植检管理站成立，信息社充分结合植保站病虫害预测测报、植物检疫、农业技术推广、农药监管等工作，利用测报台灯、害虫诱捕器、孢子捕捉仪、小气候观测仪等智能化监测设备收集虫情、天气信息数据，通过农作物有害生物监控信息系统实现基于公网的病虫调查数据信息的电子化采集、统计、分析、预警、发布与授权共享。在掌握病虫发生动态的基础上，及时通过茂名市农业局农业信息网发布《农作物病虫情报》，指导群众做好防治工作。信息社还积极探索测报可视化，把病虫预报与防治的内容搬上屏幕，与电视台每周制作电视预报1期，每期播放8分钟，扩大了病虫信息发报的范围，病虫情电视预报图文并茂，通俗易懂，大大地加快了病虫信息的传递速度，得到了各级领导的认可，也深受农民群众的欢迎，已成为农民必看的节目。信息社还依托广东省信息进村入户服务平台对接全国农业技术推广服务中心网页，发布病虫测报信息（图5-17）。

图5-17　惠农信息社上传发布病虫测报信息

如今，高州市植保植检惠农信息社通过手机信息、微信、QQ等多种途径更快更便捷地发布农业病虫害预警防治等消息，助力当地农业生产，让农户足不出户便可以了解到最新的病虫情报信息，依据信息预报预警做好避灾防灾的准备，有效降低作物病虫害造成的威胁。

（2）质量检测信息服务常态化，让农产品吃得安全。民以食为天，食以安为先，广东1亿人口要吃得安全，政府的监测至关重要。从源头抓起，构建农产品质量安全"从田头到餐桌"全过程的监管体系，形成监管合力。在农产品质量安全日常监督管理信息公开工作中，向社会公开有关农产品质量标准、认证认可、检测结果、行政处罚等信息，有利于鼓励各方参与农产品质量安全治理工作，营造全社会关心和监督农产品质量安全的氛围。

信息时代，农药残留检测面临着三大挑战——检测如何实现电子化、大数据报告生成如何实现自动化、农药残留风险溯源如何实现视频化。农药残留检测信息化，相当于一个软件程序、一台电脑在手，使农药残留状况一目了然，可以针对问题进行科学指导、整治和改革，在农产品质量安全保障能力中发挥一定作用。在广东省信息进村入户实践中，惠农信息社依托省、市建立的农产品质量安全网格化管理信息平台，各镇街、村（社区）对本辖区范围内的农产品生产基地负有监管责任，镇街农业部门人员和村级协管员定期开展农产品质量安全监管监测、巡查指导。

实例："互联网＋"平台助力，监管更方便

图5-18　残留速测数据实时上传

虎门镇是农产品消费大镇，2016年全镇蔬菜总消费量约11万吨。镇农业部门从生产过程、产地环境、农业投入品等各个环节实现全方位严格监管。虎门镇农业技术服务惠农信息社主要面向虎门镇辖区内各个村委会农民开展服务，主要为蔬菜水果种植户、水产品养殖户、畜禽养殖户等约3 000户农户提供农业生产新技术宣传推广、农药残留检测监督等服务（图5-18）。

由于人手不足等因素，限制了农产品质量安全监测数量、监测范围的进一步扩大。虎门镇农产品种植90%以上是散户。这种千家万户分散种植的模式给监管监测工作带来极大困难，给本地种植农产品带来了安全隐患。

为了完善监管功能，近年来，东莞市农产品质量安全检测监控系统的模块也在不断拓展。信息社对接到东莞市检测信息管理平台上，平台上包括了全市各镇街和主要种植企业的果菜农药残留速测数据实时上传，东莞市32个镇街的蔬菜农药残留快速检测仪直接与平台链接，全市农产品信息一目了然，实现共建共联共享。

目前，虎门农业技术服务惠农信息社在该平台每月上传蔬菜农药残留检测数据约1 500条，至今共计约16万条，每月上传生猪"瘦肉精"检测数据约1 500条，目前共计约9万条（图5-19）。同时，种植户的基本信息和档案也定时更新，其产品检测是否合格、质量是否安全一清二楚。东莞市农产品质量安全网格化管理信息平台

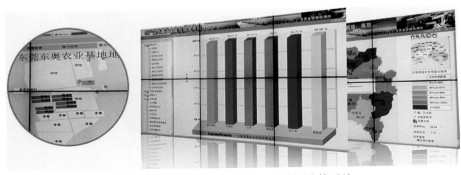

图5-19　东莞市农产品质量安全检测监控系统

也投入推广使用，信息社工作人员可以直接用手机APP现场录入监管监测工作内容、图片等信息，在网络平台上可以查询到监管员的工作轨迹，实现工作电子化记录，进一步定岗定责，落实责任。同时，信息社还提供了涉农信息共享服务，积极采集农情、灾情、疫情、行情、社情等信息，切实发挥信息指导生产、引导市场、服务决策的作用，并及时报送有关镇农业生产等方面的信息，对可取的信息发布到东莞市农业信息网，提供给有需要的农民和群众参考。

（3）"直通式"气象信息服务，为气象灾害放前哨。广东"七山一水二分田"的自然地貌，雨热同期、降水丰富的气候条件，利于农作物的生长，而北部山岭阻挡冬季冷气团南下，又有利于广东冬季反季节蔬菜的生产发展。但同时又因为地处东南沿海，受副热带高压和北方高空急流的交替影响，易引发低温、暴雨、干旱，春冬季节易受低温霜冻侵袭，夏秋季节易受台风等自然灾害侵袭，造成农业减产减收。

天气状况的变化，将会对农业生产造成较为直接的影响，因而需要通过气象服务对农业生产进行有效的指导，提升农业生产的质量。及时、准确的气象信息，对农业的生产至关重要，而使用手机、电子显示屏等信息化设备，通过短信、微信、网站等信息化途径，可以让农业生产者快速便捷地获取最新的气象信息，对时常变化的农业气象情况，有针对性地调整农业生产过程中的各个事项，有效降低农业气象灾害造成的威胁，提升农业生产的抗灾能力。因此，让农业生产者，获得迅速有效的农业气象信息服务，是当前一项重要的惠农工作，农业部明确提出，要推进气象信息进村入户，大力加强气象信息在农业生产、农产品流通等环节及农村防灾减灾中的应用。广东省结合信息进村入户建设，也将推进气象信息进村入户作为一项重要的工作内容（图5-20）。

图5-20 电脑发布气象信息

广东省信息进村入户服务平台以平台网站服务基础为依托，推进惠农信息社与气象信息站、村级信息员与气象信息员合作共建共享，以满足农民生产生活气象信息需求为出发点和落脚点，将惠农信息社信息员作为"直通式"气象服务重点对象，将惠农信息社打造成农业气象信息发布、传播、服务和农业气象灾害调查反馈的村级信息节点。同时，将气象监测预报预警，农业气象服务等公益信息纳入信息进村入户服务平台，在平台网站主页开设农业气象信息服务栏目，信息员只需在手机上或触摸屏设备、电脑上打开平台网站，点击农业气象信息服务栏目便可获取最新的农业气象信息，使普通农户不出村、新型农业经营主体不出户就可享受到便捷、经济、高效的农业气象信息服务，着力解决农业气象信息服务"最后一公里"问题，让农业防范气象灾害的能力得到明显提升（图5-21）。

图5-21　广东省信息进村入户服务平台发布气象信息

实例：气象服务信息化，生产更安心

　　惠州市龙门县年橘栽培已有近千年历史，在春节新年期间成熟的年橘，是人们逢年过节拿意头、图吉利的送礼佳品，作为惠州龙门的特产，远销国内及东南亚地区，但由于地处广东省中部略偏北地区，当地山多，有着明显的山区气候特点，雷雨天气较多，冬季日温差大，有不同程度的低温、霜冻天气，对当地的农作物造成很大的影响。

　　龙门县龙城农业技术推广惠农信息社，以周边19条村种植年橘、水稻、香蕉等农作物的村民为服务对象，致力于为村民解决农业生产各方面的需求。为让村民可以及时准确地获取最新的气象信息，做好防灾避灾准备，信息社根据村民的需求，利用手机绑定形式不定期发送天气、农情、灾情、行情信息，加强分析预警。同时，信息社也积极与龙门县农业技术推广中心和农业局联系，相互交流当前的农情、苗情、天情、水情，并在安装的电子显示屏上及时发布龙门县农业技术推广中心和农业局推送的最新农业气象灾害预报预警及农用天气预报等信息。信息社通过对接广东省信息进村入户服务平台，在台风季节，获取最新的气象云图等信息，并针对关键农事季节和农业灾害天气，结合气象信息和相关农事建议，通过微信群、QQ群、网络平台等渠道向村民提供及时、有效的农业气象信息服务，指导农业生产，提升农业经营主体避灾增产能力和生产经济效益（图5-22）。

　　如今，龙门县龙城农业技术推广惠农信息社通过手机信息、微信、QQ以及信息社LED电子显示屏等信息化设备，实现了日照、温度、气象情况尤其是台风、暴雨、

图5-22 农业气象服务

寒冷、高温天气和地质灾害预警、"三防"预警、森林防火等预警预报的多渠道、全方位及时发布,助力当地的农业生产,让村民在家便可以了解最新的农业气象信息,并依据气象情况做好避灾防灾的准备,有效降低了农业气象灾害造成的威胁,提升了当地农业生产的抗灾能力(图5-23)。

图5-23 LED电子显示屏发布气象预警信息

5.2.2 公共便民服务建设

公共便民服务信息化是加快建设现代农业、繁荣农村经济、增加农民收入的迫切要求。便民服务信息化建设,可以使信息化渗透到农户生产、生活、金融、消费等各个环节,从而极大地提高农户生产效率和生活水平。党的十九大报告明确提出,"互联网+政务服务"以优化服务为核心,创新践行"互联网+"思维,以数据共享为重点,以大数据、云计算、移动互联网、物联网等新兴技术为支撑,以增强人民群众获得感为落脚点,开启从"群众跑腿"到互联网"数据跑腿"的服务新模式,实现由"政府端菜"向"群众点餐"的转变。

广东省不断推进"互联网+政务服务"落实工作,结合信息进村入户实践,通过互联网与政务服务深度融合,建立"一站式"公共服务惠农信息社,所有惠农信息社配备有电脑、宽带、传真机、复印机等设备，并专设信息员为农户提供便捷的公共服务。公共服务型惠农信息社开通网上办事大厅、办公自动化、集体资产交易、农业转型扶持资金项目等多套便民服务系统。互联网正越来越广泛地被百姓接受，也让越来越多群众享受着利用信息化手段带来的生活便利。

5.2.2.1 "互联网+政务服务"，提升政务创新服务能力

广东省信息进村入户实践建设了公共服务型惠农信息社近500个，信息社改变传统的政务服务模式，借助现代信息技术手段，实现政务信息化服务由"你求我办事"变为"我为你服务"，由"被动作为"变为"主动作为"。群众办事基本消除了层级的烦琐，既打通了服务群众的"最后一公里"，又节约了行政成本，减轻了基层工作人员的工作负担，更有效提高了政务服务效能和社会公共服务的精准水平，全面提升了人民群众的获得感和幸福感。广东省信息进村入户的建设和运营，为农户提供了及时的农业政策、农技推广、市场价格等信息服务，帮助农户利用移动终端增强了发展生产、便捷生活、增收致富的能力。

实例：政务服务信息化，让金湾区群众"一次都不用跑"

珠海市金湾区直接管辖三灶、红旗2个镇，镇下有21个行政村（居），常住人口约21万人。金湾区建设了基层公共服务平台并不断优化服务方式，拓宽服务渠道，

图5-24 惠农信息社网上办事大厅提供各类便民业务办理

实现"全地域、全天候、全流程、零跑动"服务。依托网上办事大厅，拓展便民服务和信息公开，开发建设基层公共服务平台手机APP、微信公众号，为群众提供了"全地域"服务。统一开发建设了智能导办系统，能够实现从预约服务，到受理、评价、网上审批、办结反馈的全流程监管，为群众提供了"全流程"服务（图5-24）。

将网上办事大厅、三级实体大厅与邮政速递全对接，群众可通过网上办事大厅选择邮政速递传送资料及传回结果，实现"零跑动"。包括红旗镇广益村民惠农信息社在内的多个惠农信息社通过金湾区网上办事大厅，全部对接基层公共服务平台功能和服务内容，实现了民政事务、社会保障等140项业务在线上24小时实时申请办理。在惠农信息社内还配置了自助服务终端机，终端机成为基层的办事载体，为群众提供了"全天候"服务（图5-25）。农户可以足不出村方便办理社保、缴纳水费、电费和电视费等业务，信息社还带领社区农户种植珍珠芭乐、火龙果等水果，通过广东省信息进村入户服务平台对接专家资源，对种植户进行技术培训。信息社还利用信息平台和自助服务终端机及智能移动终端吸收整合各类惠农政策和农产品价格

信息。农户可以自行通过各类终端进行查询评估，以调节生产。信息社通过信息化途径为社区居民吸收了更多惠农信息，提供了更多惠农服务，社区农户的生活方便了，收入也增加了。

珠海市金湾区的社区惠农信息社，仅仅是广东众多提供电子政务服务的公共服务型惠农信息社的一个缩影，将行政审

图5-25　自助服务终端机

批下放到镇级，在家门口就能办理电子证件，这是促进城乡一体化建设的重要创新，无论是户籍、社保还是企业办税，原先涉及十多个部门的百余项公共服务内容，现在都能在惠农信息社实现线上线下一站式办理。

5.2.2.2　金融资源向农村延伸，信息社合力支农惠农

由于农业属于投入大、产出相对较小的产业，农民获取资金的能力相对较弱。在由传统农业向现代农业转型的过程中，更需要金融支持。广东省在推进普惠金融体系构建实践过程中，结合信息进村入户实践工作，以经过认定的惠农信息社为载体，结合自身工作内容，将金融服务及惠农政策向村镇延伸，向农户推广，推进农业现代化金融支撑，增加农业产业投资，促进增强农业经营主体的成本意识、市场意识、风险意识，推动构建现代农业产业体系、生产体系、经营体系。

实例：最高10万元的免息贷款，为开发区农民"贷"来希望

中山火炬高技术产业开发区是国家级的开发区，"三农"工作一直受当地政府高度重视，近年来频频出台惠农政策，鼓励那些对农业怀有希望的高素质人才发展农业，实现农业产业的现代化。

当下，不少合作社（企业）存在贷款难、融资难的问题，中山市火炬开发区农业服务惠农信息社在金融支农方面，探索出一条新路子，为农户解决了不少难题。中山市火炬开发区惠农信息社首创农业转型扶持资金项目，扶持设施栽培的蔬菜、名优水果、经济林木、花卉种苗繁育及高值水产养殖等项目，帮扶农民就业创业，促进农业转型升级（图5-26）。

火炬开发区农业服务惠农信息社通过现场驻点、电话服务、QQ客服、微信公众号服务等，全天候方便农户办理业务及开展咨询。针对农户提出的资金扶持需求，信息社在审核程序操作和项目评估等环节加快进度，更好地服务农户创业致富的实践。

图 5-26　火炬开发区农业服务惠农信息社

当前，农业转型扶持资金项目第一期扶持资金总额为 300 万元，符合规定的每户居民可直接通过信息社的农业信息网填报表格申请免息贷款。只要持有本地居民身份证明和土地承包合同，外加当地股联社股民作为担保人，就可以申请免息贷款。通过审核的农户最高可以拿到一年 10 万元的免息贷款，新型农业经营主体的农业项目更可达 50 万元免息贷款，按期还款后，如有需要还可续贷一年，享受免息贷款两年的服务。

信息社在中山火炬高技术产业开发区农业信息网上发布农业专项资金信息，引导农户进行申报，不断加大惠农力度。为方便农户申报补贴项目，近两年共发放农机补贴 33.5 万元，新型农业经营主体奖励补助 39 万元及新品种推广 35 万元等惠农资金。支持农户新增低压滴灌、连栋温室大棚和冷库等现代农业设施建设，自实施以来共惠及农户 28 名，累计发放 373 万元，涉及种养面积为 8 654 亩，带动农业产值 11 058 万元。

5.2.2.3　"三资"管理进入 e 时代，农村"三资"更阳光

随着社会主义新农村建设的推进，农村经济不断发展，村级资金越来越丰裕，对农村集体资金、资产、资源（简称"三资"）进行有效、规范管理日益重要。农村集体资金和资产是广大农民群众长期以来共同创造的财富，事关农民群众的切身利益和社会和谐稳定。利用信息化手段建立农村"三资"管理平台，实现"三资"数据的汇集与共享，并结合线下惠农信息社开展信息服务，助力让"三资"信息阳光公开，对规范农村"三资"管理，促进广大村民积极参与新农村建设发挥积极作用（图 5-27）。

图 5-27　农村"三资"管理服务平台网页

实例："三资"管理系统，让朗洞村"三资"实现动态监督

　　长期以来，基层改革一直都是备受广大群众关注的话题。近年来，新兴县新城镇坚持"城镇为主导，产业为支撑，民生为根本，党建促发展"的战略，齐心协力、攻坚克难，积极推动全镇各项事业又好又快发展，铺开了一幅镇街整洁亮丽、民生和谐新曲齐奏、村居稳定增收的美丽画卷。

　　新兴县加快探索农村"三资"管理新模式，在所有权、使用权、审批权、收益权"四权"不变的前提下，引入第三方管理，在镇财政所设农村"三资"代理服务中心，对村、组财务实行委托代理制度。通过建设新兴县农村集体"三资金"管理服务平台实现了农村"三资"统一资金账户、统一报账时间、统一报账程序、统一会计核算、统一档案管理、统一财务公开等"六个统一"管理，同时实现新兴县199个村（居）委村账镇代理。

　　良洞村惠农信息社通过农村集体资产"三资"管理服务平台，以信息化手段公布了全村的物业资产、实物资产、库存资产、集体资源、现金收支等情况，通过科学设置资金管理、会计核算、固定资产管理、合同管理、工资管理、群众查询、财务经济统计、财务公开、资源管理九大功能模块来对农村"三资"实行信息化管理，更有效地对村组级集体资金进行监督，做到事前、事中、事后的动态监督。现在村里财政透明化，村民更加支持村干部的工作。如今，良洞村惠农信息社还积极与广东省信息进村入户服务平台对接，新增了农业资讯服务，将农业资讯实时与村民共享，拓展了服务内容（图5-28）。

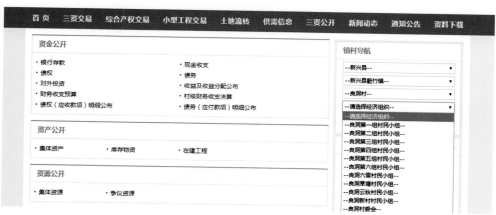

图5-28　良洞村惠农信息社"三资"管理服务业务

5.2.3　美丽乡村服务建设

　　建设美丽乡村，是深入推进社会主义新农村建设的重大举措。美丽乡村不仅是实现美丽中国的重要行动和途径，更是新农村建设品牌化、规模化的重要内容，农村发展是经济发展的重要推手，也是全面建设小康社会的核心内容。

近年来，广东农村建设工作取得了显著成绩，但总体上看，农村发展仍然滞后。因此，必须高度重视农村发展，多措并举促进农村发展。用信息化手段，结合"互联网+美丽乡村"建设，努力提高农村效益，着眼培育农村内生发展动力和发展能力，将美丽乡村建设与区域发展结合起来，尽快改变广东省欠发达地区的落后面貌（图5-29）。

图5-29　江门市现代农业创新中心

广东省信息进村入户实践结合"互联网+美丽乡村"建设工作，积极引导村惠农信息社整合本土资源，进行农产品品牌打造，发展乡村新业态，促进美丽乡村建设，推动农村经济发展。进村入户实践鼓励惠农信息社利用互联网平台广泛宣传、深度推介，不断提高广东省美丽乡村的知名度和美誉度，吸引市区及外地游客休闲旅游、观光采购，带动农村收入增加，带动农村土特产品生产、加工、销售产业链的延伸发展，带动农民致富增收。并有序培育农村电商，引导培训农民创业创新，利用网络平台，开展名特优新产品在线销售，将农村一、二、三产业经济便捷、高效地衔接起来。

5.2.3.1　信息化引领品牌强农惠农，服务乡村振兴

广东省农业存在农产品品种丰富，但多而不优，农业品牌众多，但杂而不亮的问题。广东省农业厅将"互联网+"现代农业和品牌化建设工作列入全省农业农村经济工作重点工作，紧抓"互联网+"战略机遇期，以农业信息工程为抓手，大力推进"互联网+现代农业"，实现农业现代化、品牌化，让农业品牌贯穿农业供给体系的全过程，覆盖农业全产业链全价值链，提升农业综合竞争力。

通过信息进村入户实践，有助于广东名牌系列农产品"上网"，提高农产品竞争力，带动农业转型升级。随着电商的发展，惠农信息社让名优农产品插上互联网的翅膀，不断壮大产业规模，带动地方经济发展，增加农民收入。

实例1：小龙眼撬动大产业，"土货"品牌化带领农户增收致富

西罟步村位于中山市东凤镇，"罟"是晒网的意思。西罟步村原来是滩涂地。在当地村中的主河涌叫壳涌，以前大家在里面捞蚬，发现河床就是一层接一层的蚬壳沉积下来的。因为水的成分和其他村不一样，所以西罟步村种植的果树结出来的果实味道也不一样。

西罟步村素有龙眼种植的传统，种植龙眼已经有上百年历史。全村共有3万多株龙眼树，几乎每家每户都种植龙眼，主要有石硖、乌圆等品种，石硖脆肉龙眼更以爽脆甘甜可口著称，有"中山翠玉"之称，是远近闻名、难得一求的岭南佳果。为进一步推进龙眼产业化发展，西罟步村惠农信息社牵头向国家商标总局成功申报了"西罟石硖"和"罟步石硖"两个商标，擦亮了西罟龙眼品牌。同时，围绕百年龙眼历史文化，信息社以龙眼合作社为主体，对接信息技术资源，研发龙眼树叶茶和龙眼果汁，着力打造"一条龙"特色龙眼现代生态农业产业。

信息社以"服务'三农'、支持'三农'、共同成长"为己任，创新农业服务模式，努力宣传推广西罟石硖龙眼品牌。通过广东省信息进村入户服务平台，对接省、市专家，针对西罟石硖龙眼的种植、培育等问题多次组织新型职业农民开展专场培训，提高农民创建、开发、应用品牌的意识。并利用广东省信息进村入户平台派发的移动智能设备，每到龙眼采摘时，通过"今日东凤""东凤生活圈"等微信公众号宣传推广"西罟石硖"，切实发挥信息技术指导生产、引导市场、服务决策的作用，信息社还贴近西罟步村农户生产经营，切合农户的实际需求，提供最新的农业技术与农业资讯，带领农户勤劳致富（图5-30）。

图5-30　西罟步村惠农信息社

西罟步村惠农信息社计划围绕已有上百年历史的龙眼树打造生态旅游业，并对接广东省信息进村入户服务平台，通过联系平台服务商入驻电商平台，打造农业生态链闭环系统，为传统农业赋能，实现向智慧化、品牌化的现代农业转变。

实例2：一个品牌富了一个镇，松口镇金柚靠信息化技术打天下

松口镇农业服务中心在成立惠农信息社以来，每年9～10月进入金柚旺销季，就会通过技术、信息服务和人才支持等措施宣传推广金柚，促进了农业龙头企业和农民专业合作社的发展（图5-31）。

图5-31　松口金柚自动传送流水线

松口镇已培育发展金柚专业合作社接近150家。全镇将金柚招牌放在首位，在农户间推广金柚测土配方施肥技术、金柚病虫害综合防治技术等无公害栽培方法，确保金柚口感与品质。松口镇农业服务惠农信息社通过对接广东省信息进村入户服务平台，宣传推广相关扶持政策、农业市场行情等资讯，鼓励并带动种植户将科技创新与金柚产业升级相结合，拓宽销售渠道，带动金柚产业规模化、系列化发展。松口镇已形成37个金柚种植专业村，金柚已成为松口农村经济发展和解决农村剩余劳动力的支柱产业。

松口镇农业服务惠农信息社积极引导镇村合作社对接互联网电商平台与传统农业产品合理融合，助推农产品电子商务快速发展，让更多外人有机会参与做大"金柚经济"。结合"松口金柚"品牌效应，构建产销对接渠道，通过对接广东省信息进村入户服务平台服务商农财网，在每年中秋节前发起金柚实物众筹活动，并对接鲜特汇、太阳集市、岭南优品、一齐搵鲜味、妃子荔等购物平台开展多渠道销售。宣传推广期间，更是获得地方乡贤、美食家、音乐人、媒体人、农资经销商、灌溉专家、农化女神等的倾情代言。2017年金柚众筹共获得上千名网友支持，在众筹时间比去年少1/3的情况下，以349%支持率超额完成目标，众筹金额达到174 389元（图5-32）。

图5-32　松口"驮娘柚"众筹活动情况

农户种出的柚子，只要品质和安全性达到标准，信息社会引导当地合作社和企业统一收购，利用自身的优势，通过整合资源，开发销售渠道，将优质的柚子卖出高价格，带领全镇柚农增收致富。目前，在松口镇农业服务惠农信息社的指导和带领下，全镇通过电商、微商宣传推广销售金柚的合作社有上百家，松口镇金柚实现"线上线下齐开花"。

5.2.3.2 "互联网+"催生新业态，带动乡村转型升级

随着居民收入增加和消费需求升级，现代信息技术快速发展和创新应用，农业农村资源要素的组合利用方式正在发生新的变化。"互联网+""旅游+""生态+"深度渗透并融入农业农村发展的各个领域和各个环节，不断催生诸多新产业、新业态和新的经营模式，成为增加农民收入、繁荣农村经济的重要支撑。以产业创新和业态创新培育农业农村经济新的增长点，已成为当前我国深入推进农业供给侧结构性改革的重要内容。农业部部长韩长赋在首届中国农村创业创新论坛上也提出：要善于运用互联网技术和信息化手段，树立互联网思维，大力推进农业信息化，依托信息技术发展新产业、新业态、新模式，让农村新产业、新业态成为带动农民增收致富的新亮点。

广东省紧抓农产品加工、流通、信息化、休闲农业等关键环节，把发展农村新产业、新业态，推进农村一、二、三产业融合发展，作为农业供给侧结构性改革的重要内容。当前广东省农业生产模式仍以传统方式为主，农产品的产供销仍存在一定的问题，城乡之间、地区之间发展及农产品供求之间不平衡不充分，个别山区发展缓慢。因此需要加快转变农业发展方式，加快发展新产业、新业态，实施"互联网+现代农业"行动，将现代信息技术应用于农业生产、经营、管理和服务，适应高端化、多元化市场需求，增加农民就业机会，提高农民工资性收入。

互联网是培育农业农村新业态新动能的新引擎，是促进优质农产品市场营销的重要窗口。广东省信息进村入户的建设，完善了农业信息服务体系，促进了互联网与农业农村相融合，并打造了农业农村线上生活生产服务平台，促进农村新产业、新业态的发展。广东省信息进村入户服务平台依托惠农信息社，扶持一批地方特色农产品，利用平台网站及各种媒体宣传手段，加大品牌宣传推广，撮合电商平台与经营主体对接，通过电商积极促进农业增产增收、降低农村生活成本，共享互联网发展红利。同时，把促进农业产业创新作为平台的一项重要任务，积极支持大学生、农村青年投身现代农业，推动农村电商的发展，通过创新实现创业，激活"互联网+现代农业"创新活力，打造现代农业"双创"生态圈，提升现代农业发展活力。

实例：老房子里孕育出新经济，惠农信息社让军埔村电商更上一层楼

以互联网为核心的信息技术的发展催生了一批新产业、新业态、新模式。以淘宝村为代表的农村电商们犹如春天田野里蓬勃而出的小草，蕴藏着强大的生机和活力。作为曾经的食品及食品机械专业镇锡场镇镇内典型的食品加工专业村，军埔村曾和中国很多农村一样，村民要靠外出打工谋生。而今，这个面积0.53千米^2、490户、2 695人口的村庄，有70%的人家涉足电商，村民成了"店主"，小村变为小城（图5-33）。

军埔村农村电商的发展，带动着当地经济的转型升级。坐落在军埔村的军埔村惠农信息社，利用自身的信息化设备和丰富的农业农村电子商务经验，服务着当地的电商发展。为了更好地发展农业农村电子商务，军埔村惠农信息社加快基础设施

图5-33　揭阳市军埔电商村

建设，畅通农村产品上行、工业产品下行和物流配送三条流通线，最大限度减小物流成本，并全面升级通信网络，实现光纤到户和无线网络全覆盖。同时与院校联合，积极举办农业农村电子商务培训，为当地培训一批优秀的电子商务人才。并与广东省信息进村入户服务平台对接，获取惠农服务商的资源，让村民们可以通过平台网站获取惠农通信办理、产品金融众筹及金融贷款等业务，还可随时知晓市场运行动态、把握产品流行需求趋势，让平台提供的"一站式"信息服务真正发挥功效。同时，建立了军埔村电商网，可以让客户在网站上获取到当地的产品信息，方便了电商经营者与客户的对接（图5-34）。

图5-34　惠农信息社举办农村电子商务培训

　　"上网触电"让曾是食品加工专业村的军埔村焕发了新貌，曾经的老房子变成了装修时髦的二层楼房，小村子成为小城镇，信息化助推了农村电商等新产业、新业态的发展，成为带动农民增收致富的新亮点。军埔村惠农信息社也丰富着自身的内容，鼓励更多的青年回乡创业，成为农村经济转型，推进农村信息化、城镇化建设的生力军。

5.2.3.3　信息化"催热"乡村游，农村旅游开启智慧模式

　　休闲农业和乡村旅游是农业供给侧结构性改革的重要内容，是农业农村经济发展的新动能。党的十九大报告中提出，要"实施乡村振兴战略"，通过建立健全城乡

融合发展体制机制和政策体系，加快推进农业农村现代化，实现"产业兴旺、生态宜居、乡风文明、治理有效、生活富裕"的振兴乡村目标。当前，休闲农业和乡村旅游已经成为农业农村新的致富点，已经成为不少城市居民外出的热门选择。据农业部统计，2016年，全国休闲农业和乡村旅游接待游客近21亿人次，营业收入超过5 700亿元，从业人员845万，带动672万户农民受益。休闲农业和乡村旅游，已经成为农业农村经济发展的新动能，成为农民就业增收新的增长点，成为激活乡村力量、开辟乡村与农业建设的新途径（图5-35）。

图5-35　韶关市九峰镇九峰山樱花节

　　广东省作为我国沿海发达省份，拥有珠江三角洲庞大的出游客源市场，居民旅游需求旺盛，乡村旅游发展较早，已经初步形成了一个内涵丰富的乡村旅游产品体系。党的十九大召开后，广东省也全面实施乡村振兴战略，开启新时代美丽乡村新征程，把休闲农业和乡村旅游作为重要的工作内容，把大力发展岭南特色乡村旅游，促进智慧旅游体系发展作为工作重点，从省域出发进行资源分区，让各区域发挥自身资源的特色，实施"美丽乡村"旅游工程，推进"互联网＋"在旅游业的应用，充分利用云计算、大数据、物联网等技术，促进业态创新，发展智慧旅游。

　　广东省信息进村入户工程响应"乡村振兴战略"的要求，以信息化助力美丽乡村建设，推动智慧旅游体系的发展，让信息进村入户成为深入贯彻落实乡村振兴战略部署的重要抓手。为了更好地解决广东省内部分乡村地区在休闲农业与乡村旅游发展中存在的问题，广东省信息进村入户服务平台依托惠农信息社，将信息化服务延伸到村，积极推进移动网、电信网、广电网在农村地区的融合，多渠道推动Wi-Fi、4G等网络资源进村入户，缩小城乡互联网差距，让乡村地区也能享受到稳定的网络。同时，信息社也可通过手机、触

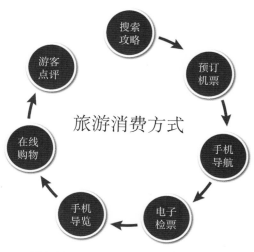

图5-36　互联网时代的旅游消费模式

摸屏等信息化设备，将举办的活动或精心准备的乡村旅游线路、特色旅游方案发布到广东省信息进村入户服务平台网站上。平台结合微信、QQ等网络新兴媒体，发挥其时效性好、覆盖面广、动态表现效果强、信息装载量大、成本低廉等优势，收集信息社的内容，以图文、视频等形式进行报道，助力推广，依靠平台网站以及各信息社微信群、朋友圈等途径，将信息社举办的最新活动推广开来，将地区旅游资源信息更好地传达给大众，让旅游的触角伸向寻常百姓家，让田间农舍变成旅游景区，让农产品变成网上热卖的旅游商品，让越来越多的农民增收致富（图5-36）。

实例1：信息转变思路，让耕管村冬日闲田变万人赏花海

岭南2月，珠海莲洲，乡路旁60亩的油菜花像一片海。每年2～3月，通过举办油菜花文化旅游节，春暖花开的耕管村平均每天要接待近5万人次的游客，壮美的油菜花田，美味的农特产品，为这个村庄带来了人气与财气（图5-37）。

结合广东省信息进村入户建设，珠海市斗门区将发展乡村旅游作为信息进村入户的重要工作内容，在当地美丽乡村建设了一批惠农信息社，依托惠农信息社开展信息服务，引导带动当地乡村旅游发展。

图5-37　莲洲镇耕管村惠农信息社发布旅游信息

耕管村惠农信息社位于珠海建设新农村示范片主战场——斗门区莲洲镇。这里空气清新，风景如画，特产丰富。为了提高当地的农业种植效益和村民收入，耕管村惠农信息社通过走访调研，了解分析当地实际情况，整合各地发展经验和区镇政策信息，进一步深化农村综合改革，将美丽乡村建设作为重要抓手，促进基础设施和公共服务延伸。信息社本着让冬闲土地有效利用的想法，引导当地农户种植了60亩油菜花，金灿灿的油菜花为村子吸引了大量游客，黄沙蚬、鸭扎包等当地特色农产品也广受欢迎。通过销售这些农特产品，带动了当地农户增收致富（图5-38）。

为了更好地宣传推广油菜花节，耕管村惠农信息社积极利用各种互联网新媒体，以图文、视频的方式展现当地油菜花金黄一片、佳境如画的美景，将油菜花游这个浓缩型、季节性的特点宣传出去，吸引周边游客前来游览，在这里尽情赏花、踏青、摄影、写生，乐享乡村之美。

图5-38 油菜花节吸引游客观赏

现在，耕管村已经拥有珠海成片面积较大的油菜花田。信息改变思路，互联网改变生活，这个曾经偏僻的小村庄，利用信息化的推广，让冬日闲田变成万人赏花海，让乡村旅游成为当地经济快速发展、村民增收致富的新途径。

实例2：信息化让"世界过山瑶之乡"的旅游品牌越来越响

乳源瑶族自治县位于广东省西北部、韶关市西部，西北角与湖南省宜章县接壤，是最能代表广东旅游形象的地区之一。倚山而建、构造独特的吊脚楼，色彩多变绚丽、独具民族特色的瑶族服装，手工精细、颇具收藏价值的瑶族刺绣，豪放粗犷、高亢婉转的瑶族山歌，独具风格与魅力的瑶家舞蹈，所有这些，无不吸引着异地的游客。

为了更好地开发当地的旅游资源，带动当地农户增收，乳源瑶族自治县引导有条件的农户开展以"吃瑶家饭、住瑶家屋、看田园景、品民族情"为目的的"瑶家乐"生态休闲旅游，举办充满当地特色的瑶族"十月朝"文化旅游节，并开通了"掌上乳源"智慧旅游平台，让前往乳源的游客和市民通过手机，在智慧旅游平台上得到食、住、行、游、购、娱等全方位的旅游服务，轻松实现智慧出行。但是，这一切都离不开重要的媒体宣传。媒体的宣传，可以让更多的人了解当地的美丽风光与特色旅游，吸引更多的游客前来（图5-39）。

图5-39 "掌上乳源"智慧旅游平台APP页面

乳源瑶族自治县必背镇必背村惠农信息社将瑶族优秀的传统文化与秀丽的自然资源有机结合起来，积极通过各种渠道宣传推广当地的特色瑶族乡村旅游，利用广东省信息进村入户服务平台建设的网站主页，完善信息内容，让游客只需用手机扫描二维码便可从信息社主页了解必背村当地独特的瑶族风貌，同时与平台对接，利用《每日一社》栏目进行宣传。信息社也将当地的旅游景点和旅游信息等融入"掌上乳源"智慧旅游平台中，游客也可以在"掌上乳源"智慧旅游平台中，获取到当地的餐饮、住宿、购物、特色景点等旅游资源信息，并支持手机在线查询、游览、预订、推送、支付等功能，获得更加便捷、精准、智能的旅游体验。

乳源全县2015年接待游客376.03万人次，旅游综合收入30.98亿元，成为广东省县域经济旅游创新发展十强县。更多的线上宣传渠道，更多的媒体报道，让当地的瑶酒、瑶菜、瑶茶、瑶药、瑶绣、瑶节品牌为更多人熟知和喜欢。"世界过山瑶之乡"的旅游品牌越来越响，成功走出了一条"以农促旅、以旅兴农"的农旅融合发展之路。

5.3　实施成效

通过在广东省内部署公共服务型惠农信息社，有效地聚合了便民服务和涉农信息资源，为农民提供了高效快捷的综合信息服务。依托惠农信息社汇集包含公共服务、金融服务、农技指导等各方面的服务内容，通过对接广东省信息进村入户服务平台的信息服务资源，信息社以数据采集、信息对接、应用推广等途径进行信息服务资源整合，推动便民信息服务落地，完善监测预警模式，促进消费驱动的生产决策，真正打通农村信息服务"最后一公里"，也让惠农信息社更好地结合自身条件开展信息服务，真正实现信息服务在农村地区的落地。

5.3.1　"互联网＋农业信息服务"助力岭南"三农"信息化全面提速

为促进农村产业经济升级转型，助力信息进村入户的顺利推进，惠农信息社利用宽带网络、大数据、线下站点及渠道拓展等优势资源，结合农村的实际需求，通过对接广东省信息进村入户服务平台，打造出关于农业生产、农民生活和农村信息化的各项服务。通过健全农业信息服务体系，实施"互联网＋现代农业"专项行动，惠农信息社利用农业技术、农机技术推广、病虫害预警预测、质量安全监测等服务开展农业生产领域的信息指导，提升农业生产、经营、管理和服务水平，促进农业信息技术的应用推广，助力测土配方施肥系统、病虫害监测预报防控系统、农产品质量追溯系统、猪场环境监控系统、禽场环境监控系统、信息化水产养殖系统等应用实现农产品品质提升和岭南特色农业产业发展（图5-40）。

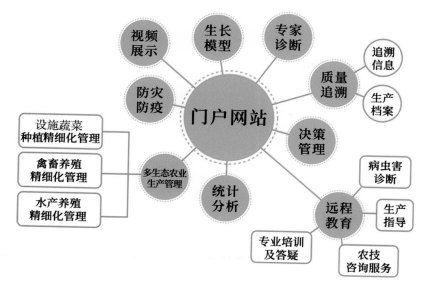

图5-40 农业信息服务贯穿农业管理各个环节

5.3.2 公共服务网络化，促进乡镇便民惠农能力提升

惠农信息社通过信息化渠道在"提高群众获得感、创新服务新模式、提升治理新水平"等方面的做法，以及在助推公共便民服务落地等方面取得了显著成效。惠农信息社从加强信息化建设入手，努力提升便民惠民服务能力。通过整合服务资源、服务系统、服务队伍和服务渠道，建立了以信息咨询服务、技术推广服务、政策支持服务、信息公开服务为主的农业信息综合服务体系，全面推进了便民服务在乡镇的推广和落地（图5-41）。

惠农信息社依托广东省信息进村入户服务平台以网上办事大

图5-41 电子政府云端服务覆盖范围

厅为基础，集成网上办事、信息公开、强农惠农政策等资源，开展"一站式、全天候、全覆盖"的网上办事服务，有力提升了便民服务能力，稳步推进了乡镇信息化发展，在农业增效、农民增收方面取得了显著成效。通过开展公益服务、便民服务、

电商服务和培训体验等活动，有效解决了农业信息服务"最后一公里"问题。

5.3.3 美丽乡村建设，推动南粤农村经济综合发展

美丽乡村建设是推动城乡一体化发展、改善农村环境、发展农村经济、增加农民收入的突破口。结合广东省信息进村入户建设，通过发掘南粤村庄资源特色，谋划美丽乡村发展策略，提炼美丽乡村发展模式，同时建立了农村发展管理长效机制。惠农信息社参与打造农产品区域公用品牌，实施农产品品牌质量追溯专项行动，围绕建设电子商务发展的目标，大力发展农业农村电子商务，引进阿里巴巴、京东、苏宁等知名电商企业入驻，促进了乡村农产品销售，构建了新型农业经营主体与平台企业、集配中心、快递物流企业合作的配送体系。通过依托惠农信息社，整合乡村优势资源，融合产业，结合当地文化，利用微信公众号、微博、自建网络平台等信息化渠道进行宣传，做大做强乡村旅游业，打响了乡村旅游品牌，提升了乡村旅游的知名度和社会影响力，取得了良好的社会经济效益（图5-42）。

图5-42 梅州市梅县区南口镇瑶燕村

第6章

"互联网+" 助力广东省信息进村入户建设

6.1 概述

广东省高度重视农业信息化的建设，广东省农业厅认真贯彻落实省委、省政府的部署要求，把信息化作为农业现代化的一个重要制高点，并把信息化建设作为现代农业"十大工程、五大体系"的重点工程。紧紧围绕农业现代化和农业供给侧结构性改革的目标任务，加快现代信息技术在农业农村领域的推广应用，推进"互联网＋现代农业"健康发展。

广东省农业厅成立了由郑伟仪厅长为组长、程萍巡视员为副组长的农业信息化工程领导小组，加强组织协调，形成统筹规划、分工明确、相互配合的工作机制，用"一盘棋"的思路推进全省农业信息化建设，扎实推进农业部信息进村入户试点省工作，信息化水平大步跨入全国农业系统先行列，在政务高效化、生产智能化、经营网络化和服务便捷化方面取得显著成效，为广东省信息进村入户服务水平的提升注入了强劲动力。

（1）服务规模拓展，服务延伸基层。经过多年建设，广东省、地级市、县各级农业信息平台建设初具规模，形成多系统、宽领域的农业信息网站群，农业信息服务网络逐步向基层延伸。广东农业信息网覆盖了21个地级市，并开通了官方微信，在农业部全国省级农业政府网站测评获得用户体验全国第一，互联网影响力第四，被中国信息协会信息服务网络委员会授予"政府网站新技术应用优秀案例"奖。

（2）应用自上而下，多级联动开展。以点带面，在梅州、湛江、江门、惠州、东莞、广州、珠海、高州、阳东、揭东、乳源、河源灯塔盆地等12市县全面开展农业信息化应用示范，将农产品溯源平台、物联网应用平台、农业经营管理系统等信息化应用对接到示范地区，形成省、地级市、县、镇、村多级联动，有效推动信息化与农业现代化的深度融合。

（3）健全服务体系，提升服务效率。全面推行办公自动化（OA）系统，将广东省农业厅46个业务系统整合到一个农业行政管理综合平台上，实现农业投资项目、动物防疫溯源、种子检验、疫苗供应、测土配方、土壤肥料、生产监测、农业物联网应用等46项业务管理互联互通信息共享，有效提升了行政办事效率。加强网上办事大厅建设，57项行政审批事项全部进驻，网上办理率达到100%，实现行政审批"零到场"。

6.2 工作实践

6.2.1 涉农补贴资金科技监管信息平台

广东省农业厅积极探索强农惠农资金监管的新方法、新途径，利用互联网制度加科技开发涉农补贴资金科技监管信息平台。将农村低收入住房困难户改造补贴、农机购置补贴、农资综合补贴和农作物良种补贴等涉农资金全部纳入监管平台，并充分考虑农民群众实际情况，力求让农民能够易看、易懂、易查、易用，简单操作就能查询涉农资金补贴情况，借助网络化监督实现资金发放更加透明（图6-1）。

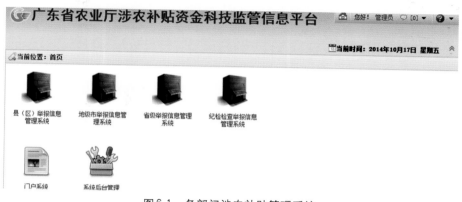

图6-1 各部门涉农补贴管理系统

广东省涉农补贴资金科技监管信息平台是涉农补贴业务办理的"高速公路"。建立涉农补贴资金科技监管信息平台，形成以农业厅纪检组为中心，公众、各有关单位通过网络在一定权限范围进行补贴查询、举报、受理和统计等业务的统一管理系统，可实现全省涉农补贴资金监管业务办理、查询、统计等的信息化和网络化，支持公众及省、地级市、县级涉农补贴管理部门对全省涉农补贴情况统计、监督和管理。平台服务覆盖农业厅的各个与补贴资金相关的处室、地级市、县级涉农补贴管理部门和社会公众。

涉农补贴资金科技监管信息平台是广东省第一个面向社会公众开放的补贴资金发放情况在线查询和监督监管平台，业务覆盖多项涉农补贴范畴，可实现在线公开宣传、公众查询、业务管理、咨询投诉。平台逐步推动形成制度约束与网络监管为一体的监管机制，对涉农补贴资金进行全过程监控和在线监管，农民可直接查询，政府可透明监管，有效规避了资金运行风险及腐败行为，提高了监管效率。

6.2.2 网上办事大厅广东省农业厅窗口

涉农政务，是广东省农业发展的核心大脑。为让广东省农业大脑运作更加迅速高效，农业厅成立了农业农村信息化建设领导小组，开启了完善电子政务基础建设工作，并与多种农业电子政务手段结合使用，初步建立了"一图，一库，一网，一平台"的大数据应用综合管理体系，实现了农业生产"云上看、网上管、地上查"的管理全模式。

广东省网上办事大厅广东省农业厅窗口让老百姓像享受网购一样享受政府的电子政务服务。为做到真正惠民，农业厅网上办事大厅窗口将"8小时政府"变为了

24小时的"全天候政府",变群众跑腿为信息跑路,变群众来回跑为部门协同办,变被动服务为主动服务。群众白天没空办的事,晚上提交到网上,政府部门一样受理,并在承诺时间内办妥(图6-2)。

图6-2 网上办事大厅广东省农业厅窗口

网上办事大厅广东省农业厅窗口为社会提供实实在在的便利,以服务对象为中心,以服务事项为主线,通过优化网上办事流程、提高业务办理对接深度,减少办事人到现场次数,缩短办事时间。农业生产者只需在网上办事大厅登录,便可了解各个事项办理的要求及办理流程,并在网上办理业务以及查询业务办理情况,实现行政审批"零到场",而且办理率达到100%,办理行政业务从此告别舟车劳顿(图6-3)。

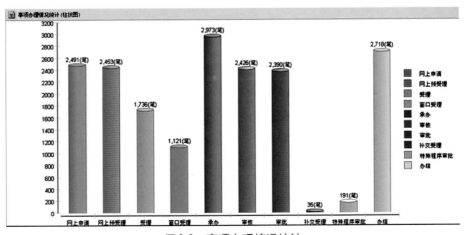

图6-3 事项办理情况统计

网上办事大厅广东省农业厅窗口整合全省涉农业务办理资源，使信息获取更加便捷，也进一步实现了政务服务形式多元、渠道畅通、便捷高效、公众满意。

6.2.3 广东省农业信息监测体系

在广东省农业厅指导下，广东省农业信息监测体系建设通过对全省345个规模生产基地、50个农产品批发市场、24个基点县、1 200个品牌农产品开展信息采集，建立"数据统一采集、全产业链协同、产业专家会商、信息动态发布、数据服务管理"机制，开发《数说广东农业》等系列数据产品，实现了"生产看基地、行情看田头、流通看市场、消费看社区、成本看农户、意向看大户、经营看企业、效益看产品、区域看县区、行业看专家"的全产业链监测预警（图6-4）。

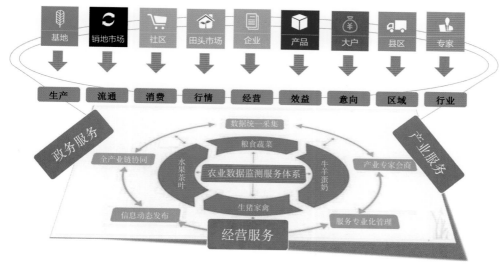

图6-4 广东省农业信息监测体系模式

（1）建立规范化的全产业链调查体系。以省内主要产业为主线，以产业链协同为导向，建立产业大数据指标体系，围绕生产、流通、消费三大环节中产生的数量、价格、来源去向等信息，定期采集价格、成本、收益、生产意向、产能、产量、交易、消费量、科技、收入、经营等数据，采集周期分日、周、旬、月、年及重要农时等类型，开展每月主要农产品供需数据监测、重要农产品全产业链流向分析。

（2）开展数据分析+专家把脉，支撑信息服务。定期开展专题化、图形化分析报告编制，每年编制分析报告数量达到150份以上，每周发布《农产品价格快报》及产业动态快讯，每月编制《市场信息快报》，每季度汇编《广东省主要农产品供需形势分析》，每年形成《广东农业经济信息手册》及图说专题报告。同时，分析报告在省农业厅、《南方日报》、农业信息网、微信、APP等渠道发布，发挥预测的核心功能，以服务"三农"为核心，有效解决报告滞后、产业服务面窄等问题，合理引导农业生产供给，同时将所有分析报告上报农业部（图6-5）。

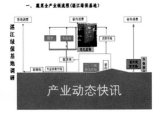

图6-5　广东省农业监测体系数据产品

（3）互帮互助、途径多样的会商交流。根据各产业需求及当前热点问题，按产业开展各类型信息员业务培训和现场交流，每年实现信息采集轮训培优行动对监测点信息员全覆盖。开展监测点交流互助，相同产业经营主体共商行业发展，搭建"比学赶超"交流平台。建立微信群和QQ群，以产业热点驱动，让生产者、种养大户、分析师、产业专家、消费者、管理部门同群交流，通过线上线下的快捷互动交流实现随时会商与互动交流。

（4）专业团队开展分析预警。农产品分析预警团队由专家顾问团、产业分析师、基层信息员共同组成。专家顾问团由全省50位产业技术体系专家组成，主要负责参与相关产业供需形势调研、培训和重大、应急性农产品供需研判任务。产业分析师负责监测数据的质量控制，从完整性、规范性、逻辑性、合理性等方面开展数据审核，对全产业链数据进行汇总分析，组织落实调研与会商研判，编制及发布农产品供需形势分析报告，面向信息员开展业务培训。基层信息员由生产、流通、消费等环节监测点相关人员组成，负责及时、真实、准确填报产业链相关数据，形成"定点、定人、定时"的稳定信息采集机制。每年对监测点完成信息报送工作情况开展评价，评定优秀信息员。

广东省农业信息监测体系实践成效包括四方面。一是监测平台统一数据采集分析，按照产业维度、应用数据标准，完善农产品生产、流通、消费各环节信息监测要素，明晰农产品产供销内在关系。按照大数据监测业务开展要求，将动态新增的监测点信息纳入系统，统一根据产品品种部署采集表格，形成电子化监测。根据数据采集规范完善系统数据校验与审核机制，确保数据"准确上报、有效应用"。

二是辅助管理部门决策。充分运用产业监测大数据成果，每周形成农产品市场价格快报和产业动态快讯，每月形成市场信息快报，每季度形成产业发展专题报告，及时提交政府部门参阅。整合耕地资源、农业产值、农民收入、科技发展、品牌效益、经营主体等农口数据，汇总为服务农业政府部门的"数据中心"，辅助政府及时了解行业与地区发展，支撑供给侧结构性改革决策。

三是推进大数据服务农业生产供给。通过多渠道的农业信息发布、简明清晰的图形化表达方式，让农业生产者从手机获得及时有效的分析预警，有效避免生产者对生产流通信息"看不见、听不懂、用不上"而造成盲目生产、集中上市滞销的局面。每年每产业单独开展业务培训及现场交流会，为规模化的农业生产企业、合作社建立了全省性的互助交流渠道，及时获取各地行情信息、种养技术解答、天气预警、新品种新技术介绍等信息，形成了强凝聚力的团队环境，强化了大数据服务效果。

四是联合专家开展产业课题研究。产业链周度、月度数据与产业专家共享，各类分析报告成为专家产业研究的重要参考。通过产业链数据共享以及高校、科研机构资源整合，利用座谈会、学术报告会、联合调研等形式，充分调动专家学者的积极性，创新体制机制，发挥广东省农业数据监测服务体系的智库作用，为农业产业结构调整与升级等课题研究提供数据支撑，瞄准产业未来发展方向，联合专家形成"结构合理、分工协调、交流紧密、集中迅速"的产业研究团队。

6.2.4 广东农业物联网云平台建设

广东农业物联网应用云平台通过对农业基地的远程视频监控和物联网传感器技术应用，为农业厅、农业经验管理者提供了生产过程和生产环境的综合远程监控、数据分析及呈现，实现了农业生产经营过程的智能化控制和科学化管理，对提高资源利用率、劳动生产率及促进农业生产方式转变具有重要意义。

平台支持电脑、平板、手机等终端，具有综合监控、环境监控、视频监控、报警处理、数据分析、设备台账管理、组织管理、场景管理、报警配置、用户管理等功能，实现了对基地生产环境进行实时监控，对异常情况及时报警。平台同时能汇总生产情况数据并进行分析，及时发现生产发展的不利因素，实现农业生产远程可视、掌上可控（图6-6）。

广东农业物联网云平台成功接入全省21个地级市，覆盖138个省级"菜篮子"基地。平台的建设还推动了光纤直达田间地头，"菜篮子"基地专线逐步拓展至全省农业现代化示范园区和"五位一体"生产基地，逐步实现了田头网络全覆盖。平台每月储存处理近556太字节（Tb）视频，在生产环境指标监测、现场视频监控、灾情疫情防控等方面起到重要作用（图6-7）。

图6-6　物联网云平台对基地视频监控和环境数据监控

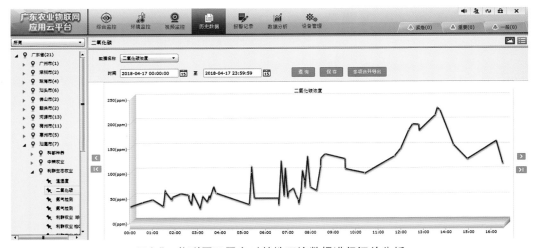

图6-7　物联网云平台对基地环境数据进行汇总分析

6.2.5　广东省农产品质量安全追溯平台

当前，广东省农产品质量省级溯源平台已基本建成，目前已有超过3万家企业接入该平台。目前，广东省已完成开发并开放了婴幼儿配方乳粉监管平台、生产流通企业追溯平台、公众查询平台及经营户移动终端APP等，在全国率先实现了婴幼儿配方乳粉从生产、流通到销售终端的全程可追溯。

在水产品领域，广东省已完成了追溯系统软件及对应使用的二维码电子追溯标签的开发，建立了1个省级、7个地市级、13个县级水产品追溯监管平台，并将试点推广应用到29家养殖企业和4家批发市场。养殖面积达6万亩，年产量达4万余吨，市场交易量达20余万吨。到目前为止，该监管平台共收录追溯码信息5万余条，初步建立起由政府监管部门、养殖企业、批发市场、渔业行业协会、渔民专业合作社和消费者查询平台组成的全省水产品质量全程跟踪的溯源体系。

广东省还将对全省农产品实现四级安全追溯，未来将搭建面向公众的质量追溯平台，通过互联网实现农产品质量安全信息公布，包含种植业、畜牧业、加工业，通过展示农产品企业生产情况地理信息，发布农产品质量安全监管报告，采集社会对农产品质量安全的投诉和建议，实现利用追溯码对农产品生产信息的追溯和通过手机端扫码的追溯。未来，省、地级市、县、乡镇还将实现4级农产品质量安全追溯联网监管，按属地管理原则，对本地区农产品质量安全进行管理和追溯（图6-8）。

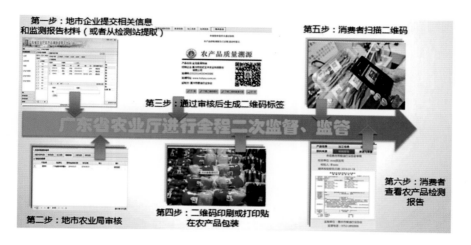

图6-8 广东省农产品质量安全追溯平台溯源模式

6.2.6 广东省农业经营管理系统

广东省农业经营管理系统面向全省农业龙头企业、省级农民专业合作社等农业经营主体，建立了农业经营主体综合数据库，构建了农业经营评估模型，实现了新型主体和品牌产品的统一信息管理，形成行业数据跟踪，为经营主体、政府部门和社会公众提供信息服务和决策参考（图6-9）。

系统收录2 152个农业经营主体基础信息及相关1 200多个品牌农产品经营信息，开展申报、监测、评估等业务工作，为重点培育上市农业企业提供数据支撑，并通过系统开展企业分布、发展类型、经营规模、经营能力、劳动效益、带动效益、发展排行七大类综合分析，并面向经营主体开展行业自评功能。农业主管部门通过系统可获取农业经营综合数据管理与应用，社会公众通过系统可查询公开行业资讯（图6-10）。

图6-9 广东省农业经营管理系统界面

图6-10 广东省农业经营管理系统对农业生产单位经营情况进行汇总分析

第7章

各地级市、县信息进村入户建设成效

7.1 广州市信息进村入户建设成效

【工作措施】

（1）大力推进信息进村入户试点工作。贯彻落实《关于加快推进信息进村入户工作的通知》（粤农办〔2016〕90号）要求，结合广州市农业信息化实际，组织开展专项调研，细化广州市信息进村入户试点工作方案，大力推进信息进村入户试点工作。

（2）大力推进"互联网+农业"发展及应用。一是根据《广东省人民政府办公厅关于印发广东省"互联网+"行动计划（2015—2020年）的通知》（粤府办〔2015〕53号）要求，主动适应经济发展新常态，顺应网络时代发展新趋势，利用互联网技术和资源促进广州市现代农业发展，组织召开广州市"互联网+农业"高层论坛，邀请国家级、省级农业信息化专家，以专题演讲的方式为广州市从事农业工作的人员解读国家及广东省有关"互联网+"发展政策、方向和措施，以及政府、企业与社会在发展中的角色定位，全国各地在"互联网+农业"的一些做法。再结合广州市智慧乡村及农业信息化现状，提出切合实际、具体可操作性的"互联网+农业"行动计划。二是积极探索大数据、物联网、数字农业等前沿信息技术在广州市现代农业园区、温室大棚自动化生产、水产养殖智能化调控、大田作物精确栽培、畜禽养殖生态化处理等方面的试点应用。

（3）继续推进政务信息化建设，做好技术服务工作。一是继续推进智慧乡村、农资市场监管平台、智能化水产养殖试点和"菜篮子"产品供应和安全保障信息管理系统等重点信息化项目的建设和推广应用工作。二是完成政务网络信息系统规范化改造和兽医行业综合管理平台升级改造，做好定点供穗生猪养殖基地管理信息系统、农业产业化统计系统和农业项目专家库系统的运维；推进畜禽及肉品生产信息追溯系统、农村"三资"交易管理平台和农村土地承包经营权确权登记颁证信息管理系统项目建设。

【主要成效】

（1）建设了农博士服务平台。创新农技问诊模式，当农户通过农博士提交问题时，由系统自动分派给相关专业的所有专家，多个专家可以进行抢单及时回复结果给农户，定期根据抢单数量对专家进行奖励。这样使得系统能够更快捷地为农民提供服务（图7-1）。同时借鉴"看病挂号"的模式，在农博士平台列出各专家的详细介绍、擅长领域等信息，由农户根据问题类别，直接选择专家进行问诊咨询。

①开发了"农博士"微信版，提高服务覆盖面。一是基于移动互联网技术开发"农博士"微信版，功能包括一键问诊、自助问诊、气象服务、农技技术、农情预警等，促进农业生产发展。二是通过宣传智慧乡村、美丽乡村、新农村建设等工作，甚至在未来可以打造掌上农村电子政务平台，让社会公众了解农村、关心农村、热爱农村，并通过各种形式共同参与农村的建设工作，促进城乡一体化。三是通过宣

图 7-1 农博士综合服务系统

传农家乐、乡村休闲旅游，既可丰富城乡居民的文化生活，又可促使农民增收，促进城乡两地的交流、融合及和谐发展。四是通过提供农产品溯源，宣传绿色食品、有机食品、名优产品，保障食品安全，保障市民的身心健康。五是通过发布市场价格、供求信息、社员互动推动农村掌上电子商务发展等，繁荣农村经济。

②升级了农博士农技知识库。开展农博士平台综合信息（种养技术、农技知识、新品推荐、三品一标、名优企业、新农村建设、观光农业等）的采集、加工、更新和入库等运行维护工作。实现与广东省知识库、广东省农产品溯源平台、广州市农产品溯源平台等系统的数据对接和共享，充实知识库内容。

加大农博士应用推广力度。结合广东省农业厅的信息进村入户工作，推广农博士应用。围绕企业经营型、青年创客型、公共服务型等，分地区、分对象、分内容开展一系列信息进村入户的推广培训工作（图7-2），让更多企业和农业生产者关注和使用农博士，提供专业种养技术和指导，提高企业农产品产量和质量，实实在在帮助企业解决生产问题。多渠道宣传推广农博士，通过电视及广播媒体广告、报纸横

图 7-2 广州市信息进村入户培训交流活动

幅及单页广告、名片及产品购物袋广告等渠道，宣传农博士提供的农产品溯源、龙头企业展示、电子证照公示、市场价格等专业服务，为龙头企业、专业市场在广大市民中展示企业形象、建立品牌效应，从而为企业赢得社会效益和经济效益。在农村田间地头设立农博士信息服务牌，可作为田间地头的政策宣传和信息服务载体，还可以提供农博士等在线信息服务平台的下载途径。

（2）建设了智能化水产养殖试点系统。在广州番禺区海鸥岛名优水产养殖基地、广州市番禺区农业科学研究所、广州番禺区石楼镇沙南村德力水产养殖基地、广州海鸥岛海森沙养殖基地、广州海鸥岛沙南金海养殖基地等5个基地完成了试点建设工作，完成了共5套水体监控设备和5套生产视频监控设备的系统集成建设实施工作，采集了5个基地的溶解氧、pH、温度等指标值共约29万条，实现了对5个基地示范鱼塘的水质监测、视频监控和远程自动控制，还可以对一段时间内的水质状况和趋势进行分析，为养殖户的渔业生产提供了极大帮助和指导建议。

（3）建设了定点供穗生猪养殖基地管理信息系统。系统主要根据供穗生猪基地及养猪场申请条件和认定流程，通过网络信息技术实现定点供穗生猪养殖基地及其养猪场认定、取消等业务办理，方便各业务部门、经信委、发改委、物价局、财政局、工商局授权用户查询统计生猪基地供应情况及综合监管（图7-3）。系统面向市内外20多家供穗生猪基地及下属约600个定点供穗养猪场全面推广使用，为全面、及时掌握和了解广州市供穗生猪数据和质量等情况提供了有力支撑。

图7-3　广州市定点供穗生猪养殖基地管理信息系统

（4）建设了兽医行业管理系统。包括广州市兽医行业数字家园、网上行政审批、网上办事服务系统、网上业务管理系统和兽医数据共享与交换系统，广州市六大类兽医行政审批事项全部实现网上审批。信息平台建设有效提升和规范兽医行业管理信息公开，提升兽医管理电子政务水平，全面实现兽医行政审批网上办事，实现兽医管理信息网上实时采集分析，实现兽医行政审批标准、程序、规范三统一，实现市和区县兽医主管部门、动物卫生监督机构、兽医部门和公安、卫生、环保、工商等部门网上信息交流与共享。目前,该平台共受理广州市动物诊疗机构审批251宗,执业兽医注册备案558宗,一、二级与动物有关病原微生物实验室备案3宗(图7-4)。

图7-4 广州市兽医行业管理系统

(5)充实完善了专家服务团队,提高了服务及时性。从广州市农业相关的企事业单位(大专院校、科研院所、国有企事业单位和农业产业化企业)组织或聘任各类农业专家,充实完善专家服务团队,将现有专家服务团队从45人扩充为100人左右。一是提高线上农技问诊服务的时效性,将问诊答复时间缩短至2~4小时以内。二是线下服务以农业经营主体为服务对象,着力推广一批农业新技术、新品种,转化一批农业科技成果,破解一批关键共性技术难题,培训一大批农村实用人才,并在实践中培养了一批农业科技领军人才、骨干人才。三是结合精准扶贫工作,建立了农业专家进基层结对帮扶互动机制,加强固定指导与动态服务相结合、研究开发与基层推广相结合,助推特色优势农业产业加快发展(图7-5)。

图7-5 广州农业信息网

(6) 成立了广州市电子商务协会。由广州市农业信息中心发起成立广州市农业电子商务协会，协会由电子商务企业自愿组成，是具有行业性、地区性、综合性和非营利性的社会团体。通过协会的建设，实现了农产品全产业链资源协同共享，推动了广州农产品名优化和名牌化、农产品安全可追溯，带动了农村农民致富。目前协会单位合计40家。

7.2 珠海市信息进村入户建设成效

【工作措施】

信息进村入户是新形势下为农信息服务的创新性、系统性、基础性工作，要保证其顺利实施，必须把握原则、突出重点、强化措施落实。

(1) 需求导向原则。问需于民，努力满足农民对信息服务的需求，真正做到信息服务让农民满意。

(2) 合力推进原则。充分调动各方积极性，形成各尽所能、各司其职、齐心协力推进信息进村入户的工作格局。

(3) 市场运作原则。充分发挥市场在资源配置中的决定性作用，鼓励支持相关企业、农业市场主体参与信息进村入户工作，建立信息进村入户市场化运营机制。

(4) 试点先行原则。选择具有相应条件的行政村综合服务中心、农村商超、专业合作组织等先行先试，摸索总结可借鉴、能推广、可复制的做法和经验。

(5) 强化措施落实。动员政府、社会相关资源，组织信息员培训，建立惠农信息社综合协调管理机制，因地制宜，分类指导，强化信息服务考评和监管，确保珠海市信息进村入户工作健康快速发展。

【主要成效】

(1) 高度重视，统筹推进信息进村入户建设。珠海市农业主管部门领导高度重视，根据广东省农业厅工作要求，做好惠农信息社的试点工作，为信息进村入户推广树立示范、积累经验。珠海市紧紧围绕创建省级农业信息化示范市工作要求，根据《珠海市信息进村入户试点工作方案》，明确惠农信息社建设总体目标，以及建设要求、服务模式和认定管理，提出了信息进村入户10项试点任务，并强调了加强组织管理、加大财政资金扶持力度、强化持续运维、加强队伍建设、实现互联互通和严格考核监管等6个具体工作要求。

(2) 积极开展惠农信息社创建工作。珠海市按照广东省的要求，分别在村（居）、镇农技中心、农民专业合作社、农业龙头企业等共创建94个惠农信息社，惠农信息社的建设基本覆盖了全区所有的村（社区）。同时支持惠农信息社信息化服务设备的购置及办公场所的建设。

(3) 建设"三农"信息化平台。依托"三农"信息化平台，2016年总共发送"三农"信息含塘头收购价信息、生猪出栏价及饲料进货价格、农产品供求信息、防台风预警信息、农业新闻信息、国内市场动向信息、果树信息、畜牧信息、海水信息、淡水信息、花卉信息、蔬菜信息等13类共172.7万条。初步建立起珠海"三农"信息服务平台,以"三农"信息化建设为核心,努力提升农业信息化服务力和工作水平。通过"互联网+"的信息渠道,将信息整理分类先后发送给珠海市涉农企业、农业中介组织、农业合作社、种养大户、家庭农场和广大农户等,为其提供及时性、针对性的生产技术、农业政策法规、农产品生产安全等信息服务,使珠海市各种养殖户的生产技术水平有了很大提高,对珠海市农村稳定、农业增产、农民增收、安心生产、勤劳致富起到了很好的作用(图7-6)。

图7-6 珠海市"三农"信息化平台

(4)开展农业信息化规划和专家库建设。建设广东农技推广珠海专家库以及开展问诊试点工作,农技推广专家库系统实现了广大种养户和农业专家的对接互通,帮助农民解答生产经营及购销问题,目前系统已收录各类种养技术专家68位。

(5)开展信息进村入户线下推广活动。珠海市先后多次举办信息进村入户试点工作现场会,观摩交流、深入部署惠农信息社建设工作,推动了珠海市信息进村入户试点工作的开展。做好宣传发动,及时总结宣传各区信息进村入户试点工作经验、做法及成效(图7-7)。

(6)做好信息员选聘和培训。信息员是信息进村入户试点工作能否取得成效的关键。珠海市按照"有文化、有热情、懂信息、能服务、会经营"的基本要求,从村组干部、大学生村官、农村经纪人、农业生产经营主体带头人、农村商超店主要成员中,选拔聘任惠农信息员,确保每个村(社式)信息服务站至少配备1名信息员。通过集中就近培训、观摩现场等,使每名信息员具备良好的服务意识和基本的信息服务技能,真正做到了既能为农民提供信息、发布信息,又能完成政府部门交

图7-7　珠海市信息进村入户培训交流活动

给的信息采集任务，还能开展网络营销工作。

（7）规范惠农信息社的工作制度。根据农业部《信息进村入户试点工作的通知》和《信息进村入户试点工作指南》要求，结合珠海市实际，制定了惠农信息服务站"服务内容""服务承诺""工作职责"等，并要求每个惠农信息社结合各自服务内容、工作方式补充完善，张榜公示，做到工作责任明确、服务内容明确、标准明确。

7.3　汕头市信息进村入户建设成效

【工作措施】

信息进村入户试点工作是一项涉及面较广、技术难度较大的工作，必须采取有效措施，扎实推进。

（1）加强组织领导。成立汕头市信息进村入户试点工作领导小组，以汕头市农业局局长为组长，分管信息工作副局长为副组长，各区县农业局分管领导为成员，协同推进汕头市信息进村入户试点工作的顺利开展。各区县尽快成立领导小组，积极争取党委政府的支持和有关部门的协同，建立多部门互相配合的协调推进机制，把信息进村入户工作列入推进农业现代化和城乡一体化建设的重点任务抓紧抓实，物色和培育更多的惠农信息社。

（2）争取多方投入。信息进村入户试点工作涉及多个惠农信息社的示范建设与运营，在统一门头门牌标识、惠农信息社软硬件提升、12316服务专线全网通、信息化应用资源融合、信息员培训等方面需加大投入。积极争取广东省专项资金支持，缺口部分及后期运维费用由市、县、镇财政保障，各镇村提供站点场所和必要的办公费用。

（3）确保工作实效。信息进村入户工作要从实效出发，充分利用农村信息化、淘宝村、幸福村居等相关工作基础，坚持城乡一体化发展、整体推进农业农村信息化的思路，突出服务"三农"、突出统筹整合、突出持续推进，充分发挥现有优势，力求在服务内容、服务手段及运作机制上形成汕头特色。要广泛宣传信息进村入户工作的重要意义，汇集资源，形成合力，确保信息进村入户各项工作落到实处、取得实效。

（4）严格考核监管。针对可能出现的政治、市场、技术"三大风险"，制定相应的管理制度和应急预案。对惠农信息社的建设运营、信息员的选聘管理、资源的共建共享、参与企业的进入退出、试点工作的绩效评价等制定管理办法和标准规范，做到成熟一个、出台一个、实施一个。定期进行自查，对发现的问题及时整改，确保工作进度和资金使用安全。建立用户满意度评价体系和信息员动态考评、量化管理及奖励制度，切实提高惠农信息社的服务绩效。

【主要成效】

（1）高度重视，大力推进信息进村入户工作。汕头市农业局十分重视农业信息进村入户工作，把信息进村入户作为推动现代农业发展，促进农民持续增产增收、农村经济稳步发展、农村社会和谐稳定的抓手。不断强化信息进村入户工作的领导，成立了以局长为组长，分管信息工作副局长为副组长，各区县农业局分管领导为成员的汕头市信息进村入户试点工作领导小组。各区县对应成立了领导小组，积极争取党委政府的支持和有关部门的协同，建立多部门互相配合的协调推进机制，把信息进村入户工作列入推进农业现代化和城乡一体化建设的重点任务抓紧抓实，同时物色和培育了更多的惠农信息社，协同推进了汕头市信息进村入户试点工作的顺利开展（图7-8）。

图7-8　汕头市信息进村入户培训交流活动

（2）抓好管理，汕头市惠农信息社落实惠农服务。汕头市切实把省级惠农信息社建设作为信息进村入户的首要任务来抓，按广东省农业厅的要求，编制了汕头市惠农信息社编号并公布。各惠农信息社严格按《广东省惠农信息社工作指引》的工作要求，按有场所、有专员、有设备、有宽带、有网页、有制度、有标识、有内容的"八有"标准做好惠农信息社的建设，同时充分利用现有合作社或村组织、农业生产企业的设施和条件做好惠农信息社的建设工作。各惠农信息社还严格按照"有文化、懂信息、能服务、会经营"的标准，选择能熟练使用计算机等办公设备和互联网、沟通能力强、服务态度好、有责任心的人员担任信息服务员，为社区或联结农民提供一站式服务。

（3）完善农林信息网建设，促进信息资源开发和利用。为进一步做好信息惠农服务，汕头市开办了汕头农林信息网通过整合资源、统筹建设、共享成果，着重抓好农业政策信息、科技信息和供求信息的共享，促进信息化应用向基层推广，有效推动信息化与现代农业的融合发展。2016年对汕头农林信息网进行了全新改版，网站建设了"扶贫开发""农业机械化""农业科技""热点解读"等专业化版块，并新建设了"网上咨询"等互动咨询类版块，针对性地对农户提供各种农业技术、政策方面的服务。目前网站已录入1 000多万字的信息。这对发展汕头市农村经济和农业生产、引导农民走向市场、推介企业产品起到积极作用，既为农民群众解决了诸多实际技术问题，又为农产品寻找市场，拓宽了销售渠道；既提高了农业从业人员的生产技术水平，又提高了他们的法制意识，得到广大农民和农业企业的好评（图7-9）。

图7-9　汕头农林信息网

（4）加强培训，为信息进村入户奠定基础。汕头农业局十分注重把培训农户作为信息进村入户工作的重点，按照《农业部关于做好农村信息服务网络延伸和农村信息员队伍建设工作的意见的通知》要求，汕头市各级政府部门充分利用"绿色证书工程"、"跨世纪青年农民培训工程"和"新型农民科技培训工程"等农业科技教育培训，开展多种形式的农民信息培训，扩大信息化知识的普及宣传，加强对农户操作技术方面的培训。不断提高劳动者素质，增强农民信息能力，培养高素质的新型农民，为农业信息进村入户打下了基础。目前已培训镇、村一级农业信息员200多名，累计为农民提供供求和生产技术等信息上万条，为农村经济发展和农民增收做出了贡献。与此同时，按照"有文化、懂信息、能服务、会经营"，每个惠农信息社至少配备1名信息员，各区县建立了一支具备相应技术能力的惠农信息社信息员队伍，并根据企业经营、青年创业、公共服务3种模式制定了惠农信息社信息员培训方案及培训教材，充分利用其他项目资源组织开展村级信息员培训。

7.4 韶关市信息进村入户建设成效

【工作措施】

（1）组织发动、建设惠农信息社。明确各县市区建设任务，选择不同类型的站点先行建设，积累经验，争取上级主管部门的指导与支持，为全面推进韶关市信息进村入户试点村工作打好基础。

（2）总结成效、学习交流，加快信息进村入户建设。根据惠农信息社运行、管理情况，及时评估各系统功能运行效果。通过试点工作推进会、现场观摩会等形式，让各惠农信息社学习交流，加快推进信息进村入户，确保按时完成各项建设目标与任务。

（3）完善信息进村入户服务体系。分批完成信息员全员培训，建立惠农信息社、信息员管理考核办法等相应制度，完善信息进村入户服务体系。

【主要成效】

（1）建设143个省级惠农信息社。根据广东省农业厅相关文件要求，韶关市农业局共审定省级惠农信息社143个，获得认定的相关单位及其所在县市区通过公示名单信息明确职责，为下一步工作开展理清思路。要求各惠农信息社按照有场所、有专员、有设备、有宽带、有网页、有制度、有标识、有内容的"八有"标准要求开展示范县村级信息服务站建设，并下拨资金支持惠农信息社建设。2016年度韶关市惠农信息社共为周边的村民提供便民服务及业务办理约7 000人次；电子商务成交额约3 756万元，其中农产品上行约2 000万元，农业生产资料下行约556万元，工业品下行约1 200万元；便民服务金额约1 500万元。为农民增收、农业增效、农村发展发挥了积极的引导作用。

（2）组织实施，有序开展信息进村入户建设。韶关市惠农信息社在地域上较为分散，信息化建设基础较为薄弱。为了推进省级惠农信息示范社建设，韶关市农业局发布了《关于转发省农业厅关于加快推进信息进村入户工作的通知》、《关于印发〈韶关市信息进村入户试点工作实施方案〉的通知》、《关于下达2016年省级农业信息化工程建设项目资金的通知》及《关于举办韶关市信息进村入户试点工作信息员培训班的通知》等系列文件，同时要求各县市区参照《韶关市信息进村入户试点工作实施方案》制定本辖区内的实施方案并组织实施，有效推进了韶关市信息进村入户工作（图7-10）。

图7-10　韶关市信息进村入户培训交流活动

（3）开展韶关市互联网农业小镇试点工作。结合韶关市实际情况，根据信息进村入户建设要求，为整合资源集中建设，印发并实施《韶关市创建互联网农业小镇试点工作实施方案》。通过建立镇级运营中心和村级电商服务站的模式，选取乐昌九峰镇、始兴太平镇、仁化黄坑镇、南雄珠玑镇、乳源一六镇、新丰黄礤镇、翁源江尾镇、曲江罗坑镇、浈江十里亭镇和武江重阳镇等10个镇作为试点，以点带面，开展互联网农业小镇的试点建设。包括镇级运营中心、村级电商服务站、网络基础设施、电商平台、仓储物流基地、培育应用主体、农产品质量安全监管、农村普惠金融等八方面的建设内容。

7.5　河源市信息进村入户建设成效

【工作措施】

（1）加大宣传力度。加大对信息进村入户有关政策措施、典型经验、发展成效的宣传力度，结合新型职业农民培训、电商人才培训、农村致富带头人培训工作开展惠农信息社信息员培训工作。积极营造全社会关心支持信息进村入户发展的良好氛围。

（2）完善省级惠农信息社建设。加大对河源市惠农信息社的监管，按照"八有"标准完善信息社服务条件建设，充实服务内容，积极组织信息社参与惠民活动，并将惠农业务动态信息在广东省信息进村入户服务平台上发布。

【主要成效】

（1）加强组织领导，制订信息进村入户实施方案。按照广东省农业厅《关于印发〈广东省信息进村入户试点工作方案（2015年）〉的通知》（粤农函〔2015〕854号）工作部署，河源市农业局认真研究信息进村入户工作，成立工作领导小组，落实责任，制订了信息进村入户实施方案。

（2）做好惠农信息社建设。认真落实全国农业信息进村入户建设任务，河源市建设了省级惠农信息社80个，统一制作惠农信息社标牌，加强对信息进村入户的宣传，提高惠农信息社的知晓度，使农民群众享受到高效快捷的信息服务。惠农信息社具备一定社会公共服务职能，公开监督电话，接受社会监督。信息社具备有场所、有专员、有设备、有宽带、有网页、有制度、有标识、有内容的"八有"标准，落实"一条专线全网通、一批应用下乡去、一批田头联上网、一个体系共决策、一批青年成创客、一批产品触电商、一批农资全程管、一批技术广应用、一批金融惠'三农'、一本手册享服务"等十项服务精准到户，方便到村。扶持1家省级农业电子商务示范企业和1家省级农业物联网示范基地，开展惠农服务示范（图7-11）。

图7-11 河源市信息进村入户培训交流活动

（3）建设信息服务平台，开展涉农信息服务。建设河源农业信息网、"河源农业"微信公众号两大信息发布平台，常年对外发布"三农"工作相关信息以及主要农产品检测结果报告。积极利用河源农业信息网站、微信公众号等多种形式宣传信息进村入户工作，使农业信息服务工作深入人心。

7.6 梅州市信息进村入户建设成效

【工作措施】

（1）加强对信息化工作的领导，健全工作机制。梅州市把推进农业信息化作为发展现代农业的一项重要工作，成立了由梅州市农业局局长任组长的信息化工作领导小组，成员单位包括市农业局14个科室及下属单位，负责农业信息化建设的指挥、协调、策划、组织工作，切实加强对信息化工作的领导，确保信息化组织建设资金投入、宣传推动、重点项目建设等措施落实到位。

（2）实施信息进村入户工程，推进惠农信息社建设，完善各级农业综合信息服务平台，充分利用新媒体，为广大农业生产经营者提供在线咨询、新技术新品种、政策法规、商贸等全方位信息服务。

（3）应用物联网、云计算、大数据、移动互联等现代信息技术，推进"互联网+现代农业"行动，探索开展智慧农业建设，逐步构建农业资源数据中心、农业生产环境监测系统、产品溯源系统、智能化社区直供销售系统，推动农业全产业链改造升级。

（4）大力发展农村信息员队伍，重点在种养经营大户、农业龙头企业、农村经济合作社及村干部中发展农村信息员，加强对信息员进行信息收集、传播方法、计算机应用水平、网络应用基础常识等技术培训，壮大农村信息员队伍。

（5）打造"三网融合"示范点，发挥移动公司手机端优势，继续完善与移动服务有关的各类通道和板块延伸，升级手机端服务；发挥联通公司智慧平台，重点打造以食品安全、体验农业为主题的基地端溯源；发挥电信公司高速网络和远程教育覆盖面广的优势，构建市、县、镇、村四级覆盖梅州市农业部门的高清会议视频系统，高效沟通工作，快速传达政策措施，实时培训乡土人才，实现农民和政府部门的无缝对接，全面提升梅州农业信息化水平。

【主要成效】

（1）发挥信息综合平台作用，增强服务效率。充分发挥农业信息化综合服务平台和农业社会化服务平台作用，通过梅州农业OA系统、飞信、微信、微博、群邮件、QQ、新农通和专业网站八大通道进行信息发布与交流，梅州市农业信息化平台经不断完善，成为集电子政务+电子商务功能于一体的全方位、宽领域、多维度农业综合信息服务中心，拥有一支队伍、两个平台、三类网群、八大通道，不仅为梅州当地4 000多个涉农经营主体及广大农户提供信息服务，还延伸服务到广东、福建、江西周边地级市涉农从业人员（图7-12）。目前，该平台每次信息发布可延伸传播30万人次以上。通过扩大信息宣传覆盖面，增强信息服务功能，让有价值的信息及时地在农业产前、产中、产后得到充分应用，在促进农业增效、农民增收中发挥更大的作用。

图 7-12 梅州农业信息网

（2）推进信息进村入户工程，提升服务质量。梅州市经广东省认定为农业信息化示范市，按照广东省农业厅部署要求，制定梅州市信息进村入户"4·3"发展模式实施方案，推进建设工作。经省认定有160个惠农信息社，是全省建设惠农信息社数量最多的市，通过加强与移动、联通、邮政、淘宝、京东、客天下农电商产业园、东门易货等运营商及服务商的合作，签订合作框架协议，着力构建"三级联动、三网融合、三级人才、'三农'服务"的信息进村入户"4·3"发展模式和政府+服务商+运营商+农民一体的运行机制，搭建信息进村入户联盟，提高服务意识，提升服务质量。梅县区作为被农业部认定为整体推进信息进村入户示范县，于2016年3月20日率先在梅州市启动信息进村入户仪式，与移动梅县分公司合作为所有惠农信息社免费实施光纤到户，区农业局另筹资金补贴1年的宽带资费，移动公司提供半年的免费宽带试用，目前已到户并开通使用的有49个惠农信息社。与邮政梅县分公司合作在惠农信息社建立快递服务网点，代收代缴、助农取款、小额贷款等便民服务（图7-13）。

图 7-13 梅州市信息进村入户培训交流活动

（3）搭建农电商网络平台，拓宽流通渠道。打造集线下展销＋线上远销于一体的农产品长效展示与流通平台孵化基地，扶持发展客天下农电商产业园建设，首期启动园区超10 000米²，其中展示区逾5 000米²，近千家涉农经营主体、十大类（金柚、慈橙、茶叶、稻米、水产、畜牧、蔬菜、南药、花卉及加工产品）数千种产品抱团入驻线上线下平台。产业园内设梅州12个涉农协会多功能展示平台以及五县二区一市的特色农产品展示区、游客休闲服务区、大宗农产品交易洽谈区、特色农业基地电子展示区、线上终端与体验区、人才培训孵化基地、大学生与草根创业基地、产品与文化推介区等不同功能分区，成为梅州优质特色产品的重要展示窗口及拓宽产品市场的重要渠道。借助B2B＋O2O农电商模式，跨区域农业电商合作平台，将梅州的优质农产品整体打包，输送到核心珠江三角洲市场，推动农产品电子商务的快速发展。

（4）扶持龙头企业信息化建设，提升信息化水平。扶持木子金柚、梅龙柚果、乐得鲜等省、市农业龙头企业信息化建设，企业信息化水平进一步提升。以乐得鲜为试点，在全省率先启动"一站购"安全餐桌连锁服务平台，打造线上下单、线下直供、个性定制、冷链配送、产销一体、全程可溯的"一站购"平台，首批启动了25个服务点，梅州木子金柚专业合作社被认定为全国农业农村信息化示范基地。积极发展农产品电子商务，引导和鼓励各类涉农经营主体与淘宝、京东、腾讯微店等第三方电商平台合作，多渠道开展电商营销。

7.7 惠州市信息进村入户建设成效

【工作措施】

（1）进一步健全农业信息化服务体系。进一步完善惠农信息服务社的条件建设，按照"八有"建设要求，明确软硬件建设标准，重点打造一批惠农信息服务社示范社，落实各级信息服务站点日常工作任务，基层农业信息服务站运维实现常态化。

（2）强化宣传培训，提高应用水平。要进一步制订好信息员培训计划，继续对信息服务站点的信息员分期、分批进行信息进村入户工作业务知识培训，进一步提升信息员业务素质和服务能力。同时，积极利用数字电视、液晶显示屏等多种形式宣传信息进村入户工作，使农业信息服务工作深入人心，使农民群众享受到高效快捷的信息服务。

（3）不断完善各级农业信息化平台建设。着力推进"惠州市农产品质量安全监管和溯源平台"在农业上产中的应用，实现平台"三个面"的服务功能，促进惠州市农业信息化进一步发展。

（4）继续创建惠州市级农业信息化应用示范基地。在农业物联网应用、种植（养殖）生产信息化应用、农业经营管理信息化应用、农产品质量安全追溯信息化等应用方面，打造一批农业信息化示范点，提高农业信息化应用水平。

（5）深入实施农业科技入户工程。推广专家—技术指导员—科技示范户—辐射带动户的技术服务模式，提高科技入户率。不断创新服务工作方式，推广智农通、农博士、农技宝等现代信息服务，提升信息进村入户的服务水平和服务效果。

【主要成效】

（1）加强组织领导，完善惠农信息服务社建设。为切实加强信息进村入户工作，惠州市印发了《关于加快推进信息进村入户工作的通知》，各县区根据实际情况制订了信息进村入户试点工作方案，由农业主管部门牵头、相关部门共同配合的协调推进机制，明确了总体目标、建设要求和模式、建设任务、保障措施等，使信息进村入户试点工作得以顺利开展。充分利用现有设施和条件，整合企业服务型、青年创业型、公共服务型的服务模式，在惠州市范围内建设了90个省级认定的信息服务站，按照有场所、有专员、有设备、有宽带、有网页、有制度、有标识、有内容的"八有"标准对惠农信息社进行逐步完善，惠农信息社的知名度和影响力不断提高（图7-14）。

图7-14　惠州市信息进村入户培训交流活动

（2）开展农业科技下乡活动。结合工作实际和农时季节，充分整合农业科研、推广、教育等部门的资源，开展科技集市、田头指导、信息咨询等多种形式的农业科技下乡活动。据统计，2016年惠州市共计开展各类农业科技下乡活动900多场次，服务群众20多万人次，派发各类科技、宣传资料30多万份。开展农业培训服务工作，惠州市开展各类农业科学技能培训1万多人次，其中基层农技推广骨干人员知识更新培训396人，培训农业科技推广人员4 511人，农业科技示范户3 786户；开展新型职业农民培育工程，培训新型职业农民1 200人；举办农业信息化、农业标准化、农业品牌化等专业培训班20场次以上，培训各类专业技能人员800人次以上；建立和完善基层农技推广站70所、省级惠农信息社90个、省级农产品电商体验馆7家等深入一线农村基层的强农惠农服务点。

（3）建成多渠道的农业信息服务网络。惠州市"一网一刊两微多平台"不断完善，已建成以惠州农业信息网为核心，惠州扶贫信息网、惠州新农村建设网和各县区农业信息服务网为经纬的市级农业信息服务网络体系。《惠州农业信息》杂志截至2017年年底总期数达50期，总发行量超过16万册，覆盖面涉及省、市、县区、镇各涉农单位，市直有关单位，各级农业龙头企业以及惠州市1 041个村委会，影响力不断扩大，已成为惠州市各级领导的决策参考依据、农业企业的宣传名片、农民朋友的致富手册。"惠州农业"政务微博、微信公众号走在惠州农业信息服务前列；结合农业农村工作，先后建立起了市级农产品质量安全监管与溯源平台、农业标准化服务平台、农业灾害预报预警决策综合服务平台、农资监管信息服务平台、农产品信用监管平台、农业专项资金与项目监管平台等一系列平台，提供农业田头生产、农业经营及市场消费多环节的信息服务（图7-15）。

图7-15　惠州农业信息网

（4）推进农产品电商，加快特色农产品"走出去"速度。惠州市与阿里巴巴集团合作，2015年先后在龙门县和博罗县启动"千县万村"农村淘宝工程，并建立了县级运营中心。目前，惠州市建立了2个县级运营中心和56个村淘服务站。惠州市农业局与本地4家电商企业签订战略合作协议，在农产品电子商务方面开展广泛合作，针对惠州市特色农业发展特点，开发推出了集送网、淘惠州、四季绿商城、四季鲜商城等多个具有惠州特色的农产品电子商务平台和应用终端，推进了农超对接、"互联网+农业"等对接直销，走出了一条以农业生产经营主体、电商企业、农业基地等为一体的农产品电子商务新路子（图7-16）。

图7-16 淘惠州、四季绿商城、四季鲜商城手机端电商平台

（5）强化农业信息员队伍建设。近年来，惠州市不断加强农业信息员队伍建设，努力构建全方位、多覆盖，又符合本地实际情况的农村信息服务体系。按照国家、广东省有关文件要求，每个惠农信息服务站至少配备1名信息员，信息员选聘按照"有文化、懂信息、能服务、会经营"，能熟练使用计算机等办公设备和互联网进行，要求有责任心、沟通能力强、服务态度好。惠州市按照广东省农业厅要求，结合业务工作实际情况，对90名惠农信息服务社信息员进行分期、分批培训，培训内容涉及智慧农业、新农村发展和政策、电子商务、便民服务标准化等。通过培训，让信息员既增强了服务意识，又掌握了服务技能，为信息进村入户的顺利推进提供了人才保障。

7.8 东莞市信息进村入户建设成效

【工作措施】

（1）加强组织管理。建立市级农业行政管理部门牵头，市电信、市供销等部门互相配合，市镇两级农技部门、市有关科研单位等部门参与的工作协调机制，切实抓好东莞市农业信息进村入户工作建设。

（2）强化持续运维。充分调动并引导农业经营主体、运营商、服务商等主体积极参与到信息进村入户工作中来，探索建立政府"修路"、企业"跑车"、农民"取货"的可持续发展机制，整合多方资源，共建惠农信息社、共享体系网络资源，强化信息公开与监督管理，支持信息进村入户工作长期运维。

（3）加强队伍建设。根据广东省信息进村入户试点工作培训规划，依托东莞市农技管理办公室适时组织开展相关培训工作，加强信息服务人员知识更新和技能培训，提升业务素质和服务能力，加快培养一批农业信息进村入户队伍。

【主要成效】

(1) 抓好省级惠农信息社建设。根据省级惠农信息社门牌及标牌标识的规范统一要求，采用省统一设计的标识，做好惠农信息社分配编号工作，统一制作东莞市省级惠农信息社的门牌及标牌。指导东莞市省级惠农信息社按照"八有"标准完善服务条件建设，积极组织参与惠民活动。为省级惠农信息社配置电脑等硬件设备，进一步提升信息社的软件硬件设备水平。各省级惠农信息社具备有场所、有专员、有设备、有宽带、有网页、有制度、有标识、有内容的"八有"标准。

(2) 惠农信息社有序开展服务。指导东莞市省级惠农信息社结合12316专线统一服务号，帮助农民解答生产经营及购销问题，使12316专线成为农民与政府之间的"连心线"、农民与专家之间的"直通线"。一是共享广东省信息进村入户服务平台信息化建设成果，依托东莞市农业科学单位的资源优势，推动全农农业投资有限公司、万达丰农投蔬果有限公司、维康农副产品有限公司等一批生产企业类的省级惠农信息社建设成为"农业科技特派员行动"服务点和服务对象，提升省级惠农信息社的配合推动生产管理、技术指导等能力，更好地发挥科技服务平台的作用。二是开展电子商务及物流配送服务，重点推动省级惠农信息社菜虫网电子商务有限公司充分发挥菜虫网本地电商平台的市场信息、市场营销等优势，继续推进"互联网+莞荔"发展，逐步与东莞市其他地方特色产品经营主体对接，使东莞市更多的农产品实现"网上行"。支持省级惠农信息社"菜篮子"电子商务有限公司进一步强化网上供莞生猪交易平台的市场供求、市场价格等信息服务，有效促进生猪产销对接，帮助生猪养殖户实现增收。三是推动东莞市培鑫蔬菜专业合作社、利华香蕉专业合作等合作社类的省级惠农信息社以统一开展标准化基地建设、产品认证、品牌创建等工作为依托，利用互联网为农民提供农资供应、配方施肥、农机作业、统防统治、培训体验等服务。引导东莞市洪梅农技中心、麻涌镇农技中心等农技中心类的省级惠农信息社加强技术培训、技术指导、信息服务等工作。四是支持苏宁易购签约服务运营商积极探索在东莞市开展信息进村入户的主要内容和有效方式，办出特色、办出成效。

(3) 进一步抓好农业信息服务平台建设。东莞市秉承"资讯创造价值，信息服务'三农'"的宗旨，开拓创新，加强信息服务平台的搭建和完善，不断提升农业信息化服务水平。一是做好农业信息网日常维护工作和升级改版，提升网站信息服务能力。一方面做好日常信息采编工作，紧抓工作重点、农业热点，制作推出相关新闻专题、深度报道，提高网站信息的可读性和实用性。同时，做好东莞市农业信息员培训及管理工作，进一步强化农业信息员队伍建设。另一方面，对农业信息综合服务平台进行升级改版，将东莞农业信息网打造成更加及时、准确、有效的涉农信息发布、互动交流和公共服务平台，为转变政府职能、提高管理和服务效能，推进农业现代化发挥积极作用（图7-17）。二是着力打造微信服务号，拓展信息服务渠道。通过微信等新的社交媒体进行农业宣传，从栏目设置及内容更新等方面强化微信服务号信息推送功能。

图7-17　东莞农业信息网

（4）进一步抓好农业科研技术上门服务。充分发挥东莞市农业科研单位的技术和资源优势，支持和鼓励东莞农业企业、农民专业合作社积极引进应用新技术、新设施、新品种，进一步增强示范带动作用。开展"农业科技特派员行动"，深入镇村、企业和农户，积极与企业、专业合作社、生产大户等生产实体进行联动合作，为合作方输送新品种、新技术、新装备及科研人员，支持和指导农业企业、农民专业合作社打造一批有前景的农业新品种、新技术、新设施的试验示范平台，切实加快推进农业科技进村入户工作。

（5）进一步抓好农信通短信服务。继续定期更新农信通短信平台的粮食、蔬菜、荔枝、龙眼、香蕉、生猪、农机等多个服务群的手机信息，通过及时发布灾害天气预警、种养技术、政策法规、农机安全等信息，有效地服务农户，更好更快地推进农业信息进村入户工作。

7.9　中山市信息进村入户建设成效

【工作措施】

（1）成立领导小组，有序推进信息进村入户建设。为加强中山市惠农信息社的建设，推进信息进村入户工作，成立中山市农业局农业信息化工作领导小组，由局主要领导担任组长。信息进村入户工作在中山市农业局农业信息化领导小组的领导下有序进行。领导小组定期召开会议，听取情况汇报，研究和部署下阶段工作。

（2）走访中山市惠农信息社，跟进服务开展情况。为更好地了解中山市惠农信息社的实际条件，制订与之相适应的工作安排和要求。为确保工作有效开展，并扎实推进工作进度，中山市信息进村入户工作领导小组专门走访了中山市24个惠农信息社，跟进信息社信息服务开展情况。

（3）下拨专项资金，扶持惠农信息社建设。积极争取省、市财政支持，整合利用信息化建设资金、农产品电子商务方面扶持资金，严格项目资金使用和管理，做到专项核算、专人管理、专款专用。及时下拨专项资金，对24个惠农信息社进行资金扶持。

（4）组织服务商参与信息进村入户建设。组织引导电信运营商、平台电商、信息服务商等社会资源参与信息进村入户和农民信箱功能拓展，汇集资源，形成合力，以合作的方式参与村级站和云平台的建设与运营。

【主要成效】

（1）建立惠农信息社示范点。甄选条件成熟的镇区农业服务中心、行业协会、农机推广站等服务点，建立了惠农信息社示范点，并举行挂牌仪式。其中，中山火炬开发区农业服务惠农信息社的建设工作具有代表性。作为区管委会下属公益一类全额拨款的事业单位，该单位在队伍建设、制度建设、设备配套、服务内容上都做得比较完善。其中有在职人员40名，涵盖多类专业技术人员；建立健全工作责任制度，每年制定年度工作岗位责任制，明确岗位职责；办公、培训、检验检测仪器设备配套齐全；服务内容丰富，"互联网＋公共服务"包含多个网络信息平台和信息管理系统，涵盖农情、灾情、疫情、惠农补贴、农产品质量安全监管、农业专项扶持资金及集体农地流转社情民意、政策法规、公共事务、农业生产等。"互联网＋农产品质量安全"监管体系确保农产品质量安全。推广"互联网＋现代农业"发展模式，利用信息技术实现地区农业转型升级。

（2）完善惠农信息社服务体系，丰富便民服务内容。充分结合广东省信息进村入户服务平台网站（www.gd12316.org），完善惠农信息社信息，对落后的硬件设施设备进行更新，并配备投影仪、照相机、大屏幕、电脑等设备，向农户全面介绍展示信息进村入户的服务项目、服务手段和工作进展等内容。同时进一步整合中山市农业部门信息资源，确保农业政策法规、新品种新技术、动植物疫病预测预报与诊断防治、农产品市场行情、农产品质量安全监管、农机作业调度、农村"三资"管理等信息服务资源率先上线；加强与有关涉农部门的合作，积极推动教育、医疗、村务、就业务工等信息的发布和公开。惠农信息社本着"共享、融合、变革、引领"的互联网理念，根据各试点乡镇和农村社区的实际情况，有针对性地引入更多的便民服务资源进入惠农信息社，建立服务目录并向农民告知（图7-18）。

（3）采取多项措施，扩宽信息进村入户领域。一是农业信息平台的运用，使农村信息网络的覆盖层面扩宽。市级、镇级、村级、特色农业网站的连通链接，直接为农民提供农业信息，为农业信息服务奠定了基础。二是通过媒体、短信、广播、电视等媒介宣传惠农信息社，让民众了解惠农信息社用途与功能，切身体验到信息进村入户的作用。三是推进惠农信息社队伍建设。由农业主管部门定期举行相关惠

图7-18 中山市信息进村入户交流培训活动

农信息社培训班，各个惠农信息社应有固定维护人员，且进行参加组织的培训工作，充分利用各种途径提高专业知识、业务能力，有力推进信息进村入户工作顺利进行。

7.10 江门市信息进村入户建设成效

【工作措施】

（1）不断提升信息服务水平。强化农业农村信息网站、微信公众号等信息平台，并加大力度促进各大涉农信息平台在各镇（街）推广应用。整合农业部门信息资源，确保农业政策法规、新品种新技术、动植物疫病预测预报与诊断防治、农产品市场行情、农产品质量安全监管、农机作业调度、农村"三资"管理等信息服务资源优先、及时接入各大涉农信息平台。同时加强与有关涉农部门的合作，积极推动教育、医疗、气象、交通、村务、就业务工等信息的发布和公开，最大限度满足农民的信息需求。

（2）充分发挥惠农信息社示范带动作用。加快推进恩平省级惠农信息社建设工作，惠农信息社作为农民群众分享现代信息产业发展成果的便捷平台，实现Wi-Fi上网、拨打12316、视频通话、信息查询等免费服务资源，帮助村民查询信息、网上购物、销售产品等。同时，指导各市、区要参照恩平省级惠农信息社建设经验，结合当地实际，大力推进信息进村入户工作（图7-19）。

图7-19 江门市信息进村入户推进会在恩平沙湖召开

（3）强力推进电商进村。以农产品和农业生产资料为重点，抓好试点示范，组织农业龙头企业、农民合作社、家庭农场、种养大户等新型经营主体与电商平台对接，把本村的优质农产品卖出去、卖上好价钱，同时让农民买到质优价廉的农业生产资料和生活消费品，帮助农民实现节支增收。

【主要成效】

（1）强化信息服务平台建设。优化升级江门市农村信息直通车、江门农业信息网、12316"三农"服务热线、"江门农业"微信公众号等信息平台，着力开展农业新闻、种养技术、市场资讯等信息服务。其中，重点强化"江门农业"微信公众号维护运营，依托最快捷、最亲民的现代化手段，精心采集并推送包括政务动态、政策宣传、活动周知、项目申报、农产品流通、土地流转、乡村旅游等方方面面最新、最实、最活的涉农信息。2016年，农业信息网站发布信息累计4 102条，直通车网站发布信息累计4 293条，广东省农业信息联播发布信息累计953条，"江门农业"微信公众号发布信息累计965条（图7-20）。

图7-20 江门农业信息网

（2）着力惠农信息社发展。按照《广东省信息进村入户试点工作方案》的部署要求，在全市建立19个省级惠农信息社，同时以恩平市为试点建立100个市级惠农信息社，依托物联网、农村信息直通车、12316、农技宝等平台，构建覆盖农业企业、农民专业合作社、村委会、农资门店及淘宝电商等网点的立体信息服务机制，示范带动江门市乃至全省信息互联互通、协同发展。为加快推进该项工作，江门市农业局成立了由副局长任组长的工作领导小组；恩平市农业局成立了由局长任组长，有关分管领导、各镇（街）分管领导任成员的工作领导小组。

（3）构建农业农村"互联网+"服务模式。加快建设线上线下，城乡双向流通的"高速公路"。江门市供应香港标准食品采购交易平台"抢登"全国首个、华南地区唯一的"供应香港标准食品交易中心";江门农合商城开启实体店+保税区商品+跨境电商体验店+网上商城运营模式;京东中国特产·江门馆、苏宁易购·江门馆和恩平市全域性农村淘宝服务中心、乡村服务站等平台引进企业230多家、品牌150多个、名特优新农产品2 000多种。江门金佣网成为国内第一家可视频的买菜网,苏宁易购·江门馆网销指数位列省、地级市馆全国第三。新会区农村电商服务站,实现农产品上行、消费品与农资产品下行和农村金融三大功能,服务覆盖辖区内所有农业镇。开平市推进"智慧大沙"项目,打造农产品电商平台基地,实行农产品生产、经营信息化管理;同时,开展实时观景、定位、智慧导游等旅游服务,并与治安系统实现信息共享(图7-21)。

图7-21 苏宁易购·江门馆

7.11 阳江市信息进村入户建设成效

【工作措施】

(1)成立机构,加强领导。成立了阳东区农业信息化领导小组,统揽全区农业信息化工作,把农业信息化工作摆在更加突出的地位;强化信息化工作的组织领导,结合阳东区农业发展实际,组织专门力量编制了《阳东农业信息化综合服务体系项目方案》,集中人力、物力和财力推进农业信息化工作。

(2)印发方案,加强指导。结合阳东现代农业发展实际,制定《阳东区信息进村入户试点工作方案》,明确目标和任务,创新运行模式、细化工作规范与措施,指导镇村各级部门各单位顺利开展工作，切实把信息进村入户建设成为"互联网＋现代农业"行动计划在农村落地的示范工程。

（3）积极探索，创新模式。鼓励新型农业经营主体、各类服务商、运营商全面参与信息进村入户建设。与苏宁云商阳江公司签订了合作协议，支持苏宁云商阳江公司在阳江市自建县、镇、村三级服务站点，在搞好自主经营服务的同时，增加公共服务职能，共享体系资源网络化协同。

（4）因地制宜，稳步推进。积极落实全省农业信息示范县建设任务，一是升级改造阳东农业信息网，二是与阳东区电信股份有限公司定制开发"农技宝"基层农技推广综合信息服务云平台（图7-22）。

图7-22　阳江市农业局农业信息化专栏

【主要成效】

（1）强化部门协作，全力推进信息进村入户。一是重点推进广东省农业信息化示范县建设的同时，要求各县市区鼓励符合标准的新型农业经营主体、各类服务商、运营商全面参与信息进村入户建设工作。阳江市经农业部门推荐认定的惠农信息社有55个，经签约单位推荐认定的有25个。二是抓好阳东区、阳春市基层农技推广云平台试点县建设工作，推进"农技宝"应用。通过遴选专家团队和农民用户，配备终端设备（手机），利用基于移动互联的通信网络，搭建现代农业技术推广服务平台，促进农业信息化与现代化全面融合，进一步提升农业信息化发展能力和水平。

两试点县参加应用示范人员共622人。三是根据农业部科技教育司通知要求，组织阳江市农技推广人员、参与新型职业农民培训的学员等200多人开通启用农业科技服务云平台"智农通"系统。四是协同商务等相关部门，支持电商企业在京东、苏宁云商分别建立了特色农产品阳江馆，宣传、推介、销售阳江市地方特色农产品，并与苏宁云商阳江分公司签订电子商务合作协议，撮合电商平台与经营主体对接，推进阳江市农产品电商的发展，一些以地方特色农产品销售为主的农业企业建立了自己的网络销售平台。五是加快推进农村产权管理服务平台建设。制定了《关于加快推进农村产权管理服务平台建设的实施方案》、《阳江市农村产权流转管理服务平台建设指引》、《阳江市农村产权交易办法》和《阳江市农村集体"三资"管理办法》，指导各地加快推进农村产权流转管理服务平台建设，引导农村产权交易和农村集体"三资"管理规范化、制度化。目前平台已建成运行。

（2）建立市、县、镇、村四级信息化服务组织。推进"互联网+现代农业"发展，应用物联网、云计算、大数据、移动互联等现代信息技术，将需求对接与应用推广作为"互联网+"的关键环节，推进农业信息化应用向基层延伸。推进省级惠农信息社建设，健全完善人员、设备、场所、制度等基本条件，积极鼓励镇村信息服务站（点）运用计算机网络、电话等多种信息传播途径，开展面向农村、农民的多元化信息服务，做好信息网络与传统媒体的结合，缩小城乡"数字鸿沟"，让农民得实惠。

（3）健全农业信息网络，强化农业信息服务。为适应现代农业的发展，更好地为阳江市"三农"服务，结合实际，对阳江农业农村信息网进行了升级改版，内容涉及农业农村政策、农业科技、市场动态、农业生产、农产品供求信息等方面，网络内容丰富、信息量大、专业性强，可为阳江市"三农"提供全面、适时、客观的农业信息服务，实现上下相连，互联互通，资源共享。

（4）加强农业信息技术人才培养储备，逐步提高农民的信息运用水平。组建一支强有力的农业经济管理信息化专家队伍，培养一批既懂信息技术，又懂农业生产经营管理的复合型人才，为农业生产、经营管理与决策服务，为农业经济管理信息化建设提供智力支持。2016年，阳江市举办了农村信息员培训班2期，培训人员230人次。使学员增强了信息采集手段，丰富了对农村信息化和农村电子商务知识的了解，提高了信息服务人员业务素质和服务能力（图7-23）。同时，通过普及农业信息

图7-23 广东省信息进村入户培训阳江站

化知识和大力发展农村信息员，定期采集农村政策、生产动态、供求、价格、科技、灾情、疫情等信息，初步形成了覆盖阳江市农业和农村经济领域的信息采集系统。阳江农业农村信息网等农网栏目内容不断更新充实，版面不断升级刷新，切实发挥了信息指导生产、引导市场、服务决策的作用。

7.12 湛江市信息进村入户建设成效

【工作措施】

湛江市高度重视信息进村入户建设，编制并印发了《湛江市信息进村入户试点工作方案（2015）》，并成立了以农业局局长为组长的市信息进村入户试点工作领导小组，全面统筹湛江市信息进村入户建设。在湛江市推进惠农信息社服务软件开发、硬件安装（服务终端及电子显示屏）、光纤宽带线路铺设、管理制度制定、门牌标识悬挂等建设工作，以及信息员培训工作。实现惠农信息社满足"八有"条件，并全面开展信息服务，为属地农户提供各类优质的农业信息服务（图7-24）。

图7-24　湛江市信息进村入户试点工作启动仪式

【主要成效】

（1）开发并推广"农技宝"应用，为"农技宝"新增专家团队、湛江特色知识库、供求信息发布和检索、专家指导等功能。在廉江市和徐闻县相继启动"农技宝"推广试点项目，经过当地农业部门和电信部门的通力合作，目前用户数已达36 209人，是全省启动该项目最早、服务内容最全、用户人数最多的试点地区。

（2）开展省级"菜篮子"基地、龙头企业和农民专业合作社惠农信息社建设。湛江市全部省级"菜篮子"基地、农民专业合作社和龙头企业均已接通网络宽带或光纤线路，并加入惠农信息社服务体系。

（3）建设和完善农业政务信息服务系统。对湛江农业信息港网站作了较为深入的整改，优化了政务信息服务功能，提高了网站整体服务效能和信息安全系数，高分通过了相关部门组织的第三方普查检测。

（4）支持"广东北部湾农产品流通综合示范园区"信息化项目及广东湛绿公司的现代物流公共信息平台项目建设。从政策、技术、信息资源和专家资源方面上给予"广东北部湾农产品流通综合示范园区"项目积极支持。广东北部湾农产品流通综合示范园区建立集配中心2个、集配站点5个、合作基地5万亩，带动农户3 000多户。南菜北运电子交易平台已经建成并上线，开展产销信息发布、买卖撮合、会员服务、协助融资、现货订单交易、采购联盟、便捷配送等业务。与湛江集付通金融服务股份有限公司达成战略合作，可为园区会员提供基于互联网的在线融资服务。

7.13 茂名市信息进村入户建设成效

【工作措施】

（1）加强领导，落实责任，确保信息进村入户工作扎实开展。为加快农村电子商务和农村信息化发展，茂名市人民政府成立了由市长为组长，副市长为副组长，市直各有关单位和各县区市人民政府主要领导为成员的农村电子商务和农村信息化工作领导小组，市直各有关单位和各县区市人民政府也成立了相应的机构。为加强对信息进村入户工作的领导，茂名市农业局还成立了茂名市农业局信息进村入户工作领导小组，负责做好日常工作。印发《茂名市农业局关于印发〈茂名市2016年信息进村入户工作实施方案〉的通知》，明确了信息进村入户工作的目标任务和职责分工。由于领导重视，责任落实，目标明确，使信息进村入户工作扎实有效地开展。

（2）加强检查指导，按照要求进一步建设现有省级惠农信息社。要求各县区市农业局加强对惠农信息社和电商企业的检查、指导和管理，逐一走访各惠农信息社，将《广东省惠农信息社工作指引》送到每个惠农信息社，指导其开展工作，帮助其解决建设和运营中所遇到的困难和问题，按照要求进一步建设茂名市现有125个省级惠农信息社，使惠农信息社的软硬件条件都得到进一步改善。高州市作为全国信息进村入户试点县，按照农业部及广东省农业厅的统一部署，认真落实农业信息进村入户试点建设任务，建立了县（区、市）、镇、村三级联动机制，在范围内建设了99个惠农信息社，以信息社为载体，支持企业经营、青年创业、公共服务等多种服务模式协同发展。

（3）加强培训惠农信息社信息员。根据广东省信息进村入户试点工作培训规划，加强信息服务人员知识更新和技能培训，提升业务素质和服务能力。根据企业经营、青年创业、公共服务3种模式制订惠农信息社信息员培训方案。组织惠农信息社人员参加各级人社、农业、宣传、妇联等部门组织的电子商务知识培训，参加诺普信、农资联盟等第三方机构组织的信息员培训。

（4）积极开展各种惠农信息服务。督促、指导省级惠农信息社开展各种惠农信息服务，发挥省级惠农信息社实现信息进村入户的作用。目前，茂名市125个省级惠农信息社和部分其他农业龙头企业、合作社、农技站等开展了实质性的惠农信息服务，为当地生产者、经营者提供农情、灾情、疫情、行情、社情、农技等信息服务；开展电子商务及物流配送服务；推广互联网农资服务，支持农资镇村服务点建设，利用互联网为农民提供农资供应、配方施肥、农机作业、统防统治、培训体验等服务。

（5）大力发展农产品电子商务，为农户提供农产品网上销售服务。鼓励省级惠农信息社和四大新型农业经营主体开设电商平台（网店），开展网上销售业务。依托自身拥有的粮油、水果、蔬菜、水产、畜牧、南药等名特优新农产品开展网上销售业务，或直接开设电商平台（网店），或作为大型电商平台的供货基地。支持有实力的电商平台对生产基地（农户）的电子商务服务。积极支持有实力的电商平台与农业生产基地联结，建立产品购销关系，推荐茂名市名特优新农产品生产加工企业加入电商平台，扩大对生产基地（农户）的电子商务服务。

（6）组织宣传推介活动，加快推进农业农村信息化和信息进村入户发展。茂名市进一步建设好6个省级农产品电商体验馆，通过加强展销条件、保鲜仓储、流通配送、质量检测、信息化基础设施、电子商务等方面的建设，提升其联结和辐射带动能力。结合线上销售，组织一系列线下宣传推介活动，为电商做好茂名特色水果加强宣传；制订茂名荔枝、龙眼电商标准，初步试行电商果品标准化。

【主要成效】

（1）茂名市人民政府和全部5个区（县级市）人民政府均成立由政府主要领导担任组长的农业电子商务和农村信息化工作领导小组。茂名市省级惠农信息社达125个，其中按照"八有"标准完成建设任务，按照要求悬挂门牌及标牌。

（2）通过组织惠农信息社信息员参加信息进村入户交流培训活动等，茂名市共培训惠农信息社信息员459人次（图7-25）。省级惠农信息社共发布信息985条，12316短彩信发布1 962条，便民服务及业务办理7 278人次，便民服务金额599万元。

图7-25　广东省信息进村入户培训茂名站

（3）积极鼓励农业经营主体发展农产品电子商务，开设农产品电商平台（网店），充分利用自身拥有大量优质农产品的优势，开展网上销售业务，取得了明显成效。6家省级电商体验馆按照广东省的要求建成了线下体验馆，线上线下融合，有效开展农产品电子商务服务。农业经营主体积极"触网"，茂名市开展网上销售的新型农业经营主体达200多家。网销茂名市特色农产品的较大型的本土电商平台大量出现。

（4）建设生产基地远程视频实时监控系统和农产品质量安全溯源系统，推进农业信息化。建设了大型农产品生产基地建设远程视频实时监控系统，对基地农事活动实时远程监控，为农业生产服务，为农产品网上宣传推介和销售服务。条件好的大型农业经营主体，积极采用二维码、溯源和物联网等技术，结合农产品产业链的特点，开发应用多层次、多角色、多功能的农产品质量安全溯源系统。

7.14 肇庆市信息进村入户建设成效

【工作措施】

（1）从实际出发，制订切实可行的工作方案。根据广东省农业厅的总体部署，肇庆市制订了《肇庆市信息进村入户试点工作方案》。明确以"八有"为建社基本要求，以开展公益、便民、电商、培训体验为具体服务内容，通过有效整合各类强农、惠农、便农信息及服务资源，切实提升信息"进村"与"入户"水平。各相关县（区、市）农业/畜牧兽医局要对信息进村入户试点工作给予高度重视，落实属地责任，明确部门、明晰责任，认真抓好各项试点工作的有效落实。

（2）加强督导，确保各项试点工作扎实推进。以属地管理为原则落实责任，由各县（区、市）农业部门对照"八有"和"四项"服务目标要求，具体指导各试点开展建设工作；肇庆市农业局则根据《肇庆市信息进村入户试点工作方案》进度要求，定期、不定期开展巡查、督导，及时发现问题并予以解决，同时通过广东省信息进村入户服务平台定期开展惠农信息社评价考核，确保各项试点工作得到有效落实。

（3）加强培训，提高信息员信息化工作水平。针对农村电商人才缺乏的现状，肇庆市农业局组织各试点单位信息员及部分规模合作社负责人70多人，举办农村电子商务专题培训班，邀请省、市专家开展农村电商服务、淘宝开店等流程攻略的专题讲座，进一步提高各试点信息员工作水平及服务能力。利用肇庆农业信息网、电视、电台等多种渠道加大试点建设成效的宣传力度，为信息进村入户在肇庆市的全面铺开营造良好的社会氛围。

【主要成效】

（1）稳步推进惠农信息社建设。肇庆市确立了"立足实际、多样发展、注重实效"的工作思路，稳步推进信息进村入户工作的有效开展。以"互联网＋"促县域经济发展为契机，通过整合村级服务平台资源、争取企业支持的形式，建起了20多家村级电子商务服务站，举办德庆农业e家服务网点从业人员培训班，普及电子商务知识，并对参加培训的160多名电商从业人员免费发放了电脑（图7-26）。在32个被认定的省级惠农信息中，选择基础条件较好、经营主体积极性较高的企业，根据企业不同的经营性质，探索性开展省级惠农信息社建设工作。

图7-26　广东省信息进村入户培训肇庆站

（2）升级改版网站，提高网站适用性及安全性。对肇庆农业信息网进行全面升级改版，更新了服务发布系统，完善了网页代码，优化了栏目设置，增设了网络安全设施，使肇庆农业信息网网页更清新，栏目更清晰，防御网络风险的能力也得到进一步提高。2015年，肇庆农业信息网共发布各类信息8 000多条，向广东农业信息网发布并转载的本地信息410多条；受理市12345投诉举报平台转农业局案件10件；发布农信通短信864条、"菜篮子"快讯144条、田园气象短信768条、农技帮扶通144条。目前帮扶用户已发展至1 500户（图7-27）。

（3）建设肇庆市农产品电子商务平台。为推进信息技术与农产品流通的融合，进一步搭建农产品产销对接平台，减少流通环节，降低流通成本，宣传展示肇庆市名特优新农产品，按照"政府主导、企业参与、多方共赢"的原则，建设肇庆市农产品电子商务平台。平台在线销售生鲜和干货两大类20个品牌近万种优质农副产品，日订单处理量超过100单，网站日均浏览量超过1 000。截至2015年12月，Go farms已拥有省内注册用户10 000名、供应商10家和经销商20多家，销售额达1 018.17万元。在抓好市级农产品电商平台建设的同时，肇庆市还在德庆县新圩镇的格木、上咀村，九市镇的旧圩、勒头、甘力村，悦城镇的罗洪、洲林、顶底、江边村等建立了20多家村级电子商务服务站，创新方式，助农增销致富。

图 7-27 肇庆市农业信息网

（4）建设农产品质量安全信息追溯平台。农产品质量安全是食品安全的基础，关系人民群众身体健康和生命安全，关系社会和谐稳定。为应对农产品质量安全监管面广量大，监管力量严重不足等问题，建设了肇庆市农产品质量安全信息追溯平台。以云数据为技术支撑，融合政府监管、主体生产、消费服务等功能，构建上下相通、左右相连的农产品质量安全信息追溯平台，积极探索农产品质量安全监管的新路径。肇庆市农产品质量安全信息追溯平台的开发建设，大大增强了肇庆市农产品质量安全监管能力，提高了监管水平。

7.15 清远市信息进村入户建设成效

【工作措施】

（1）加强组织领导。清远市农业局成立由分管领导任组长的市级信息进村入户工作领导小组，负责该项工作的督查推进、考核等。各县（区、市）农业局相应成立工作领导小组，结合实际制订工作推进计划，建立部门协调推进机制，逐级分解任务，明确责任和进度，切实把信息进村入户工作抓紧抓实。

（2）明确工作职责。市农业局和各级农业部门共同做好省级惠农信息社的业务指导和日常考核。各县（区、市）农业部门广泛宣传农业信息进村入户工作的重要意义，汇集资源，形成合力，确保农业信息进村入户各项工作落到实处。

（3）严格考核。加大对惠农信息社管理，经认定的惠农信息社应严格执行有关标准和规定，按照有场所、有专员、有设备、有宽带、有网页、有制度、有标识、有内容的"八有"标准开展服务和活动，维护惠农信息社信誉和形象。

【主要成效】

（1）做好惠农信息社建设，推动各项惠农服务落地。按照"八有"标准完善惠农信息社服务条件，加强信息社建设与服务管理，规范和提升信息社服务水平，积极推进"十个一"工作有效开展。清远市35个惠农信息社共享广东省信息进村入户服务平台信息化建设成果，配合推动政务服务、生产管理、技术指导等信息化应用向基层推广；采集农情、灾情、疫情、行情、社情等信息，为当地生产者、经营者提供信息发布与精准推送；开展电子商务及物流配送服务，利用电商平台与地方特色产品经营主体对接，形成农产品进城、生活消费品和农业生产资料下乡双向互动流通；推广互联网农资服务，支持农资镇村服务点建设，利用互联网为农民提供农资供应、配方施肥、农机作业、统防统治、培训体验等服务；利用专家资源，将科技成果分享到广大的田间地头，通过智能终端应用软件实现个性化定制，加快农业科技成果进村入户；以惠农信息社作为农业金融服务办理及推广中心，探索供应链、产业链等P2P（对等网络）金融服务，实现财政资金与金融支农政策双轮驱动（图7-28）。

图 7-28　广东省信息进村入户培训清远站

（2）统筹资源，推动各类社会化主体参与信息进村入户建设。统筹农业公益服务和农村社会化服务两类资源，发动全社会参与信息进村入户工作，支持多种运行模式，充分激发"三农"市场活力，构建"政府、服务商、运营商、农民"四位一体的推进机制，更快更全面地将信息惠农落到实处。清远市惠农信息社互联互通、协同发展，实现信息精准到户、服务方便到村。充分发挥电信运营商、平台电商、信息服务商等企业在技术、人才、资金和信息基础设施等方面的优势，共建惠农信息社、共享体系网络资源，强化信息公开与监督管理，真正做到不为建设而建设，支持信息进村入户工作长期运维。

7.16　茂名市高州市信息进村入户建设成效

【工作措施】

（1）建立12316信息服务平台。为"三农"领域提供政策、技术、信息及现场指导、投诉举报受理等全方位服务，方便农民查询农业等相关信息，并向农户全面介绍展示本地农业资讯和信息进村入户的服务项目、服务手段和工作进展等内容。

（2）设立12316信息服务热线。实现12316语音服务系统、人工坐席、自动语音、转接服务等，开展农村政策、农业科技、市场信息、质量安全、执法举报等咨询服务。

（3）建设镇级农产品质量安全监管信息系统。镇级农产品质量安全监管站（惠农信息社）对所抽检的农产品检测数据通过信息系统上传到市级农产品质量安全监管部门，以便农产品质量安全监管。

（4）组建农业产业咨询团队。建立以市级农艺师和镇级农技员为核心，各类生产经营主体负责人为补充的农业信息技术服务团队，负责对高州市农村政策、农业科技、产品市场等农村农业信息的咨询、解答和指导。

（5）拓展信息服务推广应用渠道。与高州电信公司合作，在乡镇（街道）电信营业场所设置移动智能终端软件"农技宝"等农业信息化新产品、新服务的体验区。

（6）打造一支相对稳定的信息员队伍。

①按"一站一员"标准配置信息员队伍，建立市镇村级信息员队伍100人以上，达到每个惠农信息社至少配备1名信息员。信息员按照"有文化、懂信息、能服务、会经营"，能熟练使用计算机等办公设备和互联网，有责任心、沟通能力强、服务态度好的要求认定，由高州市农业主管部门对信息员进行统一管理。高州市农业主管部门负责制定信息员登记、备案、管理制度，明确工作职责以及服务规范和管理考评办法。

②加强对信息员的培训。做到有计划，分期、分批全面对信息员进行培训，全年不少于100人次。指导信息员根据要求开展公益性服务和经营性服务，积极传播

农业信息知识，帮助农民掌握应用计算机网络和现代通信技术，不断提高业务应用水平。

（7）加强高州市农业农村网建设。提高信息产品质量，为"三农"提供有效信息，做到及时、准确、全面、常态。规范网站信息发布，做到科学采集、精心加工、规范发布。集合农业农村信息资源，努力形成统一宣传口径、上下协调一致的网络宣传格局。

（8）强化涉农基础信息采集。对普通农户、种养大户、家庭农场、农民专业合作社、农业龙头企业、农技人员及专家等基础信息进行采集并建立动态修正机制，逐步实现服务的精准投放。强化信息推送，扩大传播途径和范围，为广大农户提供农业政策、技术、信息推送及生产生活服务。

【主要成效】

在发展特色现代农业的同时，高州市因地制宜积极推进农业农村信息化建设，并取得了良好的成效。

（1）信息化基础设施建设快速发展。目前高州市镇、街道宽带100%覆盖，数字电视覆盖率100%，有线电视入户率90%，农村电话主线普及率99%。初步建成了以光缆为主、高速率、数字化的通信基础网络，形成了覆盖高州市城镇和农村的程控电话网、光纤传输网、数据通信网、移动通信网和有线电视网等多种形式的通信网络。市、镇、村三级农业信息服务体系逐步完善。

（2）高州市农业局建立了高州市农业农村信息网，该网设置了高州市农业局所有内设机构业务，增设了政务动态、政务窗口、植物保护、质量安全、"菜篮子"工程、农科园地、病虫测报、农机购置补贴等版块。

（3）在高州电视台播出《农科动态》节目，播出农时要事、农业信息、病虫测报与防治、安全生产等内容，每周制作一期，每期播出6次。

（4）农业局机关建立了政务OA系统，通过OA政务系统进行各种信息业务办理。

（5）建起了网络视频会议系统。

（6）高州市乡镇（街道）农业技术推广站全部接通网络，并加强了信息技能培训，初步构建起高州市农业信息收集、发布、交流的主要渠道和组织形式。

（7）农产品电子商务快速崛起。近年来高州市加大政策支持力度，争取各级财政资金投入，对农产品电子交易平台予以支持。目前，已经建成高州市丰盛贸易有限公司荔枝龙眼直销平台、荔乡易购电子商务云平台、客多多商城、桑马生态农业发展有限公司、汇金农业实业有限公司等5个农产品电子交易平台，以高州市丰盛贸易有限公司、顺丰快递、高佬集团为龙头，高州市特色农产品的网销发展迅猛。据不完全统计，目前高州市共有网销农产品的企业、个体户达到300多家，网上销售额达8 000多万元（图7-29）。

图 7-29　客多多商城

7.17　揭阳市揭东区信息进村入户建设成效

【工作措施】

（1）加强组织管理。为确保信息进村入户试点工作各项任务有效推进，揭阳市揭东区成了农业信息化试点工作领导小组，组长由区政府主要领导担任，副组长由业务分管领导担任，成员由区政府召集组成。各责任领导、责任股室按照领导小组的统一安排，认真落实信息进村入户各项工作，推动试点目标任务落到实处。

（2）强化运营维护管理。把农业生产经营、电商、农业服务等企业纳入信息进村入户工作中，充分调动社会力量参与。通过政企社无缝合作，整合利用场地资源及不同渠道的资金。同时，发挥电信运营商、平台电商、信息服务商和软硬件供应商等企业在技术、人才、资金和信息基础设施等方面的优势，以合资合作等方式参与惠农信息社建设与运营，真正做到不为建设而建设，支持信息进村入户工作长期化运维。

（3）加强信息员培训。根据企业经营、青年创业、公共服务3种模式制订惠农信息社信息员培训方案及培训教材，并充分利用其他项目资源组织开展村级信息员培训。各镇（街道）根据市区信息进村入户试点工作培训规划，开展信息服务人员知识更新和技能培训，提升业务素质和信息服务能力。

（4）制订基层信息服务共享标准。以村惠农信息社作为信息来源点，规范数据交换、处理和共享标准，统一农业生产资料、电子交易、生产技术、市场行情、科技成果等多种类型的信息整合格式，以基于可扩展标记语言（XML）的主流数据传输和存储格式有效解决信息数据库结构规范、数据库的无缝对接与信息交换等问题，实现进村入户工作中分布式信息资源的集中处理。

（5）强化风险防控制度建设。针对可能出现的政治、市场、技术三大风险，制定相应的管理制度和应急预案。对惠农信息社的建设运营、信息员的选聘管理、资源的共建共享、参与企业的进入退出、试点工作的绩效评价等制定管理办法和标准规范。同时，强化制度执行，严格激励约束，严肃追究责任，确保监管有效、风险可控。

（6）建立投入保障机制。按照《揭东区信息进村入户试点工作方案》要求：一是积极争取各级财政支持，多方筹措建设资金，加快农业信息体系建设；二是对信息社建设符合"八有"标准要求且验收合格的，给予奖励性补助；三是为惠农信息社统一制作标识和牌匾，并开展信息员培训活动。

【主要成效】

（1）联合服务商阿里巴巴，实现各类惠农业务在农村落地。揭阳市揭东区根据实际情况，在信息进村入户建设中，注重与阿里巴巴合作，利用淘宝村级服务点，并借助"三资"管理平台，兼融整合，开展工作。在揭东区范围内建设66个省级惠农信息社。其中，玉窖东面村、埔田溪南山村在惠农信息社建设中，引入电商、物流、金融等为一体的农村淘宝服务，为村民提供网络代购、产品代销、收发快递、话费充值等服务，旨在更好地服务村民，解决农村买难卖难的问题，让村民足不出村就能买到物美价廉且品类丰富的商品，也可以让家乡的产品通过互联网销往各地，在揭东区树立了示范作用。

（2）做好农业信息服务，助力农业产业结构的转型升级。进一步完善信息采集制度，健全定期采集上报制度，努力提高信息质量。并借助信息化平台，宣传农业新技术、新理念，组织种植养殖技术培训，服务当地农民。同时，创新信息服务方式，为揭东区茶叶、竹笋、林果等特色农业在标准化、产业化发展过程中提供信息支持，助力揭东区农业产业结构的转型升级（图7-30）。

图7-30 揭阳市揭东区农业信息化服务平台

图书在版编目（CIP）数据

信息进村入户试点广东实践 ／ 程萍主编；广东省农
业厅，广东省南方名牌农产品推进中心编著． —北京：
中国农业出版社，2018.5
　ISBN 978-7-109-24051-3

　Ⅰ．①信…　Ⅱ．①程…　②广…　③广…　Ⅲ．①信息技
术-应用-农业-案例-广东　Ⅳ．①S126

中国版本图书馆CIP数据核字（2018）第065274号

中国农业出版社出版
（北京市朝阳区麦子店街18号楼）
（邮政编码100125）
责任编辑　郭　科

北京通州皇家印刷厂印刷　　新华书店北京发行所发行
2018年5月第1版　　2018年5月北京第1次印刷

开本：700mm×1000mm　1/16　　印张：17
字数：350千字
定价：128.00元
（凡本版图书出现印刷、装订错误，请向出版社发行部调换）